煤层中的氮及含氮黏土矿物研究

刘钦甫　郑启明　著

科学出版社

北京

内 容 简 介

氮是各种岩石的重要组成元素，目前，对其研究相对比较薄弱。本书通过对煤层中不同赋存状态的氮元素（有机氮、含铵矿物中的固定铵及氮气）进行矿物学及地球化学研究，对氮元素在不同环境下的地球化学行为进行深入探讨，提出了煤层中不同类型氮在煤化作用过程中的转化机理，同时深入总结了含铵矿物的地质及环境意义。本书内容翔实丰富，数据全面充分，对研究全球氮循环具有重要价值。

本书以大专院校和科研院所矿物学、地球化学、煤及煤层气地质学和开发及环境地质学的研究生为主要对象，也可以作为大专院校地质专业本科教学的参考书，还可供地质勘查、矿产综合利用以及环境科学等相关部门科研人员参考。

图书在版编目（CIP）数据

煤层中的氮及含氮黏土矿物研究/刘钦甫，郑启明著. —北京：科学出版社，2016

ISBN 978-7-03-047830-6

Ⅰ.①煤… Ⅱ.①刘…②郑… Ⅲ.①煤层-氮化合物-矿物-研究 Ⅳ.①P618.11

中国版本图书馆 CIP 数据核字（2016）第 056614 号

责任编辑：韦 沁/责任校对：何艳萍
责任印制：肖 兴/封面设计：铭轩堂设计有限公司

科 学 出 版 社 出版
北京东黄城根北街16号
邮政编码：100717
http://www.sciencep.com

北京通州皇家印刷厂印刷

科学出版社发行 各地新华书店经销

*

2016 年 11 月第 一 版 开本：787×1092 1/16
2016 年 11 月第一次印刷 印张：16 1/2
字数：391 000

定价：128.00 元
（如有印装质量问题，我社负责调换）

前　言

　　国内外有关全球氮循环的研究中，大部分都明显没有考虑到岩石中氮元素的重要性及其在整个氮循环体系中所发挥的作用。岩石中氮元素的含量、赋存形态、同位素组成及成因往往被忽略，这与岩石中氮含量较低、样品制备困难、分析手段少、技术难度大、很多元素分析方法难以检测有关。地球上岩石中氮元素含量平均约为 1.27mg/kg，约占全球总氮含量的 20%，这说明虽然岩石中氮含量相对较低，但总量却不容忽视。在变质岩、岩浆岩和沉积岩中均有氮元素的存在，特别是沉积物和沉积岩中发现较高的氮含量（>100mg/kg）。与大气中的氮（含量约为 3.8×10^{21} g，δ^{15}N 约为 0‰）相比，沉积物和沉积岩中的氮含量约为 7.5×10^{20} g，δ^{15}N 平均约为 10‰。由此可见，岩石中尤其是富含有机质的沉积地层（煤系、烃源岩等）中的氮元素的转化、运移、富集等行为是全球氮循环不可或缺的重要环节。

　　氮和硫均属于煤层中重要组分，包括有机硫、有机氮、黄铁矿硫、硫酸盐硫、含铵黏土矿物，以及 H_2S、N_2 等气相组分。近 20～30 年来，煤层中硫元素含量、分布和赋存形态等地球化学特征及其成因逐渐成为研究热点，而对煤层中的氮元素研究相对甚少。我国含煤地层中赋存大量的氮元素，主要以有机氮、氮气和含铵黏土矿物形式存在，尤其是我国华北地区，煤层中赋存丰富的煤层气和大量的含铵黏土矿物，氮元素含量较高。目前，我国对煤层中氮元素研究程度较低。为了查明我国煤层中氮元素的赋存形态、含量、同位素组成等地球化学行为、成因，以及其成岩转化机理，我们曾先后承担了国家自然科学基金资助项目"我国北方石炭二叠纪煤系中的铵伊利石研究"（编号：40372076）、"铵伊利石作为煤层气示踪矿物研究"（编号：41072119）和"煤系夹矸型铵伊利石矿物风化过程中产生的氮污染"（编号：40772099）和山西省煤层气基金项目"山西省阳泉－西山煤层气开发同位素地球化学研究"（编号：2013012005）等课题的研究工作，采用煤地质学、煤地球化学、煤层气地质学、煤层气地球化学、有机地球化学、矿物学、岩石学等多学科的研究方法，分析了不同形态氮元素含量、同位素组成的分布特征以及变化规律，确定控制因素、沉积-成岩条件以及后生改造作用等，探讨和总结了有机氮、含铵黏土矿物，以及煤层气中 N_2 三者之间的相互转化规律，最终建立了煤层中氮成岩转化机理。本书是上述项目研究成果的集成和总结。历年来，参加上述项目研究的硕士研究生有于常亮、刘龙涛、王帅、郑丽华、申琦、崔晓南、毋应科；博士研究生有郑启明、郝国强。全书共 11 章，均在刘钦甫教授指导下完成。其中，第 1～3 章由郑启明、刘钦甫参与研究编写；第 4 章由刘钦甫、崔晓南参与研究编写；第 5 章由郑启明、刘钦甫、于常亮参与研究编写；第 6 章由郑启明、刘钦甫参与研究编写；第 8 章由刘钦甫、刘龙涛、郑丽华参与研究编写；第 9 章由郑启明、徐占杰、毋应科、刘钦甫参与研究编写；第 10 章由刘钦甫、郑启明编写。全书由刘钦甫、郑启明统稿、审定。

研究过程中西安科技大学梁绍暹教授给予课题指导和规划，并亲自参与了部分研究工作。中国石油勘探开发研究院林西生研究员在样品测试分析和矿物鉴定方面给予指导和大力支持。中国矿业大学（北京）胡社荣教授承担了国家自然科学基金项目部分工作。我校曹代勇教授、唐跃刚教授、孟召平教授、邵龙义教授、代世峰教授、赵峰华教授、梁汉东教授、郭德勇教授等各位同仁们曾给予支持和帮助。中国科学院大学侯泉林教授和中国地质大学（北京）唐书恒教授给予了多方面的指导和帮助。

煤及夹矸样品的采集得到了山西晋煤集团、潞安煤业集团、阳煤集团、河南煤化集团、冀中能源集团以及黑龙江的龙煤集团的大力帮助和支持，煤层气样品的采集得到了山西蓝焰煤层气公司、中国石油勘探开发研究院廊坊分院的热情帮助和支持。

在此，对上述单位和个人表示由衷的感谢。由于作者水平有限，书中难免有不妥之处，恳望专家、同行们不吝赐教。

作　者

2016 年 7 月 30 日

目　录

第1章 绪 论

煤地球化学研究表明，氮元素以固相和气相的方式存在于含煤地层中，其中，含氮固相物质主要为有机氮和无机含铵矿物，含氮气相物质为分子氮。自然界中含铵矿物主要有水铵长石、含铵黑云母、含铵二八面体伊利石或云母等。铵伊利石为含煤地层中最为常见的含铵黏土矿物，它是层间阳离子为 NH_4^+ 的 $2:1$ 层型层状铝硅酸盐矿物。在自然界组成矿物的常量元素中，由于测试技术和手段的限制，氮及含氮矿物的研究非常薄弱。然而，氮在地球中又无处不在，从地幔深处炙热岩浆到地表土壤，从宇宙形成初期的原始气体到现今大气圈，从有机生物界到无机矿物岩石，尽管不同物质中的含量迥异，均可探测到氮的踪迹。因此，对于氮及含氮矿物和岩石的研究，不仅对于探讨矿物和岩石成因及演化历史，乃至对于全球氮循环、生命起源和宇宙演化，均具有重要理论和实际应用价值。

1.1 煤中氮元素的研究现状

1.1.1 煤中有机氮含量的研究

在组成煤的主要有机质元素碳、氢、氧、氮和硫中，氮是研究最少的一种元素。人们通常认为煤中氮是在泥炭化阶段固定下来的，几乎全以有机物的形式存在，成煤植物和菌种含有的蛋白质、氨基酸、叶绿素、卟啉、生物碱等是氮的主要来源。Boudou 等（1984）以及 Burchill 和 Welch（1989）在研究不同热演化程度煤中的有机氮后，指出在褐煤-半烟煤阶段 ［C 含量为 60（wt）％～77（wt）％（daf）］，煤中有机氮含量随煤化作用程度增高而增大，在半烟煤-无烟煤阶段（C 含量＞85％），煤中有机氮含量随煤化作用程度增高而逐渐降低，有机氮含量最高时，相应的碳含量为 80%～85%。陈文敏（1988）认为煤中氮含量的变化不仅与煤的变质程度有关，还在一定程度上受成煤时代和沉积环境的影响，他指出成煤泥炭沼泽中的还原程度越弱，残留于煤中的氮含量越低。吴代赦等（2006）在研究中国煤中有机氮含量及分布后指出，煤中有机氮含量主要受控于煤化作用程度及成煤时代，他认为：①煤中氮含量与变质程度微弱相关，变质程度较低的褐煤与长焰煤氮含量较低，两者的差异性不显著，而较高变质程度的气煤、肥煤、焦煤、瘦煤、贫煤和无烟煤氮含量较高，它们的差异性也不显著；②不同地质时代的煤中氮含量由低到高依次为侏罗纪、古近纪、新近纪、石炭纪、二叠纪、三叠纪。陈亚飞等（2008）在总结中国不同热演化程度煤中有机氮含量指出，不黏煤和弱黏煤最低，氮含量均为 0.98%，肥煤的氮含量最高，达 1.59%，变质程度比肥煤依次增高的焦、瘦、贫瘦、贫和无烟煤的氮含量也依次降低。由此可见，煤中有机氮含量主要受控于煤热演化程度和成煤时代，随着热演化程度逐渐增高，煤中有机氮含量先逐渐增高，到达肥煤后又逐渐降低，整体上氮含量逐渐降低，而成煤时代对煤中有机氮含量的影响实际上体现了成煤古植物、古气候和古环境等因素的影响。

1.1.2　煤中有机氮形态的研究

煤中有机氮的形态主要有三种类型：吡啶氮（N-6）、吡咯氮（N-5）和季氮（N-Q），其存在的主要形式是五元杂环和六元杂环等。另外吡啶氮和吡咯氮在空气中受到氧化可生成氮氧化物（N-X）。其中：①N-6 表示吡啶氮，是指位于煤分子芳香结构单元边缘上的氮；②N-5 表示吡咯氮，主要指位于煤分子单元结构边缘上的五元环中的氮；③N-Q 表示并入煤分子多重芳香结构单元内部的吡啶氮，这类氮在多环芳香结构内部取代了碳的位置，并与三个相邻芳香环相连；④N-X 表示氮的氧化物，是指吡啶中的氮原子与氧原子直接相连的结构。目前，研究煤中氮形态的方法有两种：X 射线光电子能谱（X-ray photoelectron spectroscopy，XPS）和 X 射线边缘结构能谱（X-ray photoelectron near edge spectroscopy，XPNES）。利用 XPS，可以确定煤中有机氮的形态及相对含量，而利用 XPNES 的成本相对比较昂贵。煤中不同有机氮官能团 N1s 的 XPS 结合能如下：N-6 为 $398.7 \pm 0.4eV$，N-5 为 $400.5 \pm 0.3eV$，N-Q 为 $401.1 \pm 0.3eV$，N-X 为 $403.5 \pm 0.5eV$。Mitra-Kirtley 等（1993）和 Thomas（1997）认为煤中不同形态有机氮相对含量如下：N-5 为 50%～80%；N-6 为 20%～40%；N-Q 为 0～20%。Valentim 等（2011）在研究煤中有机氮形态后指出，相对于 N-5 和 N-6，N-Q 的热稳定性较高。Boudou 等（2008）指出，低阶煤中有机氮以 N-5 和 N-6 为主，高阶煤中有机氮以 N-Q 为主。姚明宇等（2003）在研究煤中有机氮热演化规律后指出，N-5 热稳定性最差，N-Q 热稳定性最高。由此可见，煤中有机氮形态、相对含量及相互转化主要受控于煤热演化程度，随着煤化作用程度逐渐增高，N-5 和 N-6 含量逐渐降低，N-Q 含量逐渐增高，可能是 N-5 和 N-6 在煤化作用过程中向 N-Q 转化所致，也可能是煤中不同形态有机氮热稳定性差异所致。

1.1.3　煤中有机氮同位素组成的研究

煤中有机氮 $\delta^{15}N$ 为 -2.5‰～6.3‰，与煤变质程度、沉积环境及成煤植物种类有关。Williams 等（1995）指出，随着热演化程度逐渐增高，有机氮逐渐变重，因为 $^{14}N—C$ 断裂所需要的活化能门限值要低于 $^{15}N—C$，有机氮在受热过程中更容易以含氮小分子的形式（N_2 或者 NH_3）释放 ^{14}N 而发生氮同位素分馏。Stiehl 和 Lehmann（1980）指出，不同形态有机氮同位素组成也不尽相同，热稳定性较差的有机氮在热演化作用过程中逐渐变重，而热稳定性较高的有机氮在热演化过程中同位素组成变化不大。Boudou 等（2008）和 Ader 等（1998，2000，2006）在研究煤中有机氮释放机理时发现，在高变质无烟煤阶段，有机氮同位素组成几乎不随热演化程度升高而变化。Peter 等（1978）、Sweeny 和 Kaplan（1980）以及 Rigby 和 Batts（1986）指出，沉积物有机质中的氮同位素组成可被用区分沉积物中不同类型有机质（陆、海相）的指标，陆相有机质（如煤）有机氮同位素组成较轻，$\delta^{15}N = 0$‰～6‰，海相有机质氮同位素组成偏重，$\delta^{15}N > 10$‰。周强（2008）指出陆生植物形成的煤的 $\delta^{15}N$ 低，海相浮游生物形成的煤的 $\delta^{15}N$

高。陈传平等（2001）指出，淡水沉积环境原油的 $\delta^{15}N$ 较轻，大致为3‰～6‰；而咸水和半咸水沉积环境中形成的沉积有机质氮同位素较重，普遍在 10‰ 以上。由此可见，煤中有机氮同位素组成主要受煤热演化程度及原始沉积环境影响，随着热演化程度逐渐增高，煤中有机氮逐渐变重，在沉积过程中受海水影响较大的煤中的有机氮同位素组成明显较淡水环境偏重。

1.2　煤层气中氮气的研究

1.2.1　煤层气中 N_2 含量的研究

分子氮是煤层气中最常见的非烃组分之一，氮气又较其他非烃气体组分的物性更接近烃类气体，几乎自然界中所有产出气体中都含有氮气。因煤热演化程度、地质条件和地球化学背景不同，煤层气中的氮气成因也有所不同，且氮气在煤层气中的含量变化很大，最高可达 100%。通常把 N_2 体积分数大于 15% 的煤层气称为富氮煤层气。氮气藏的形成与烃类气藏一样需要生、储、盖条件的组合及运移、保存条件的匹配。自然界煤层气储量丰富，占天然气总储量的 30% 以上。但对煤层气中的氮气的研究目前并不多，且研究程度较低。Law 和 Rice（1993）总结了世界各地煤层气的组分资料，发现世界各地煤层气的组分差异很大，甲烷和其他烃类组分通常是煤层气的主要组分，并含少量 N_2。据 Scott（1993）对美国 1400 口煤层气生产井气体成分的统计结果，煤层气 N_2 平均含量为 1%。刘全有等（2007）在统计了塔里木盆地含氮气藏成因时发现，除了甲烷 CH_4 外氮气 N_2 是最主要的组分，古生界 N_2 含量一般高于中生界和新生界，最高可达 50%。杜建国等（1996）认为世界上多数气藏含氮量很低（<4%），少部分含氮量较高。例如，中国威远气田三叠系产气层平均含氮量为 0.4%，二叠系为 2.49%，寒武系为 5.12%，震旦系为 7.04%，前震旦系为 24%。而戴金星（1992）对我国 20 多个煤矿的高氮煤层气气样分析表明：这些煤矿中煤层气含氮量较高，一般都大于 10%，最高可达 90% 以上。我国大部分煤层气中氮气含量在 10% 左右，且甲烷占比例与氮气所占比例互为消长关系。由此可见，煤层气中氮气具有多源性，含量变化范围较大，主要受其成因、成岩作用、沉积环境、成煤古植物、古气候以及后期改造等因素的影响。

1.2.2　煤层气中 N_2 同位素组成的研究

国内外有关煤层气中 N_2 同位素地球化学研究相对较少，且不同成因氮气具有不同的同位素组成。笔者总结了国内外有关煤层气中氮气的来源方面的报道后，发现煤层气中氮气主要有以下六种来源：大气来源、火山或岩浆作用来源、放射性元素衰变、地幔脱气来源、有机质来源、含铵矿物来源。朱岳年（1994，1999）、朱岳年和史卜庆（1998）和 Prasolov 等（1990）又把有机来源细分为三种：有机氮微生物氨化作用来源，氮气的 $\delta^{15}N < -10‰$，伴生的甲烷 $\delta^{13}C < -55‰$；有机氮热氨化作用来源，氮气的 $\delta^{15}N = -10‰ \sim -1‰$，伴生的甲烷 $\delta^{13}C = -55‰ \sim -30‰$；有机氮热裂解作用来源，氮气的 $\delta^{15}N = 5‰ \sim 20‰$，伴生的甲烷 $\delta^{13}C = -30‰ \sim -20‰$。Kettel（1983）指

出煤层气中 N_2 含量与成熟度有关。Boigk 等（1976）认为随着成熟度的增加，$\delta^{15}N$ 趋于变重。孟召平等（2010）和 Teichmuller（1970）认为煤层气同位素组成还受到次生作用的影响，水动力条件较强的地区，水流带走 $^{13}CH_4$ 和 $^{15}N_2$ 的频率较快，致使轻同位素富集，而水动力条件较差的地区，$^{12}CH_4$ 和 $^{14}N_2$ 的扩散的频率较快，致使重同位素富集。由此可见，煤层气中氮气同位素组成主要受到氮气来源及成因、成岩作用、沉积环境、成煤古植物、古气候以及后期改造等因素的影响。

1.3　含铵黏土矿物的研究

含煤地层中含铵黏土矿物主要有两种：铵伊利石和铵伊利石/蒙皂石间层矿物，其中铵伊利石较为常见。1982 年 Higashi 在日本的爱媛县砥部町的小涌谷瓷石沉积物中首次发现铵伊利石，并定名为 Tobelite（Higashi，1982）。铵伊利石是层间阳离子为 NH_4^+ 的 2∶1 层型层状硅酸盐矿物。与层间阳离子是 K^+ 的伊利石（通常所说的伊利石即是此种伊利石）相比，由于 NH_4^+ 半径稍大于 K^+，铵伊利石的基面间距（$d_{(001)}=$ 1.033nm）稍大于伊利石（$d_{(001)}=$ 1.006nm），导致二者在结构上存在一定差异。事实上，几乎没有纯铵伊利石存在，自然界中大多数为伊利石-铵伊利石的固溶体，且随着 NH_4^+ 对 K^+ 替代逐渐增多，$d_{(001)}$ 逐渐增大，最大不超过 1.0358nm。到目前为止，自然界中发现的铵伊利石有三种：①1M 型铵伊利石，刘钦甫等（1996）、梁绍暹等（1997）在中国华北地区含煤地层中发现的铵伊利石属于 1M 型；②$2M_1$ 型铵伊利石，Juster 等（1987）在美国宾夕法尼亚州东北部的浅变质岩中发现的铵伊利石属于 $2M_1$ 型；③$2M_2$ 型铵伊利石，Higashi（1982）在日本爱媛县发现的铵伊利石属于 $2M_2$ 型。Tissot 和 Welte（1984）认为铵伊利石的形成与油页岩有关，形成温度大于 150℃。Yamamoto（1967）和 Higashi（1982）则认为铵伊利石由叶蜡石转化而来，转化温度大于 250℃。Juster 和 Brown（1984）、Juster 等（1987）、刘钦甫等（1996）、Daniels 和 Altaner（1993）认为铵伊利石主要由高岭石转化而来，形成温度为 250～275℃。Hallam 和 Eugster（1976）、Daniels 和 Altaner（1990，1993）、Daniels 等（1994）、Baxby 等（1994）、Compton 等（1992）、Cooper 和 Abedin（1981）、Cooper 和 Raabe（1982）、Cooper 和 Evans（1983）认为，铵伊利石中的 NH_4^+ 主要来源于有机质，有机质在热演化过程中能释放出大量的 NH_4^+ 并与原有黏土矿物（如高岭石、叶蜡石等）进行化学反应，形成含铵黏土矿物，如铵伊利石、铵伊利石/蒙皂石间层矿物。而 Erd 等（1964）则认为 NH_4^+ 来源于地下热液流体。Keeney 和 Nelson（1982）指出 NH_4^+ 只要被黏土矿物吸附并吸收后，在成岩作用过程中就不会被释放或交换出来。Sucha 等（1998）在铵伊利石水热合成的实验中，发现铵伊利石的形成主要受温度和 NH_4^+ 浓度控制，pH 的控制是次要的。高振敏和罗泰义（1994，1995）、罗泰义和高振敏（1994，1995，1996）认为自然界中的铵伊利石的生成条件与人工合成实验不同，地质过程的空间、时间尺度比实验过程中的时空尺度要大得多，所含物质也多得多，可以肯定，在自然界的各种地质过程中，形成含铵矿物的可能性极大。由此可见，含煤地层中铵伊利石的 NH_4^+ 主要来源于有机氮的释放，其形成主要受控于沉积环境、成岩作用、有机质种类等。

综上所述，铵伊利石中的 NH_4^+ 和煤层气中的 N_2 均来源于煤中有机氮，二者具有一定的同源性，也具有同期性。有机氮、煤层气中的 N_2 和铵伊利石中的 NH_4^+ 三种不同形态的氮元素之间的相互转化，是全球氮循环的一个重要环节，具有重要的研究意义。

1.4　本书主要内容

本书以我国沁水煤田、太行山东麓煤田、京西煤田以及黑龙江东部不同热演化程度含煤地层为研究对象，利用矿物学、岩石学、煤地质学、煤层气地质学、煤地球化学、煤层气地球化学、有机地球化学的研究方法和手段，通过对含煤地层中不同赋存形态的氮元素地球化学特征研究，探讨煤层中氮成岩转化机理，为研究煤有机质热演化过程、沉积-成岩环境、成岩作用阶段划分、热液化学特征及热环境、判别煤层气成因、运移、富集、演化规律等方面提供新的思路和探索。其研究内容有：

1.4.1　有机氮的研究

（1）有机氮含量研究：分析了煤中有机氮含量的分布特征，讨论和总结了有机氮含量随热演化程度及沉积环境的变化规律。

（2）有机氮形态研究：分析了煤中有机氮形态的分布特征、不同形态有机氮的含量以及它们的热稳定性，讨论和总结了不同形态有机氮随煤热演化过程的变化规律。

（3）有机氮同位素组成研究：分析了煤中有机氮同位素组成分布特征，探讨和总结了煤中有机氮同位素组成随热演化程度及沉积环境的变化规律。

（4）有机氮热解实验研究：运用热重-红外光谱-质谱联用技术对不同煤化程度的煤进行了热解实验，分析了煤热解过程中的失重特性，并运用红外光谱仪和质谱仪在线监测了煤热解过程中释放的小分子气体（H_2、H_2O、CH_4、CO_2、SO_2、CO）及氮化物（HCN、NH_3）的释放规律。

（5）有机氮释放机理：分析和探讨了煤中有机氮的在热演化过程中的释放规律、释放形态、地质条件及控制因素等。

1.4.2　含铵黏土矿物研究

（1）含铵黏土矿物学研究：以沁水煤田、太行山东麓煤田以及京西煤田煤层夹矸为研究对象，对其进行矿物学方面的研究。主要研究内容包括：X 射线衍射分析、红外光谱分析、热重-热流-红外光谱联用分析、拉曼光谱分析以及扫描电镜＋能谱分析，根据以上分析结果，总结和归纳铵伊利石 $NH_4^+/(NH_4^+ ＋ K^+)$ 的特征及变化规律，探讨 NH_4^+ 的来源及含铵黏土矿物的成因及其控制因素。

（2）含铵黏土岩夹矸地球化学研究：以沁水煤田、太行山东麓煤田以及京西煤田煤层夹矸为研究对象，对其常量元素和微量元素进行地球化学方面的研究。采用类比法及相关分析方法，对煤中各种常量元素和微量元素的地球化学行为进行探讨和研究。

（3）黏土矿物组合类型研究：分析了不同沉积环境煤层夹矸中的黏土矿物分布特征及组合类型，研究和探讨了造成煤系黏土矿物差异分布和组合类型不同的主要原因。

（4）含铵黏土矿物夹矸淋滤实验研究：采用静态浸泡和动态淋溶实验方法以及对煤矸石堆周围土壤和水体实际取样分析，研究探讨含铵煤矸石中氮的溶出行为，以期对煤矿区铵伊利石质矸石自然风化过程中产生的氮污染作出评价。

1.4.3　煤层气中氮气的研究

（1）N_2 含量研究：分析了沁水盆地、鄂尔多斯盆地东缘等地区煤层气中氮气含量的特征，建立 N_2 成因判识图版。

（2）N_2 同位素组成研究：以沁水煤田煤层气为研究对象，分析了煤层气中 N_2 同位素组成的分布特征，探讨和研究了煤层气中 N_2 同位素组成随煤化程度、地下水动力条件、解吸—扩散—运移效应、次生生物降解作用以及排采活动等因素的变化规律。依据煤层气中 N_2 同位素组成建立 N_2 成因判识图版。

1.4.4　煤中氮元素成岩转化机理研究

（1）有机氮和含铵黏土矿物的成因联系：分析和对比了有机氮和含铵黏土矿物 NH_4^+ 的同位素组成差异，探讨总结了二者之间的成因联系及转化机理。

（2）有机氮和 N_2 的成因联系：分析和对比了有机氮和煤层气中 N_2 的同位素组成差异，探讨总结了二者之间的成因联系及转化机理。

（3）煤层中氮成岩转化机理的建立：以煤中有机氮、含铵黏土矿物以及煤层气中 N_2 三者之间的成因联系为基础，建立煤层中氮成岩转化机理。

第2章　研究区地质概况

本书根据煤变质程度以及沉积环境差别，选取山西沁水煤田、太行山东麓煤田、京西煤田以及黑龙江东部为主要研究区域。其中，沁水煤田煤类以高变质烟煤-无烟煤为主，沉积环境以滨岸过渡沉积为主；太行山东麓煤田煤类以高变质烟煤-无烟煤为主，沉积环境包括滨岸过渡沉积和陆相沉积；京西煤田煤类以无烟煤为主，沉积环境包括滨岸过渡沉积和陆相沉积；黑龙江东部地区煤类以低变质烟煤为主，沉积环境以陆相沉积为主。

2.1　山西沁水煤田地质概况

本书针对沁水煤田内两个区域进行重点研究，包括：北部阳泉地区和南部晋城-长治地区，以下对这两个研究区的含煤地层、煤层及煤质特征、地质构造、沉积环境，以及岩浆活动分别加以介绍（图2.1）。

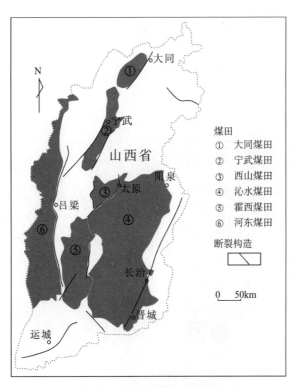

图 2.1　山西省煤田分布图

2.1.1 北部阳泉地区

1. 含煤地层

阳泉地区含煤地层形成于石炭纪和二叠纪，主要为石炭系上统本溪组和太原组以及二叠系下统山西组（图2.2）。

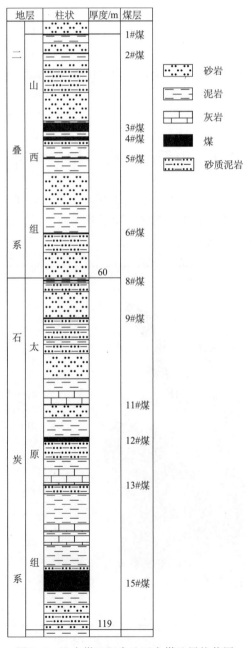

图 2.2　沁水煤田阳泉地区含煤地层柱状图

（1）本溪组：地层总厚度 40～60m，平均 54m，主要由灰黑色、灰色砂质泥岩、泥岩、细至中粒砂岩、铝质泥岩及 2～3 层石灰岩组成，含不稳定薄煤层 2～4 层，煤层厚度一般小于 0.2m。

（2）太原组：地层总厚度 90～130m，平均 119m，主要由黑灰色砂质泥岩、泥岩、灰白色砂岩，三层石灰岩及煤组成，与下伏地层本溪组地层整合接触。本组含煤 7～9 层，其中可采煤层 5 层，即 8#、9#、12#、13#、15# 煤层。

（3）山西组：地层厚 54～82m，平均 60m，主要由灰黑色砂质泥岩、泥岩，灰白色砂岩及煤组成，与下伏太原组地层整合接触。本组含煤 4～6 层，其中可采煤层为 3# 和 6# 两层。

2. 地质构造

阳泉矿区位于沁水盆地东北边缘，新华夏系第三隆起带中段西侧，祁吕贺山字形前弧东翼以东。矿区东西两侧分别为较低序次的娘子关帚状构造和寿阳局部经向构造，北抵阳曲-盂县东西褶断带，南部为老庙山莲花状构造，新华夏系较低序次的武乡-阳城凹褶带呈 NNE 向纵贯整个矿区。由于经过多次不同时期、不同方式、不同方向区域性构造运动的综合作用，特别是新华夏系与阳曲-盂县纬向构造带的影响，形成了阳泉矿区在走向 NW、倾向 SW 的单斜构造基础上，沿走向和倾向均发育有较平缓的褶皱群和局部发育的陡倾挠曲，其主体构造线多呈 NNE、NE 向，局部产生复合变异。

3. 岩浆活动

据区域地质资料，喜马拉雅期橄榄玄武岩以宁静形式溢流和强烈形式喷发，分布于平定浮山、马鞍山及昔阳凤凰山一带。熔岩覆盖于奥陶系、石炭系、二叠系及古近系、新近系等不同时代地层之上，在熔岩与围岩接触部位，围岩仅显示轻度变质，邻近熔岩体的石炭系可采煤层，未见明显变质。在阳泉地区含煤地层中并未发现岩浆岩侵入。

4. 煤层及煤质特征

1）主要可采煤层

阳泉矿区含煤地层为下二叠统山西组和上石炭统太原组，总厚度平均 179m，含煤层 11～16 层，煤层总厚度平均 20m，含煤系数 11%；其中可采煤层七层，煤层总厚度 18m，含煤系数 10%。山西组含煤层 4～6 层，煤层总厚度平均 4.4m，含煤系数 7%；太原组含煤层 7～9 层，煤层总厚度 15.2m，含煤系数 12.8%。主要可采煤层包括山西组的 3#（号）和 6# 煤，以及太原组的 8#、9#、12#、13# 和 15# 煤。

（1）3# 煤：俗称七尺煤，宏观煤岩类型以亮煤和镜煤为主。位于山西组中部，煤厚度 0～3.8m，平均 1.9m，厚度变化较大。由于古河流冲刷及聚煤期沉积环境影响，形成若干大片薄煤带和无煤带。煤层结构较复杂，含夹矸 1～2 层，岩性以碳质泥岩或砂质泥岩为主。

（2）6# 煤：宏观煤岩类型以亮煤为主。煤层厚度 0～2.0m，平均 1.2m，厚度变化较大。煤层结构简单，一般不含夹矸，煤层上部含似层状或扁豆状黄铁矿结核。

（3）8#煤：位于太原组顶部，煤层厚度0～5.8m，平均2.8m。煤层中富含黄铁矿，呈扁豆状、球状及脉状，以脉状最多，球状次之。煤层结构较复杂，含夹矸1～4层，岩性为碳质页岩、泥岩、砂质泥岩及细粒砂岩。

（4）9#煤：煤层厚度0～5.4m，平均2.8m。煤层结构较复杂，含夹矸1～4层，岩性为泥岩、砂质泥岩。

（5）12#煤：俗称四尺煤，位于太原组中部，煤层厚度0～2.5m，平均1.4m，煤层含硫量高，黄铁矿结核发育，呈扁豆状、饼状、卵状或脉状、片状赋存于煤层中。煤层结构复杂，含1～2层夹矸，尤以中部夹矸较为发育，岩性为泥岩、砂质泥岩。

（6）13#煤：位于太原组中部，煤层厚度0～1.3m，平均0.9m。煤层结构简单，一般无夹矸。

（7）15#煤：俗称丈八煤，位于太原组底部，煤层厚度5.3～8.9m，平均6.8m，煤层厚度稳定。煤层结构复杂，含夹矸1～4层，局部可达7层，以碳质泥岩为主。

2）煤质特征

阳泉矿区煤质总体特征：水分变化为0.2%～5.0%，平均1.3%；灰分为7.6%～36.4%，平均18.3%；挥发分为5.7%～18.3%，平均9.3%；全硫含量为0.3%～5.9%，平均1.3%，发热量为20.5～33.2MJ/kg，平均28.7MJ/kg。各分煤层的煤质分析见表2.1。

表2.1　阳泉矿区可采煤层工业分析

煤层	$M_{ad}/\%$		$A_d/\%$		$V_{daf}/\%$		$S_{t.d}/\%$		$Q_{gr,d}/(MJ/kg)$	
	范围	均值	范围	均值	范围	均值	范围	均值	范围	均值
3#	0.9～3.7	1.2	11.6～35.9	24.4	9.0～18.3	11.5	0.3～1.0	0.6	21.6～31.3	26.2
6#	0.2～2.2	1.2	9.8～29.6	15.8	6.9～10.9	8.9	0.5～3.0	1.0	24.1～32.1	29.8
8#	0.4～1.9	1.5	13.3～27.2	22.5	7.4～13.6	10.3	0.4～2.8	1.2	25.1～31.7	27.0
9#	0.2～2.3	1.2	14.0～27.0	21.3	7.8～12.6	9.8	0.5～3.9	1.1	26.0～30.6	27.2
12#	0.4～5.0	1.4	8.3～36.4	17.3	6.6～14.6	8.6	0.8～5.9	2.2	20.5～33.2	29.1
13#	0.5～3.0	1.2	7.6～31.7	13.4	6.6～14.6	8.3	0.9～2.6	1.5	22.0～33.2	30.8
15#	0.5～3.6	1.7	13.8～23.9	13.2	5.7～10.2	7.6	0.4～1.9	1.2	26.4～30.3	30.8
平均	0.2～5.0	1.3	7.6～36.4	18.3	5.7～18.3	9.3	0.3～5.9	1.3	20.5～33.2	28.7

5. 沉积环境

阳泉矿区石炭-二叠纪含煤地层形成于海陆过渡环境，海退、海侵比较频繁，导致沉积的岩性和岩性组合上差异明显。其中，本溪组为滨岸潟湖-潮坪沉积，太原组为滨岸、碳酸盐台区和三角洲的交互沉积，山西组为三角洲平原沉积。

1) 15♯煤

15♯煤沉积过程中，地形高起的砂坝水体较浅，为高等植物提供了良好的生长场所并开始堆积泥炭，而其他地区水体较深，植物无法生存。随着地壳的上升，泥炭沼泽向其他地区扩展。当大部分地区抬升至水面附近时，泥炭沼泽在全区连成一片，形成厚度大、延续性好的煤层，15♯煤就此形成。在15♯煤堆积后，由于地壳下降、海水入侵，将泥炭沼泽覆盖，聚煤作用中断，15♯煤被海相沉积物掩埋。因此，15♯煤层在形成过程中和聚煤之后，受海水和半咸水影响较大、受河流淡水影响较小，致使其含硫量增高。

2) 12♯煤

12♯煤沉积模式与15♯煤相似，但在其聚集后，并未发生大规模海侵作用，因此12♯煤层在形成过程中和聚集之后，受淡水影响较大。

3) 8♯煤

8♯煤堆积于海侵减退、岸进增强时期，泥炭沼泽主要发育于河口砂坝和分流河道两侧，在8♯煤堆积后，发生小规模海侵，泥炭沼泽被淹没，聚煤作用中断，因此8♯煤在形成和聚集后，受海水和淡水共同影响。

4) 3♯煤

3♯煤为三角洲废弃阶段的沉积，在这期间由于分流河道通过决口等方式发生改道，形成了废弃的三角洲朵叶。在分流间湾地区沉积的细粒沉积物，将分流间湾充填淤平，从而使废弃的三角洲朵叶上的泥炭沼泽连成一片，为3♯煤的形成提供了广阔而又稳定的环境。在3♯煤形成以后，河流又通过决口等方式返回原地，形成新的三角洲朵叶。因此，3♯煤在形成和聚集后，主要受淡水影响。

2.1.2　南部晋城-长治地区

1. 含煤地层

晋城-长治地区含煤地层沉积于石炭纪和二叠纪，从老到新依次为石炭系上统本溪组、太原组，以及二叠系下统山西组（图2.3）。

(1) 本溪组：全组厚0～18.0m，平均厚9.0m，平行不整合覆于奥陶纪石灰岩凹凸不平之古侵蚀面上。岩性、岩相及厚度变化较大，局部缺失。一般由灰色鲕状铝土岩、铝质泥岩夹菱铁矿、黄铁矿等组成，局部夹不稳定的薄煤层及薄层石灰岩。

(2) 太原组：全组平均厚79.5m，主要含煤地层之一。主要由石灰岩、灰黑色泥岩、粉砂岩、灰色细至中粒砂岩及煤层组成。含有稳定可采煤层9♯煤和15♯煤、不稳定的局部可采煤层6♯煤和5♯煤，以及不稳定的薄煤层16♯、14♯、13♯、11♯、8♯、7♯煤等。

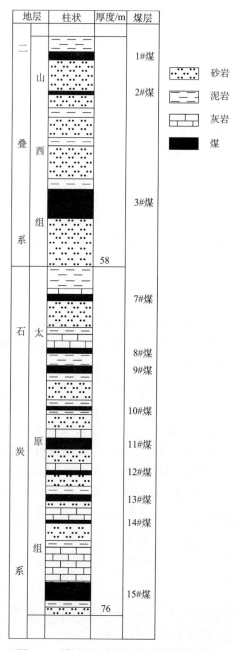

图 2.3　晋城-长治矿区含煤地层柱状图

（3）山西组：矿区主要含煤地层之一，厚度约 60m。由灰、深灰色细砂岩、粉砂岩、泥岩及 1～3 层煤层组成。3#煤层位于本组下部，为全区主要可采煤层之一；其上部为深灰色粉砂岩、泥岩，局部发育厚层灰色、中粒至细粒砂岩，含 1～2 层不稳定薄煤层。

2. 地质构造

山西地块介于秦岭构造带和阴山构造带两个巨型纬向构造带之间，属中朝地台的组成部分。晋东南地区处于其二级构造单元——山西中隆起区的中南部，受燕山期构造运动控制，处于太行复式背斜隆起和霍山南北向背斜隆起之间的沁水复式向斜拗陷南段。区域总体构造形态是一倾向 NW-NWW 的单斜构造，在此基础上发育的构造形迹是与沁水大型复式向斜走向一致的 NNE 向宽缓褶皱，岩层呈波状起伏，伴有落差较小、规模不大的高角度正断层及低角度逆断层。

3. 岩浆活动

晋城-长治地区的高变质煤带应当与岩浆活动有关，岩浆热作用提高了煤的变质程度，即煤在区域变质的基础上叠加了岩浆热变质作用。在晋城煤炭国家规划区西北角方向下良庄北、二峰山及山麓冲沟中发现有侵入岩体，侵入于不同地层中，主要岩性为闪长岩、二长岩类，大部分具斑状结构，属中性或偏碱性、饱和及微饱和、中浅层的侵入岩。在晋城-长治大部分地区含煤地层中并未发现岩浆岩侵入。

4. 煤层及煤质特征

晋城-长治地区含煤地层为二叠系下统山西组和石炭系上统太原组。煤系地层平均总厚 123m，含煤 14 层，煤层总厚 14m，含煤系数 12%，其中含全部可采煤层和大部可采煤层 3 层，即山西组 3♯煤层和太原组 9♯、15♯煤层，可采煤层总厚度 11m，可采含煤系数 8.59%。

1) 主要可采煤层

(1) 3♯煤：位于山西组下部，主要可采煤层之一，厚 4.5～8.9m，平均 6.4m。煤层结构属简单-较简单型，含夹矸 0～5 层，夹矸厚度不大，岩性多为泥岩或粉砂质泥岩。顶、底板多为灰色粉砂岩，少数为泥岩、细砂岩。

(2) 9♯煤：位于太原组三段下部，厚 0.5～2.3m，平均 1.5m。煤层结构属简单型，含夹矸 0～2 层，岩性多为泥岩或粉砂质泥岩。顶板多为粉砂岩，局部为砂岩，底板北部多为粉砂岩，局部为石灰岩。

(3) 15♯煤：位于太原组一段顶部，煤层厚 2.0～3.8m，平均 2.4m。煤层结构属较简单-复杂，含夹矸 0～4 层，岩性多为泥岩或粉砂质泥岩，底板多为泥岩，少数为粉砂岩，顶板多为石灰岩，局部为薄层黑色泥岩。

2) 煤质特征

晋城-长治地区煤质总体特征：水分变化为 0.5%～3.8%，平均 1.7%；灰分为 4.1%～30.3%，平均 19.4%；挥发分为 5.8%～24.2%，平均 7.6%；全硫含量为 0.2%～3.5%，平均 1.6%，发热量为 24.2～35.2MJ/kg，平均 34.4MJ/kg。各分煤层的煤质分析见表 2.2。

5. 沉积环境

依据晋城-长治地区岩石组合及沉积特征,本区含煤岩系可划为三个大沉积环境,下部为障壁岛-潟湖环境沉积,中上部为浅海碳酸盐台地和三角洲环境频繁交替沉积。

表 2.2　晋城-长治地区可采煤层工业分析

煤层	$M_{ad}/\%$		$A_d/\%$		$V_{daf}/\%$		$S_{t.d}/\%$		$Q_{gr.d}/(MJ/kg)$	
	范围	均值	范围	均值	范围	均值	范围	均值	范围	均值
3#	0.7~3.7	1.6	5.8~25.1	17.4	6.0~10.7	7.1	0.2~0.4	0.3	34.2~35.2	34.7
9#	0.9~3.8	2.1	14.2~30.3	19.7	5.8~11.7	6.9	2.1~2.5	2.4	34.3~35.0	34.7
15#	0.5~3.5	1.5	4.1~27.3	21.2	6.1~24.2	8.7	1.9~3.5	2.1	24.2~34.9	33.7
总体	0.5~3.8	1.7	4.1~30.3	19.4	5.8~24.2	7.6	0.2~3.5	1.6	24.2~35.2	34.4

1）15#煤

太原组早期第一次特大型海侵之前,聚煤作用发生在潟湖被逐渐淤浅的滨岸沼泽上,当时气候温暖潮湿,森林广布,由于地壳相对稳定,沉降与堆积保持平衡,故而聚煤作用持续时间长,形成了较厚的15#煤层,其顶板为灰岩,灰岩的形成对煤层起了保护作用。但因积水较深,气流闭塞,造成了较强的还原条件,利于黄铁矿的形成,因此15#煤层含硫量较高。

2）9#煤

太原组中晚期即第一次大型海侵结束后,由于地壳振荡,海侵、海退现象频繁,聚煤作用发生在海退末期形成的沼泽中,因地势低平,不时被海水所覆盖,使得泥炭沼泽难以发育,聚煤作用不能持久,因而形成的煤层薄而稳定,其顶板为海相灰岩或泥岩,仅在中部灰岩之上形成了较厚的9#煤层。灰岩形成之后,海水退去,分流河道发育,聚煤作用发生在分流间沼泽,由于河水涨落,沼泽位置很不稳定,范围也小,随着河流被逐步淤浅,泥炭沼泽向河道方向扩展;之后海侵,聚煤作用结束,因此形成的9#煤层厚度变化很大,向河道方向分岔变薄,甚至尖灭。其下灰岩受冲刷缺失,代之为中砂岩,具交错层理,向上变为粉砂岩,逐渐过渡为泥岩,地层厚度增大。

3）3#煤

山西组的3#煤层是海退过程中潟潮、湖沼被逐步淤平的淡水泥炭沼泽相产物,由于地壳相对稳定,为成煤提供了良好条件,温暖潮湿的气候利于成煤植物大量生长,形成了稳定性好、厚度大的3#煤层。同时由于成煤早期西区西部河流发育,沼泽形成的晚,所以煤层变薄。此外,后期冲刷对煤层厚度也有一定的影响。

2.2　太行山东麓煤田地质概况

本书针对太行山东麓煤田内两个区域进行重点研究，包括：邯峰矿区和安鹤矿区以下对这两个研究区的含煤地层、煤层及煤质特征、地质构造、沉积环境以及岩浆活动分别加以介绍（图 2.4）。

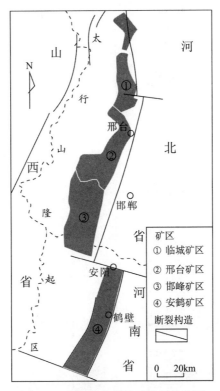

图 2.4　太行山东麓煤田矿区分布图

2.2.1　邯峰矿区

1. 含煤地层

邯峰矿区含煤地层沉积于石炭纪和二叠纪，从老到新依次为石炭系上统本溪组、太原组以及二叠系下统山西组（图 2.5）。

（1）本溪组：与奥陶系呈假整合接触，地层总厚 15～20m，平均 18m。中下部为灰、灰黑色铝土质泥岩，砂质泥岩，具鲕状结构，间夹细砂岩，粉砂岩；上部为一层深灰色石灰岩。本组含不稳定薄煤层 1 层，即 10♯ 煤层，为不可采煤层，煤层厚度平均 0.2m，含煤系数为 0.8%。

（2）太原组：总厚 125～150m，平均 140m。岩性以灰、深灰色粉砂岩和灰、浅灰色细粒至中粒砂岩组成，局部见粗粒砂岩或含砾粗粒砂岩，间夹灰岩 4～7 层。含煤层

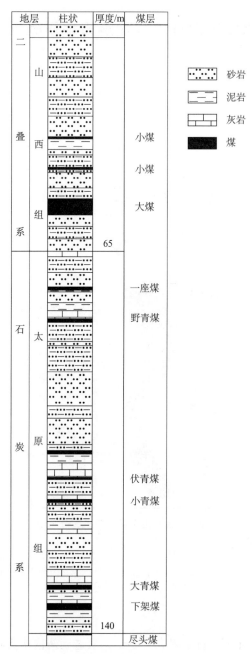

地层	柱状	厚度/m	煤层

二叠系　山西组

石炭系　太原组

小煤

小煤

大煤

65

一座煤

野青煤

伏青煤

小青煤

大青煤

下架煤

140

尽头煤

砂岩

泥岩

灰岩

煤

图 2.5　邯峰矿区含煤地层柱状图

14 层，煤层总厚 8.4m，总含煤系数 6.0%。从上到下煤层编号为 3#、4#、4下#、5上#、5#、5下#、6#、6下#、7上#、7#、7下#、8上#、8#和9#，其中可采煤层五层，分别为 4#、6#、7#、8#和9#煤，除 4#煤层局部可采外，其余均为大部可采煤层。可采煤层总平均厚度 6.0m，可采含煤系数 4.3%。位于太原组底部的 8#和9#煤层受岩浆岩侵入影响严重。

（3）山西组：地层厚度 60～70m，平均 65m。岩性以灰、深灰色粉砂岩、砂质泥岩与浅灰色、灰白色细粒至中粒砂岩为主。下部为砂质泥岩，泥岩偶夹煤线；中部以灰、深灰色中、细粒砂岩、粉砂岩为主，间夹灰黑色砂质泥岩、泥岩，含煤三层，编号分别为 $1_上#$、$1#$ 和 $2#$，煤层总厚 4.6m，总含煤系数 7.0%；上部为灰色砂质泥岩、泥岩，局部具泥质或菱铁质细鲕粒结构，间夹粉砂岩，细粒砂岩。

2. 地质构造

邯峰矿区位于太行山东麓，华北盆地西缘。区域构造上属于中朝准地台山西断隆太行拱断束武安拗断束武安向斜的西翼，燕山和喜马拉雅运动控制了区域的构造形态，主构造线方向为 NNE-NE 向。在构造体系上归属新华夏构造体系，煤田西部为太行山隆起中南段，矿区呈 SN-NNE 向展布，由赞皇隆起和武安断陷组成。前者由太古代和少量元古代变质岩系组成，后者主要由古生代地层组成。由于西侧太行山隆起的上升和东侧华北盆地的沉降，使邯峰矿区形成走向 NNE-SN、西边翘起、东边倾降，并具波状起伏的翘倾断块。矿区内发育有大量 NNE-NE 向正断层及少量 NNW 向正断层，组成一系列地堑，地垒和阶梯状单斜断块（半地堑或箕状地堑）。自北向南有 NNE 向的晋县栾城拗陷（地堑）、宁晋隆尧隆起（地垒）、巨鹿邯郸拗陷（地堑）及南部的邢台武安拗陷，呈雁行状斜列展布。

褶皱与断裂的共同作用形成本区构造轮廓。矿区内褶皱构造主要分布在近 EW 向的隆尧南正断层以南至洺河一线。轴向 NNE，与大断层走向平行展布的背、向斜为煤田内主要褶皱构造，延伸较长，形态清晰，EW 和 NW 向褶皱规模小，断续出现。地层倾角比较平缓，一般为 10°～20°，局部可达 30°左右。

3. 岩浆活动

本区岩浆活动相当强烈，岩浆岩极为发育，分布广泛，上至最高地层层位石千峰组，下到煤系基底奥陶纪灰岩，各时代地层均有岩浆岩侵入。在垂向地层剖面上，一般均见有两个或多个岩体。单一岩体厚度最薄不足 1m，最厚达 70m 左右，其中以上石盒子组岩浆岩为最厚。侵入煤系地层的单一岩体最厚约 40m，一般数米至十余米。

矿区范围内岩浆岩侵入的最高层为上石盒子组。但从区域上来看，侵入最新地层为下三叠统刘家沟组。因此，岩浆岩的侵入应当在三叠纪以后。在矿区外围与夕卡岩型铁矿有关的闪长岩类岩浆岩，同位素年龄为 1.32 亿～1.62 亿年，形成于燕山期。本区的岩浆岩与邻近铁矿的成矿母岩（闪长岩类）在化学成分、矿物成分和结构等特征一致或基本一致，它们应为同源同期产物，因此，矿区内岩浆岩当属燕山期无疑。

闪长玢岩是矿区内岩浆岩的主要类型，其他类型所占比例较小。造成不同类型的主要原因是岩浆分异作用和自变质作用。

（1）闪长玢岩：浅灰、灰白或浅灰绿色，全晶质斑状结构，块状构造。矿物成分含量斜长石占 70%～75%，角闪石占 20% 左右。次要矿物有时见黑云母。副矿物有磷灰石、磁铁矿和黄铁矿。

（2）角闪闪长玢岩：灰、灰绿色，全晶质斑状结构，块状构造。矿物成分含量角闪石占 35%，斜长石占 60%。副矿物有磷灰石、黄铁矿和磁铁矿。

（3）角闪玢岩：深灰绿色，全晶质斑状结构，块状构造。

（4）钠化黑云母辉石闪长玢岩：暗灰色或肉红色，全晶质斑状结构，块状构造。

4. 煤层及煤质特征

1）主要可采煤层

邯峰矿区的主要含煤地层共含煤 16 层，煤层总厚 13.1m，总含煤系数 5.9%，其中可采煤层七层，可采总厚度 10.1m，可采含煤系数 4.6%。现将各主要可采煤层分述如下：

（1）1♯煤（小煤）：位于山西组中部，煤层厚度 0~1.2m，平均厚度 0.6m。煤层结构简单，厚度变化不大。煤层顶底板岩性多为粉砂岩，局部顶板为细粒砂岩。

（2）2♯煤（大煤）：为本区主要可采煤层，煤层厚度 0.6~5.9m，平均厚度 3.5m。含夹矸 1~2 层，通常煤层下部含一层粉砂岩夹矸，厚 0.1~0.8m，平均夹矸厚 0.3m。煤层顶底板岩性为粉砂岩，局部顶底板为细粒砂岩。

（3）4♯煤（野青煤）：位于野青灰岩之下，厚度 0~1.0m，平均厚度 0.7m。结构简单。顶板为石灰岩，局部为粉砂岩或碳质泥岩，底板粉砂岩。

（4）6♯煤（山青煤）：位于伏青灰岩上部，煤层厚度 0~1.9m，平均厚度 0.9m。煤层结构简单。顶底板岩性为粉砂岩。

（5）7♯煤（小青煤）：位于伏青灰岩之下，中青灰岩上，厚度 0.3~1.4m，平均厚度 0.8m。煤层结构较简单。顶底板岩性多以粉砂岩为主，局部地区顶板为石灰岩。

（6）8♯煤（大青煤）：位于大青灰岩之下，煤层厚度 0~4.7m，平均厚度 1.5m。煤层的结构简单，且变质程度高于上述各煤层。底板为粉砂岩或岩浆岩。

（7）9♯煤（下架煤）：煤层厚度 0~7.7m，平均厚度 2.4m。结构较复杂，大部分含夹矸 1~2 层，夹矸厚度 0.1~0.3m。

2）煤质特征

邯峰矿区煤质总体特征：水分变化为 0.6%~8.2%，平均 3.1%；灰分为 2.3%~38.6%，平均 20.3%；挥发分为 1.0%~10.1%，平均 5.2%；全硫含量为 0.1%~8.4%，平均 2.0%，发热量为 21.7~32.5MJ/kg，平均 27.0MJ/kg。各分煤层的煤质分析见表 2.3。

表 2.3 邯峰矿区可采煤层工业分析

煤层	$M_{ad}/\%$		$A_d/\%$		$V_{daf}/\%$		$S_{t,d}/\%$		$Q_{gr,d}/(MJ/kg)$	
	范围	均值	范围	均值	范围	均值	范围	均值	范围	均值
1♯	1.4~4.4	3.1	10.8~32.5	19.9	2.8~7.2	5.3	0.1~0.8	0.6	23.1~28.2	26.0
2♯	1.4~5.0	3.3	11.9~38.3	19.6	2.5~9.3	5.6	0.3~2.0	0.6	21.7~31.9	27.9
4♯	1.0~4.0	3.5	14.7~25.0	19.8	2.3~8.2	5.2	2.0~4.9	3.0	25.0~28.5	27.0

煤层	$M_{ad}/\%$		$A_d/\%$		$V_{daf}/\%$		$S_{t \cdot d}/\%$		$Q_{gr,d}/(MJ/kg)$	
	范围	均值	范围	均值	范围	均值	范围	均值	范围	均值
6#	2.3~5.1	3.8	10.9~35.7	20.0	3.4~8.2	5.6	2.4~2.8	2.6	25.3~29.7	28.2
7#	1.9~8.2	3.1	11.7~38.6	25.1	2.2~10.1	5.2	1.2~8.4	3.1	22.0~30.1	25.2
8#	0.6~7.1	2.6	2.3~29.3	13.7	1.8~8.0	4.8	0.7~3.9	1.7	22.5~32.5	28.3
9#	0.9~4.9	2.4	4.4~35.7	23.8	1.0~7.2	4.5	0.9~3.6	2.1	22.3~31.9	26.6
平均	0.6~8.2	3.1	2.3~38.6	20.3	1.0~10.1	5.2	0.1~8.4	2.0	21.7~32.5	27.0

5. 沉积环境

1）9# 煤

9# 煤形成前，海侵和高水位体系域主要表现为潟湖和潮坪沉积体系的更迭，以垂向加积作用为主，沉积厚度总体较薄，聚煤作用总体较弱。但在高位体系域演化的后期，在大型潮坪沉积体系普遍沼泽化的基础上，形成了较为广泛的 9# 煤层。

2）8# 煤

8# 煤成煤作用发生于一次大规模海侵事件之后，泥炭堆积则发生于大规模海侵之前的海平面振荡作用期间。煤层顶板为海相灰岩，这是泥炭被快速淹没且处于深水环境的结果。由于泥炭的煤化作用发生过程完全处于深水还原环境条件下，凝胶化作用比较彻底。

3）6# 和 7# 煤

6# 和 7# 煤形成于快速的海侵过程中，因此发育的不稳定。

2.2.2　安鹤矿区

1. 含煤地层

安鹤矿区含煤地层沉积于石炭纪和二叠纪，从老到新依次为石炭系上统本溪组、太原组、二叠系下统山西组、下石盒子组，以及二叠系上统上石盒子组（图 2.6）。

（1）本溪组：自奥陶系顶部古风化壳顶界至太原组底部一₁煤层底板根土岩之底，与下伏地层平行不整合接触。厚 6.0~47.9m，平均 24.7m。岩性以灰、深灰色铝质泥岩、灰黑色泥岩、砂质泥岩、中-细粒砂岩为主，局部夹透镜状石灰岩和薄煤 1~2 层。

（2）太原组：自本溪组顶部铝质泥岩顶至山西组底部二₁煤层底板砂岩底，厚 72.2~153.7m，平均 115.7m，与下伏地层整合接触。由石灰岩、砂岩、砂质泥岩、泥岩和煤层组成。据其岩性组合特征可分为上、中、下三段。下段以石灰岩、煤层为主，夹砂质泥岩、泥岩，厚 33~45m；中段砂岩、砂质泥岩、泥岩为主，厚 40~55m；上

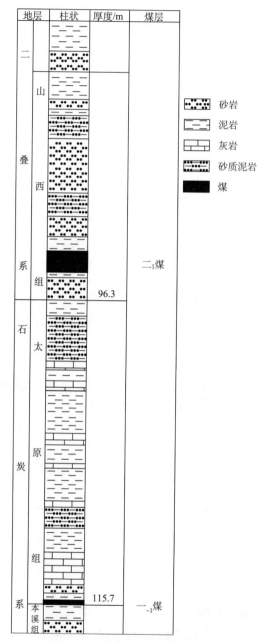

图 2.6　安鹤矿区含煤地层柱状图

段以砂岩、砂质泥岩、泥岩为主。

（3）山西组：自二$_1$煤层底板砂岩底至砂锅窑砂岩底，厚 71.6～127.9m，平均厚度 96.3m，与下伏太原组整合接触。由砂岩、砂质泥岩、泥岩及煤层组成。据其岩性特征自下而上可分为四段。二$_1$煤段，厚 25～40m；大占砂岩段，厚 20～40m；香炭砂岩段，厚 25～45m；小紫泥岩段，厚 20～30m。

（4）下石盒子组：自砂锅窑砂岩底至田家沟砂岩底，与下伏地层整合接触。厚207.5～379.6m，平均305.8m。依沉积旋回可划分为三、四、五、六共四个煤段，各煤段岩性均以泥岩、砂质泥岩及细至粗粒长石石英砂岩为主，顶部多为灰紫色泥岩或砂质泥岩，底部常为灰色砂岩。厚0～24.1m，平均5.3m。三、四煤段下部各含透镜状薄煤一层，五、六煤段一般不含煤层。

（5）上石盒子组：自田家沟砂岩底至平顶山砂岩底，与下伏地层整合接触。厚224.0～348.1m，平均285.5m。分两个沉积旋回，含七、八两个煤段。岩性以浅灰、灰绿色长石石英砂岩、砂质泥岩、泥岩为主。

2. 地质构造

安鹤矿区夹持于汤东断裂与林县正断层之间，受汤东断裂直接控制，地质构造特征与区域构造特征基本一致，整体为一单斜构造形态，岩层走向NNE，倾向SE，倾角2°～35°。受NE向断层影响，矿区内形成三个断块。断块内次级构造比较复杂，构造形迹以断裂为主，褶皱为辅。按构造展布方向可分为EW向构造、SN向构造、NNE向构造、NE向构造和NW向构造五种。其中，EW向构造构造线方向为90°～110°，是本区处在SN挤压应力作用下形成的中小型纬向构造，主要以褶曲为主，局部伴有少量断裂；SN向构造线方向NE5°—NW10°，是该区域在东西挤压应力作用下形成的经向构造，其构造形迹以断裂为主；NNE向构造以断裂为主，断层延伸方向NE5°—NE30°；NE向构造在本区发育较多，分布广，构造线方向为N45°E—N65°E，且成组出现而形成多字形斜裂；NW向构造在区内不太发育，构造形迹以褶曲为主，局部伴有小断层。

3. 岩浆活动

安鹤矿区岩浆岩较多，均为燕山晚期的深成侵入岩。按其岩类，可分为中性和碱性两类。

（1）中性岩类：中性岩类岩性主要有灰色-灰黑色闪长玢岩、闪长岩和蚀变闪长玢岩。闪长岩为全晶半自形粒状结构，主要为角闪石及中性闪长石，具绿帘石化、黏土化，亦磁铁矿化；蚀变闪长玢岩的角闪石常蚀变成绿泥石或绿帘石，长石蚀变成绢云母。

（2）碱性岩类：碱性岩类主要以浅灰色正长斑岩为主，正长斑岩斑晶主要为正长石，基质由微晶及石基组成。

4. 煤层及煤质

1）主要可采煤层

本区共含煤31层，煤层总厚度15.2m，含煤系数1.8%。可采煤层2层，其中二₁煤层基本全区可采，一₁煤层大部可采。二₁煤层是该区的主采煤层，位于山西组下部，层位稳定，煤层厚0.6～14.5m，平均7.0m，属全区可采的中厚-厚煤层。大部含夹矸1～2层，结构简单。

2）煤质特征

二$_1$煤水分 0.5%～1.4%，平均 0.9%；灰分 7.5%～23.9%，平均 15.1%；挥发分 5.9%～24.9%，平均 17.2%；全硫 0.2%～0.7%，平均 0.4%。

5. 沉积环境

早二叠世初，随着海水向南东退却，安鹤矿区自北西而南东逐步由潮坪相转化为泥炭沼泽相，二$_1$煤开始聚集形成，北西部泥炭沼泽相持续时间较短，煤厚较小，南东部泥炭沼泽相持续时间较长，煤厚较大。另外，局部的煤厚变化与沉积基底起伏等因素有关。

2.3　京西煤田地质概况

2.3.1　含煤地层

京西煤田含煤地层包括石炭系上统本溪组、太原组，二叠系下统山西组以及侏罗系下统窑坡组（图 2.7、图 2.8）。

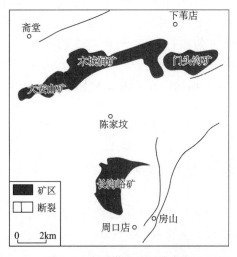

图 2.7　京西煤田矿区分布图

（1）本溪组：本溪组假整合于奥陶系马家沟组灰岩风化壳之上，厚度 14.0～38.7m，平均厚度为 25.3m。岩性以灰绿色、浅灰色砂岩为主。底部常见底砾岩或粉红色铁质砂岩；中部以细砂岩为主，夹薄层粉砂岩，局部地段见 1～2 层煤线；顶部往往为粉砂岩。

（2）太原组：太原组与下伏本溪组整合接触，厚度 75.5～139.1m，平均厚度 117.0m，为本区主要含煤地层。本组以深灰色粉砂岩为主，中部和下部各含一层层位稳定的泥灰岩，上层泥灰岩之下大约 10m 为本区第一槽煤层 M1，其上约 25m 为本区三槽煤层 M3（或 M3+5），因本区 M3 与 M5 有分叉合并现象，故 M3 之上约 0～17m

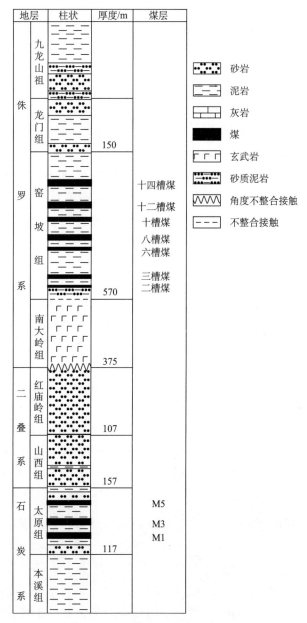

地层	柱状	厚度/m	煤层
侏 罗 系	九龙山组		
	龙门组	150	
	窑坡组	570	十四槽煤 十二槽煤 十槽煤 八槽煤 六槽煤 三槽煤 二槽煤
	南大岭组	375	
二叠系	红庙岭组	107	
	山西组	157	
石炭系	太原组	117	M5 M3 M1
	本溪组		

图例：
砂岩
泥岩
灰岩
煤
玄武岩
砂质泥岩
角度不整合接触
不整合接触

图 2.8　京西煤田含煤地层柱状图

（最大达 94m）为五槽煤层 M5。

（3）山西组：山西组与下覆太原组整合接触，厚度 134.4～169.9m，平均厚156.8m，为本区主要含煤地层。含煤及煤线 2～4 层，其中 M6 为局部可采煤层。本组底部为灰黑色的燧石石英底砾岩或粗砂岩，其与太原组呈冲刷接触，常作为 M5 的顶板，再向上为局部可采煤槽 M6；本组中部以不同粒级的砂岩为主，夹粉砂岩及砾岩，含 1～3 个煤线；上部以灰色粉砂岩为主，夹细砂岩。

（4）窑坡组：为侏罗纪主要含煤地层，由各粒级的砂岩、粉砂岩、泥质岩、变质岩及煤层、煤线组成。全组厚度 400～720m，平均厚 570m，岩相变化大，旋回结构复杂，含可对比煤层 12 层，大部或局部可采煤层 8 层，其下以硬绿泥石角岩与下伏南大岭组玄武岩呈不整合或假整合接触。

2.3.2　地质构造

京西地区是由不同构造体系复合而成的复杂构造区。自元古代以来，经历了多次地壳运动，不同时期、不同性质及不同规模的构造形迹广泛发育，形成了复杂的地质构造。京西聚煤盆地位于阴山纬向构造带南缘，祁吕贺兰山字形构造体系东翼反射弧内，包括一系列轴向为 NEE 的大型褶皱及断裂，自西向东横排斜列的有百花山向斜、庙安岭-髻髻山向斜、九龙山向斜、香峪向斜、红庙岭-八大处背斜、石景山向斜、北岭向斜及八宝山断裂、房山断裂等压性构造带，构造线呈 NE60°～65°，多字形排列。这些向斜构造保存了大面积含煤地层，成为主要煤产地。

2.3.3　岩浆活动

本区有三种岩性不同、成因不同的岩浆岩及沉凝灰岩，分述如下。

（1）玄武岩：仅出露于本区南界，构成侏罗纪含煤地层之基底。呈灰绿、紫褐色，具气孔及杏仁状构造，充填物多为方解石、石英等。

（2）玢岩、花岗细晶岩：成脉状侵入于本区含煤地层中，灰白、灰绿色。玢岩和细晶岩侵入层位和分布空间还是比较稳定。

（3）凝灰岩：矿区在窑坡组沉积的同时，陆续接受了大量火山碎屑，经过不同程度的搬运磨蚀，与其他陆源物质一同沉积下来，而形成了沉凝灰岩及凝灰质砂岩等，凝灰岩屑富集者呈花斑状，普遍赋存于一槽、二槽之间。其他层位亦含凝灰岩细屑。

2.3.4　煤层及煤质特征

1）主要可采煤层

（1）侏罗系煤层：侏罗系窑坡组地层普遍赋存煤层。自下而上共有可对比煤层十二层，即一槽、二槽、三槽、五槽、六槽、七下、七上、八槽、十槽、十二槽、十四槽及十五槽煤。另有部分不稳定的煤层及煤线分布其间。局部可采或大部可采煤层共八层，包括：二槽、三槽、五槽、六槽、八槽、十槽、十二槽、十四槽。其他煤层零星块段可采或不可采。现将主要煤层简述如下。

十四槽：煤层厚度 0～6.7m，可采区域平均厚度 1.4m，结构较简单，一般含夹矸 0～1 层。

十二槽：煤层厚度 0～6.5m，可采区域平均厚度 1.4m，结构较简单，一般含夹矸 0～1 层。

十槽：煤层厚度 0～13.5m，可采区域平均厚度 1.7m，结构较简单，一般含夹矸

0～1 层。

八槽：煤层厚度 0～13.5m，可采区域平均厚度 1.9m，结构较简单，一般不含夹矸。

六槽：煤层厚度 0～2.9m，可采区域平均厚度 1.0m，结构简单，一般不含夹矸。

五槽：煤层厚度 0～5.6m，可采区域平均厚度 0.9m，结构简单，一般含夹矸 0～1 层。

三槽：煤层厚度 0～7.4m，可采区域平均厚度 1.4m，结构简单，一般含夹矸 0～1 层。

二槽：煤层厚度 0.2～7.1m，可采区域平均厚度 2.0m，结构较复杂，一般含夹矸 0～1 层。

（2）石炭-二叠系煤层：京西地区石炭-二叠系可采煤层共有四层，自下而上分述于下：

M1（麻煤）：位于太原组中部，煤层厚度 0～2.6m，平均煤层厚度 0.93m，煤层结构简单，含夹矸 0～1 层，岩性为碳质泥岩。顶板以粉砂岩为主，局部为细砂岩、泥灰岩及砾岩。底板以含碳或不含碳的粉砂岩为主，局部为细砂岩、中粒砂岩及碳质泥岩。

M3（大槽）：位于太原组上部，煤层厚度 0～25.7m，平均煤层厚度 6.6m，煤层结构复杂，含矸 1～10 层，一般都在四层以上，岩性以含碳或不含碳的细粉砂岩为主，局部为碳质泥岩、粗粉砂岩、细砂岩及细晶岩。顶板以含碳或不含碳的泥质岩、粉砂岩为主，局部为细砂岩、中粒砂岩、砂砾石及细砾石。底板以含碳或不含碳的粉砂岩、泥岩为主，局部为细砂岩、中粒砂岩。

M5（中槽）：位于太原组顶部，全层煤层厚度 0～17.8m，平均煤层厚度 2.5m，煤层结构复杂，含矸石 0～4 层，岩性以碳质泥岩及含炭细粉砂岩为主，局部相变为粗粉砂岩、细粉砂岩及泥岩。顶板以含碳或不含碳的粉砂岩、泥岩为主，局部为砾岩、含砾粗砂岩及细砂岩。底板以碳质泥岩及含碳或不含碳的粗、细粉砂岩及其互层为主，局部为砾岩、中粒砂岩及细晶岩。

M6（北小槽）：位于山西组底部，煤层厚度 0～6.9m，平均煤层厚度 3.2m，煤层结构较简单，含矸石 1～3 层，以碳质泥岩及粉砂岩为主。顶板以砾岩、砂岩为主，其次为含炭或不含碳的泥质岩、粉砂岩。底板以含碳或不含碳质的粉砂岩、泥岩为主，局部为砾岩、细砂岩、粗砂岩及中粒砂岩。

2）煤质特征

京西煤田侏罗纪煤质总体特征：水分变化为 2.3%～5.4%，平均 3.4%；灰分为 10.8%～18.9%，平均 15.0%；挥发分为 4.0%～5.9%，平均 5.1%；全硫含量为 0.1%～0.2%，平均 0.2%，发热量为 25.6～28.7MJ/kg，平均 27.3MJ/kg。各分煤层的煤质分析见表 2.4。

表 2.4　京西煤田侏罗纪可采煤层工业分析

煤层	$M_{ad}/\%$		$A_d/\%$		$V_{daf}/\%$		$S_{t.d}/\%$		$Q_{gr,d}/(MJ/kg)$	
	范围	均值	范围	均值	范围	均值	范围	均值	范围	均值
二槽	2.3~5.7	4.0	15.0~18.3	16.5	5.5~5.9	5.7	0.1~0.2	0.2	26.6~27.5	27.0
三槽	3.2~5.4	4.3	17.4~18.9	18.1	5.2~5.8	5.5	0.1~0.2	0.2	25.6~26.3	25.9
五槽	2.8~3.8	3.3	14.6~16.7	15.7	5.3~5.6	5.5	0.1~0.2	0.2	26.6~27.8	27.2
六槽	2.6~3.6	3.1	14.1~16.2	15.2	5.3~5.7	5.5	0.1~0.2	0.2	27.3~27.9	27.6
八槽	3.3~4.4	3.8	13.3~15.8	14.5	4.1~5.6	4.8	0.1~0.2	0.1	27.1~28.4	27.8
十槽	2.4~2.6	2.5	12.0~14.4	13.2	4.0~4.8	4.3	0.1~0.2	0.1	27.1~28.2	27.7
十二槽	2.3~3.6	3.0	14.3~17.4	15.4	5.1~5.4	5.3	0.1~0.2	0.2	26.2~27.0	26.6
十四槽	2.4~4.4	3.4	10.8~12.4	11.1	4.1~4.7	4.4	0.1~0.2	0.2	28.2~28.7	28.4
平均	2.3~5.4	3.4	10.8~18.9	15.0	4.0~5.9	5.1	0.1~0.2	0.2	25.6~28.7	27.3

京西煤田石炭–二叠纪煤质总体特征：水分平均值基本稳定于 3%～5%；灰分产率变化较大，为 15%～40%；挥发分平均值基本稳定于 5%～6%；全硫基本稳定于 0.2%～0.5%；发热量平均为 31.9～32.3MJ/kg。

2.3.5　沉积环境

1）侏罗纪煤沉积环境

窑坡组中一槽煤的泥炭聚集环境为滨浅湖环境，二槽至十五槽煤的泥炭聚集环境为河流环境。因此，窑坡组沉积期多次湖泊和河流的周期性消亡导致大面积泥炭沼泽化，最终形成了窑坡组中的各煤层。因此，京西地区侏罗纪煤形成过程中主要受淡水影响。

2）石炭–二叠纪煤沉积环境

太原组和山西组沉积期，随着阴山古陆的隆起，研究区开始发生海退，海水从北向南或东南退去，来自阴山古陆的沉积物在河流入海处因流速减慢而沉积下来，携带的泥岩及细砂岩等在河口处沉积下来形成了三角洲环境，此时期聚煤作用明显增强，所形成的煤层厚度大，连续性好。因此，京西地区石炭–二叠纪煤一定程度上受海水影响。

2.4　黑龙江东部煤田地质概况

2.4.1　含煤地层

黑龙江省东部煤田含煤地层包括二叠系、侏罗系、白垩系、古近系以及新近系。其中，二叠系和侏罗系含煤盆地分布较少，含煤性差，不具代表性。白垩系含煤盆地分布较广，含煤性较好，储量大，具有代表性。黑龙江东部白垩系沉积地层主要划分为鸡西群含煤地层和桦山群不含煤地层（图 2.9、图 2.10）。

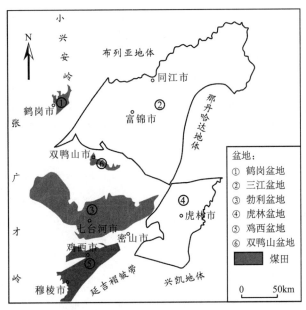

图 2.9　黑龙江东部煤田分布图

（1）鸡西群：厚度为 2500m，自下而上划分为滴道组、城子河组以及穆棱组三个含煤组，其中滴道组厚度为 350～1200m，主要为粗碎屑近源陆相沉积，含有一些含碳泥质沼泽相沉积，但没有形成良好的可采煤层；城子河组是本区主要的含煤地层，厚400～600m，由西往东逐渐增厚，由底部粗碎屑砂岩往上渐变为细碎屑砂岩及煤层沉积，本组可采煤层数量由 6～7 层至超过 20 层不等，煤层厚度大、质量好、横向发育稳定；穆棱组是鸡西群最上部的含煤层段，厚度为 600～1000m，该组泥岩、粉砂岩较多，粗砂岩较少，上部由于火山活动逐渐频繁出现较多的凝灰岩岩层，含有 5～6 层可采煤层，均集中在本组中部约 100m 的范围内。

（2）桦山群：厚度为 2000m，自下而上分为东山组、猴石沟组、海浪组。

2.4.2　地质构造

黑龙江省东部中、新生代盆地处于西伯利亚板块和中朝板块之间，主体位于佳木斯微陆块（地体）之上。西以牡丹江断裂为界与小兴安岭-张广才岭微陆块相接；东以大和镇断裂为界与那丹哈达岭微陆块（地体）毗邻；南部以敦密断裂为界与兴凯微陆块（地体）相邻。早二叠世晚期以来，由于西伯利亚板块和中朝板块之间的中亚-蒙古洋洋壳向两侧俯冲、碰撞，东北地区褶皱隆升。晚三叠世—早、中侏罗世特大型逆冲推覆构造的发现表明，直到晚侏罗世东北地区仍处于古亚洲构造域。早白垩世时期由于古太平洋板块向 NW 俯冲使得该区处于拉张应力场中，伸展断裂发育，形成 NE 向断陷盆地群。

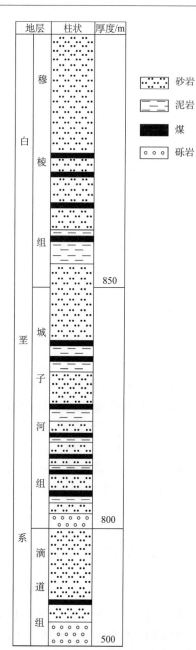

图 2.10　黑龙江东部含煤地层柱状图

2.4.3　岩浆活动

黑龙江东部大部分地区含煤地层均受到不同程度的岩浆侵入烘烤作用，如勃利盆地的辉绿岩侵入体，鸡西盆地的安山玢岩、闪长玢岩侵入体。其中，勃利盆地七台河地区受岩浆活动影响较为明显，该区较高的煤变质程度也说明了这一点。

2.4.4　煤层及煤质

黑龙江东部主要可采煤层 6～7 层，局部地区超过 20 层，主要位于鸡西群城子河组中，煤层厚度大，质量好，横向发育稳定。黑龙江东部煤类齐全，包括褐煤、长焰煤、气煤、1/3 焦煤、肥煤、焦煤、瘦煤、贫煤、无烟煤等。其中，双鸭山盆地煤类以长焰煤-气煤为主；鹤岗盆地煤类以气煤-1/3 焦煤为主；鸡西盆地煤类以 1/3 焦煤-肥煤为主；七台河地区煤类以焦煤-瘦煤-贫煤为主。

原煤煤质分析结果表明（表 2.5），黑龙江东部地区煤中水分为 0.1%～11.7%，平均 3.7%；灰分为 5.4%～31.1%，平均 24.5%，灰分自上而下呈递减趋势；挥发分为 3.6%～44.3%，平均 26.9%；全硫含量为 0.1%～3.6%，平均 0.8%。

2.4.5　沉积环境

前人研究表明，黑龙江东部白垩纪含煤地层多为远海内陆山间盆地沉积，岩性由砂岩、砾岩、泥岩和煤组成，沉积相为海陆交互相，以陆相为主，发育有河床相、河漫滩相、泥炭沼泽相、深水湖泊相、沼泽相等。

表 2.5　黑龙江东部白垩纪可采煤层工业分析

地区	$M_{ad}/\%$		$A_d/\%$		$V_{daf}/\%$		$S_{t,d}/\%$	
	范围	均值	范围	均值	范围	均值	范围	均值
双鸭山	0.3～11.7	6.0	10.1～31.1	20.6	35.6～43.8	39.7	<0.5	
鹤岗			15.0～30.0	22.5	3.6～38.0	20.8	0.1～0.3	0.2
鸡西	0.1～7.4	3.8	5.4～46.7	26.1	10.7～44.3	27.5	0.1～3.6	1.8
七台河	0.4～2.0	1.2	20.0～38.0	29.0	13.0～26.0	19.5	0.1～0.5	0.3
平均	0.1～11.7	3.7	5.4～31.1	24.5	3.6～44.3	26.9	0.1～3.6	0.8

第3章 煤中有机氮研究

本章以黑龙江东部白垩纪煤和华北地区石炭-二叠纪煤为研究对象，采用半微量凯氏定氮法、X光电子能谱分析方法、湿氧化等分析方法，测试和分析了煤中有机氮的含量、赋存形态以及同位素组成，讨论了有机氮在沉积-成岩作用过程中的变化规律及影响因素。

3.1 研 究 方 法

3.1.1 半微量凯氏定氮法

1. 方法原理

称取一定量的去矿物煤粉，加入混合催化剂和硫酸，加热分解，氮转化为硫酸氢铵。加入过量的氢氧化钠溶液，把氨蒸出并吸收在硼酸溶液中。用硫酸标准溶液滴定，根据硫酸的用量，计算样品中氮的含量。

2. 试剂及制备

所需试剂包括：浓硫酸、无水碳酸钠、硫酸钠、硒粉、氢氧化钠、硫化钠、硼酸、甲基橙、甲基红、亚甲基蓝以及蔗糖。

需要制备的试剂包括：

(1) 混合催化剂。将无水硫酸钠、硫酸汞和化学纯硒粉按质量比 64：10：1（如 32g＋5g＋0.5g）混合，研细且混匀后备用。

(2) 混合碱溶液。将氢氧化钠 370g 和硫化钠 30g 溶解于水中，配制成 1000mL 溶液。

(3) 硫酸标准溶液。硫酸标准溶液 $c\left(\dfrac{1}{2}H_2SO_4\right)=0.025mol/L$。

制备过程：

① 硫酸标准溶液的配制。于 1000mL 容量瓶中，加入约 40mL 蒸馏水，用移液管吸取 0.7mL 浓硫酸缓缓加入容量瓶中，加水稀释至刻度，充分振荡均匀。

② 硫酸标准溶液的标定。于锥形瓶中称取 0.02g（称准至 0.0002g）预先在 130℃下干燥到质量恒定的无水碳酸钠，加入 50~60mL 蒸馏水使之溶解，然后加入 2~3 滴甲基橙指示剂，用硫酸标准溶液滴定到由黄色变为橙色。煮沸，赶出 CO_2，冷却后，继续滴定到橙色。

③ 计算硫酸标准溶液的浓度。

$$c = \frac{m}{0.053V} \tag{3.1}$$

式中，c 为硫酸标准溶液的浓度，mol/L；m 为称取的碳酸钠的质量，g；V 为硫酸标准溶液用量，mL；0.053 为碳酸钠 $\left(\frac{1}{2}Na_2CO_3\right)$ 的摩尔质量，g/mmol。

需两人标定，每人各做四次重复标定，八次重复标定结果的极差不大于 0.00060mol/L，以其算术平均值作为硫酸标准溶液的浓度，保留四位有效数字。若极差超过 0.00060mol/L，再补做两次试验，取符合要求的八次结果的算术平均值作为硫酸标准溶液的浓度；若任何 八 次结果的极差都超过 0.00060mol/L，则舍弃全部结果，并对标定条件和操作技术仔细检查和纠正存在的问题后，重新进行标定。

（4）硼酸溶液。30g/L，将 30g 硼酸溶入 1L 热水中，配制时加热溶解并滤去不溶物。

（5）甲基橙指示剂。1g/L，0.1g 甲基橙溶于 100mL 水中。

（6）甲基红和亚甲基蓝混合指示剂。①称取 0.175g 甲基红，研细，溶入 50mL 95％乙醇中，存于棕色瓶；②称取 0.083g 亚甲基蓝，溶入 50mL 95％乙醇中，存于棕色瓶。

使用时将①和②按体积比 1：1 混合。混合指示剂的使用期一般不超过一个星期。

3. 仪器设备

1）消化装置

包括：容量 50mL 的开氏瓶、直径约 30mm 的短颈玻璃漏斗、具有良好导热性能以保证温度均匀的加热体（铝加热体；图 3.1）、带有控温装置的加热炉（能控温在 350℃左右）。

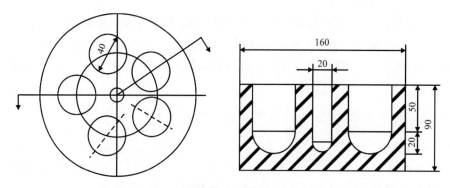

图 3.1　铝加热体（单位：mm）

2）蒸馏装置

蒸馏装置如图 3.2 所示，包括：容量 250mL 的开氏瓶、容量 250mL 的锥形瓶、冷却部分长约 300mm 的直形玻璃冷凝管、直径约 55mm 的开氏球、容量 1000mL 圆底烧瓶、功率可调的加热电炉、微量滴定管以及分析天平。

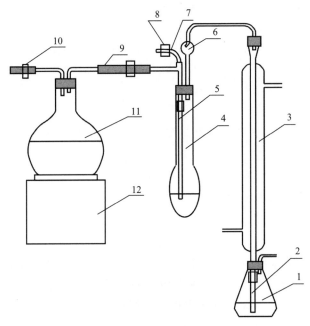

图 3.2　蒸馏装置

1. 锥形瓶；2. 玻璃管；3. 直形玻璃冷凝管；4. 开氏球；5. 玻璃管；6. 开氏球；
7. 橡皮管；8. 夹子；9. 橡皮管；10. 夹子；11. 圆底烧瓶；12. 加热炉

4. 测定步骤

（1）在薄纸（擦镜纸或其他纯纤维纸）上称取粒度小于 0.2mm 的空气干燥去矿物基试样（0.2±0.01）g（称准至 0.0002g）。把试样包好，放入 50mL 开氏瓶中，加入混合催化剂 2g 和浓硫酸 5mL。然后将开氏瓶放入铝加热体的孔中，并在瓶口插入一短颈玻璃漏斗。在铝加热体的中心小孔中插入热电偶。接通放置铝加热体的圆盘电炉的电源，缓缓加热到 350℃ 左右，保持此温度，直到溶液清澈透明，漂浮的黑色颗粒完全消失为止。遇到分解不完全的试样时，可将试样磨细至 0.1mm 以下，再按上述方法消化。分解后如无黑色颗粒物，表示消化完全。

（2）将溶液冷却，用少量蒸馏水稀释后，移至 250mL 开氏瓶中。用蒸馏水充分洗净原开氏瓶中的剩余物，洗液并入 250mL 开氏瓶中，使溶液体积约为 100mL。然后将盛有溶液的开氏瓶放在蒸馏装置上。

（3）将直形玻璃冷凝管的上端与开氏球连接，下端用橡胶管与玻璃管相连，直接插入一个盛有 20mL 硼酸溶液和滴混合指示剂的锥形瓶中，管端插入溶液并距瓶底约 2mm。

（4）往开氏瓶中加入 25mL 混合碱溶液，然后通入蒸汽进行蒸馏。蒸馏至锥形瓶中馏出液达到 80mL 左右为止（约 6min），此时硼酸溶液由紫色变成绿色。

（5）拆下开氏瓶并停止供给蒸汽，取下锥形瓶，用水冲洗插入硼酸溶液中的玻璃管，洗液收入锥形瓶中，总体积约 110mL。

（6）用硫酸标准溶液滴定吸收溶液至溶液由绿色变成钢灰色即为终点。由硫酸用量计算试样中氮的质量分数。

（7）分析前蒸馏装置须用蒸汽进行冲洗空蒸，待馏出物体积达 $100 \sim 200$mL 后，再正式放入试样进行蒸馏。

5. 空白试验

用 0.2g 蔗糖代替煤样，按上述测定步骤进行空白试验。

6. 结果计算

空气干燥煤样中氮的质量分数按下式计算：

$$N_{ad} = \frac{c \cdot (V_1 - V_2) \times 0.014}{m} \times 100 \tag{3.2}$$

式中，N_{ad} 为空气干燥煤样中氮的质量分数，%；c 为硫酸标准溶液的浓度，mol/L；m 为分析样品质量，g；V_1 为样品试验时硫酸标准溶液的用量，mL；V_2 为空白试验时硫酸标准溶液的用量，mL；0.014 为氮的摩尔质量，g/mmol。

3.1.2　X 光电子能谱分析（XPS）

1. 基本原理

X 射线光电子能谱基于光电离作用，当一束光子辐照到样品表面时，光子可以被样品中某一元素的原子轨道上的电子所吸收，使得该电子脱离原子核的束缚，以一定的动能从原子内部发射出来，变成自由的光电子，而原子本身则变成一个激发态的离子（图3.3）。在光电离过程中，固体物质的结合能可以用下面的方程表示：

$$E_k = h_n - E_b - f_s \tag{3.3}$$

式中，E_k 为出射的光电子的动能，eV；h_n 为射线源光子的能量，eV；E_b 为特定原子轨道上的结合能，eV；f_s 为谱仪的功函，eV。

谱仪功函 f_s 主要由谱仪材料和状态决定，对同一台谱仪基本是一个常数，与样品无关，其平均值为 $3 \sim 4$eV。因此，出射光电子的能量 E_k 仅与入射光子的能量 h_n 及原

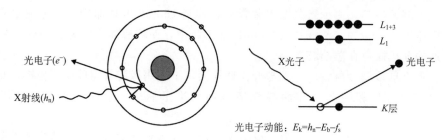

光电子动能：$E_k = h_n - E_b - f_s$

图 3.3　光电子发射示意图

子轨道结合能 E_b 有关。当固定激发源能量时，其光电子的能量仅与元素的种类和所电离激发的原子轨道有关。因此，我们可以根据光电子的结合能定性分析物质的元素种类。经 X 射线照射后，从样品表面出射的光电子的强度与样品中该原子的浓度有线性关系，可以利用它进行元素的半定量分析。然而，除了原子浓度以外，光电子强度还受平均自由程、样品的表面光洁度、元素所处的化学状态、X 射线源强度以及仪器的影响。因此，XPS 技术一般仅能提供不同元素的相对含量。

虽然出射的光电子的结合能主要由元素的种类和激发轨道所决定，但由于原子外层电子的屏蔽效应，芯能级轨道上的电子的结合能在不同的化学环境中是不一样的，有一些微小的差异。这种结合能上的微小差异就是元素的化学位移，它取决于元素在样品中所处的化学环境。一般，元素获得额外电子时，化学价态为负，该元素的结合能降低。反之，当该元素失去电子时，化学价为正，XPS 的结合能增加。利用这种化学位移可以定性分析元素在该物种中的化学价态和存在形式以及半定量分析同一元素不同价态的相对含量。

2. 仪器结构

虽然 XPS 方法的原理比较简单，但其仪器结构却非常复杂。从图 3.4 上可见，X 射线光电子能谱仪由进样室、超高真空系统、X 射线激发源、离子源、能量分析系统及计算机数据采集和处理系统等组成。具体的操作方法详见仪器操作使用说明书。

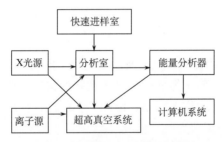

图 3.4　X 射线光电子能谱仪结构框图

3. 样品制备

X 射线光电子能谱仪对分析的样品有特殊的要求，在通常情况下只能对固体样品进行分析。由于涉及样品在真空中的传递和放置，待分析的样品一般都需要经过一定的预处理。

1）样品大小

由于在实验过程中样品必须通过传递杆，穿过超高真空隔离阀，送进样品分析室。因此，样品的尺寸必须符合一定的大小规范，以利于真空进样。如果煤样呈块状，则可直接把样品固定在样品台上进行测试，其长宽最好小于 10mm，高度小于 5mm；如果煤样呈粉末状，则把样品压成薄片，然后再固定在样品台上进行测试。

2）离子束溅射

煤样长时间暴露在空气中，表面易被空气氧化，导致其元素价态发生变化。因此，常常利用离子枪发出的离子束对煤样表面进行溅射剥离，将氧化层清除，然后再进行XPS分析。

3）样品荷电的校准

煤样导电性差，经 X 射线辐照后，其表面会产生一定的正电荷积累。样品表面荷电相当于给从表面出射的自由光电子增加了一定的额外电压，使得测得的结合能比正常的要高。样品荷电问题非常复杂，一般难以用某一种方法彻底消除。在实际的 XPS 分析中，一般采用内标法进行校准。

4）采样深度

X 射线光电子能谱的采样深度与光电子的能量和材料的性质有关。一般 X 射线光电子能谱的采样深度为光电子平均自由程的三倍，依此可以大致估计各种材料的采样深度：金属样品为 $0.5\sim2nm$，无机化合物为 $1\sim3nm$，有机物则为 $3\sim10nm$。煤属于有机物，其采样深度为 $3\sim10nm$。

4. 谱图分析

1）定性分析

XPS 谱图的横坐标为结合能，纵坐标为光电子的计数率。在分析谱图时，首先必须考虑的是消除荷电位移。对于煤样这种导电性差的物质，积累的荷电较大时，会使结合能位置有较大的偏移，导致错误判断，因此，必须进行校准。

2）半定量分析

XPS 并不是一种很好的定量分析方法，它给出的仅是一种半定量的分析结果，即相对含量而不是绝对含量。由 XPS 提供的定量数据是以原子百分比含量表示的，而不是平常所使用的重量百分比。这种比例关系可以通过式（3.4）换算：

$$c_i^{wt} = \frac{c_i \times A_i}{\sum_{i=1}^{i=n} c_i \times A_i} \tag{3.4}$$

式中，c_i^{wt} 为第 i 种元素的质量分数浓度；c_i 为第 i 种元素的 XPS 摩尔分数；A_i 为第 i 种元素的相对原子质量。

3）元素化合价态分析

表面元素化学价态分析是 XPS 最重要的一种分析功能，也是谱图解析最难且比较容易发生错误的部分。在进行元素化学价态分析前，首先，必须对结合能进行正确的校准。因为结合能随化学环境的变化较小，而当荷电校准误差较大时，很容易标错元素的化学价态。其次，有一些化合物的元素不存在标准数据，要判断其价态，必须用自制的标样进行对比。

3.1.3 湿氧化法测样品中氮同位素

1. 质谱仪基本原理

同位素质谱仪的原理首先将样品转化成气体（如 CO_2、N_2 或 H_2），在离子源中将气体分子离子化（从每个分子中剥离一个电子，导致每个分子带有一个正电荷），并将离子通入电场对其加速：

$$\frac{1}{2}mv^2 = eV \tag{3.5}$$

式中，m 为离子质量；v 为离子在电场加速后离开电场的速度；e 为离子电荷；V 为电场电压。带电粒子离开电场后，立刻沿垂直磁感线方向进入磁场，受到洛仑兹力作用，此力垂直于磁场方向和运动方向，力的大小为

$$F = evB \tag{3.6}$$

式中，B 为磁场强度；F 为洛仑兹力。离子在磁场中做向心运动，运动半径 r 为

$$r = \frac{1}{B} \cdot \sqrt{\frac{2mV}{e}} \tag{3.7}$$

显然，r 为 m 的函数。据此，带电粒子在磁场中运动时因洛仑兹力而偏转，导致不同质量同位素的分离，重同位素偏转半径大，轻同位素偏转半径小。利用收集器测定不同旋转半径的离子束的强度，在实际测定中，由于直接测定同位素的绝对含量十分困难，因此，主要测定的是两种同位素的比值，即离子束强度之比。

2. 仪器结构

同位素质谱仪结构主要可分为以下四种。
（1）进样系统：把待测气体导入质谱仪的系统。
（2）离子源：在离子源中，待测样品的气体分子发生电离，加速并聚焦成束。
（3）质量分析器：将不同荷质比的离子分开。
（4）离子检测器：接收来自质量分析器中的具有不同荷质比的离子束，并加以放大和记录。

3. 样品制备

湿氧化法测定煤中氮同位素与开氏定氮法测定煤中氮含量的前处理类似，即称取一定量的空气干燥煤样，加入混合催化剂和浓硫酸，加热分解，将煤中的氮转化为硫酸氢铵。加入过量的氢氧化钠溶液，并在碱性条件下用蒸馏水把氨蒸出使之吸收在硼酸溶液中，经硫酸标定后加入六滴硫酸溶液进行酸化，置于沸水浴中浓缩至很小的体积。在真空条件下，用次溴酸钠处理含铵样品，使铵氧化成氮气。其反应式如下：

$$2NH_4^+ + 3NaOBr = NaBr + 3H_2O + 2H^+ + N_2 \uparrow \tag{3.8}$$

将真空条件下生成的 N_2 通入同位素质谱仪中测定氮气中 ^{14}N 和 ^{15}N 的比值。

3.2　煤中有机氮含量

煤中的有机元素主要包括碳、氢、氧、氮、硫等，而目前氮是人们研究最少的一种元素。煤中有机氮主要来源于成煤植物和菌类所含有的蛋白质、氨基酸、叶绿素、卟啉、生物碱等，在泥炭化阶段固定下来，以比较稳定的杂环和复杂的非环结构化合物的形式赋存在煤中，而以蛋白质和氨基酸形式存在的氮仅在泥炭和褐煤中有所发现，在烟煤、无烟煤中几乎没有发现。煤中的氮大部分以有机物的形式存在（孙中诚和王徽枢，1996；虞继舜，2000），但也有一部分在成岩作用过程中以 NH_4^+ 的形式释放并被黏土矿物固定下来，最终以无机物的形式赋存在煤中（Juster et al.，1987；刘钦甫等，1996；梁绍暹等，1996，2005）。相对于其他有机元素，煤中有机氮含量较低，一般为 0.5%～3.0%，主要受控于煤化作用程度和沉积环境，另外还与古气候、成煤古植物等密切相关（周强，2008）。

由于煤化作用实际上是一个富碳去氮、氢、氧、硫等杂原子的过程，煤中有机氮大致随着热演化程度增高而逐渐降低，但这种变化趋势在高变质烟煤-无烟煤阶段才比较明显。煤中有机氮含量分析结果表明（表 3.1、表 3.2）；黑龙江东部白垩纪煤类以长气

表 3.1　黑龙江东部白垩纪煤中氮元素含量分析统计表

时代	采样地区	含煤地层	采样地点	样品编号	$N/\%$	$V_{daf}/\%$
白垩纪	双鸭山盆地	城子河组	新安矿 8# 煤	XA-8-c	0.65	35.5
			七星矿 8# 煤	QX-8-c	0.50	37.8
			新安矿 9# 煤	XA-9-c	0.63	32.3
			集贤矿 9# 煤	JX-9-c	0.28	37.1
			七星矿 12# 煤	QX-12-c	0.28	41.6
	鸡西盆地	城子河组	城山矿 24# 煤	CS-24-c	0.66	33.2
			杏花矿 30# 煤	XH-30-c	0.67	31.9
			新发矿 36# 煤	XF-36-c	0.54	29
	七台河地区	城子河组	新强矿 87# 煤	XQ-87-c	0.73	26
			新强矿 90# 煤	XQ-90-c	0.37	16.5
			新强矿 95# 煤	XQ-95-c	0.27	13.1
			新强矿 98# 煤	XQ-98-c	0.43	18.5
	鹤岗盆地	石头河子组	振兴矿 18# 煤	ZX-18-c	0.02	45
			益新矿 20# 煤	YX-20-c	0.46	27
			益新矿 22# 煤	YX-22-c	0.04	42.1

表 3.2　华北地区石炭-二叠纪煤中氮元素含量分析统计表

时代	含煤地层	煤田	采样地区	采样地点	样品编号	$N/\%$	$V_{daf}/\%$
二叠纪	山西组	沁水煤田	阳泉地区	国阳 2 矿 3# 煤	YQ2-3-c	1.10	11.5
				新景矿 3# 煤	XJ-3-c	1.44	13.6
			长治地区	上庄矿 3# 煤	SZ-3-c		
				赵庄矿 3# 煤	ZZ-3-c	1.25	13.4
				高河矿 3# 煤	GH-3-c	1.44	13.3
				屯留矿 3# 煤	YW-3-c	1.32	13.0
				漳村矿 3# 煤	ZC-3-c	1.41	13.0
			晋城地区	寺河矿 3# 煤	SH-3-c	0.77	5.7
				成庄矿 3# 煤	CZ-3-c	0.90	8.0
				长平矿 3# 煤	CP-3-c	1.48	12.4
				董家庄钻孔 3# 煤	DJZ-3-c	0.58	5.6
		太行山东麓煤田	邯峰地区	小屯矿 2# 煤	XT-2-c	1.66	16.4
				云驾岭矿 2# 煤	YJL-2-c	1.28	9.3
				薛村矿 2# 煤	XC-2-c	1.60	15.8
				羊东矿 2# 煤	YD-2-c	3.26	20.0
			鹤壁-焦作	中泰矿业 2# 煤	ZT-2-c	1.38	14.3
				龙山矿 2# 煤	LS-2-c	1.09	10.9
				赵固二矿 二₁ 煤	ZG-2-c	1.21	13.0
石炭纪	太原组	沁水煤田	阳泉地区	国阳 1 矿 15# 煤	YQ1-15-c	1.37	12.6
				国阳 2 矿 8# 煤	YQ2-8-c	0.89	10.3
				国阳 2 矿 12# 煤	YQ2-12-c	0.85	8.6
				国阳 2 矿 15# 煤	YQ2-15-c	1.16	7.5
				国阳 3 矿 15# 煤	YQ3-15-c		
				国阳 5 矿 15# 煤	YQ5-15-c	1.35	12.0
				新景矿 8# 煤	XJ-8-c	1.29	12.0
				新景矿 15# 煤	XJ-15-c	0.70	8.4
			晋城地区	凤凰山矿 9# 煤	FHS-9-c	0.80	5.4
				凤凰山矿 15# 煤	FHS-15-c	0.73	5.0
				王台铺矿 9# 煤	WTP-9-c	0.78	4.5
				王台铺矿 15# 煤	WTP-15-c	0.43	4.6
				古书院矿 9# 煤	GSY-9-c	0.51	5.0
				古书院矿 15# 煤	GSY-15-c	0.62	8.4
				成庄矿 15# 煤	CZ-15-c	1.04	10.0
				董家庄钻孔 15# 煤	DJZ-15-c	0.47	5.5
		太行山东麓煤田	邯峰矿区	薛村矿 4# 煤	XC-4-c	1.20	12.1
				显德汪矿 9# 煤	XDW-9-c	0.70	7.5
		京西煤田	京西地区	木城涧矿 3# 煤	DT-3-c	0.38	5.0

煤-焦煤为主，属于低变质烟煤-高变质烟煤阶段，煤中有机氮含量为 0.02%～0.73%；华北地区石炭-二叠纪煤类以贫瘦煤-无烟煤为主，属于高变质烟煤-无烟煤阶段，煤中有机氮含量为 0.38%～3.26%，变化幅度较大。相比于黑龙江东部地区，华北地区煤中有机氮含量相对较高。

3.2.1　煤化作用对煤中有机氮含量的影响

煤中有机氮含量为 0.5%～3.0%，其变化与煤化作用程度密切相关。陈亚飞等（2008）、吴代赦等（2006）和周强（2008）在研究和总结了中国不同热演化程度煤中有机氮含量后指出，不同热演化程度煤中有机氮含量不同，焦煤有机氮含量最高，褐煤、长焰煤、气煤等年轻煤有机氮含量次之，贫煤、无烟煤等年老煤有机氮含量最低。Boudou 等（1984，2008）、Burchill 和 Welch（1989）认为，褐煤-气煤阶段［煤中碳含量（干燥无矿物基）dmmf 为 60%～80%］，有机氮含量随热演化程度增高而逐渐增大，在肥煤-焦煤-瘦煤阶段（煤中碳含量为 80%～85%），煤中有机氮含量达到最大，在贫煤-无烟煤阶段（煤中碳含量＞85%），煤中有机氮含量随热演化程度增高而急剧降低（图 3.5）。

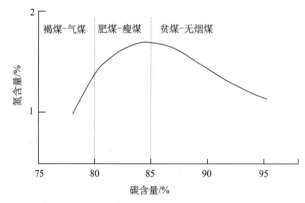

图 3.5　氮含量随煤中碳含量变化趋势（据 Burchill and Welch，1989）

笔者在拟合黑龙江东部白垩纪城子河和石头河子组长气煤-焦煤中有机氮含量随热演化程度变化规律时发现（图 3.6），煤中有机氮含量大致随热演化程度增高具有先逐渐增高而后又逐渐降低的趋势，N 和 V_{daf} 拟合公式为

$$N = -0.0021V_{daf}^2 + 0.1146V_{daf} - 0.9312 \tag{3.9}$$

当 $V_{daf}=27.3\%$，即肥煤阶段，N 达最大，此时煤中有机氮含量最高。

在拟合华北地区石炭-二叠纪太原组和山西组高变质贫瘦煤-无烟煤中有机氮含量随热演化程度变化规律时发现（图 3.7），煤中有机氮含量随热演化程度增高而逐渐降低，N 和 V_{daf} 拟合公式为

$$N = 0.0935V_{daf} + 0.1178 \tag{3.10}$$

煤中有机氮含量随热演化程度变化规律与有机氮形态及其热稳定性密切相关。煤中有机氮主要以含氮杂环的形态（五元杂环、六元杂环、质子化氮等）存在，在褐煤-肥

煤阶段（$T<130℃$，$V_{daf}>27.3\%$）此时温度较低，有机氮稳定性较好，煤化作用致使煤分子中大量的含碳侧链和官能团（如甲氧基—OCH_3、羧基—$COOH$、甲基—CH_3、醚基—$C—O—C$、羰基—$C=O$ 等）发生断裂和脱落，导致有机氮相对富集起来，到达肥煤阶段（$T=130℃$，$V_{daf}=27.3\%$），有机氮含量达到最大；在肥煤-无烟煤阶段（$T>130℃$，$V_{daf}<27.3\%$）此时温度较高，达到了 N—C 键断裂的门限值（$205.15kJ/mol$），含氮杂环在热氨化和热裂解作用下大量分解并以 N_2 或者 NH_3 的形式进入成岩流体中，致使煤中有机氮含量随热演化作用进行而急剧降低。

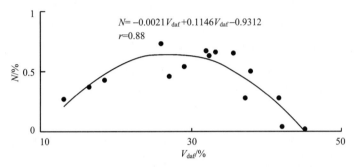

图 3.6　黑龙江东部煤中有机氮含量随热演化程度变化规律

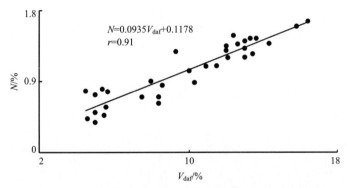

图 3.7　华北地区煤中有机氮含量随热演化程度变化规律

3.2.2　成煤时代对煤中有机氮含量的影响

除煤化作用以外，煤中有机氮含量与成煤时代也密切相关。成煤时代的差异主要体现为沉积环境的不同，其中影响煤中氮含量的沉积条件主要包括盐度、酸碱度、氧化还原电位等。陈文敏（1988）指出，泥炭沼泽中还原程度越弱，煤中有机氮含量越低。吴代赦等（2006）和陈亚飞等（2008）在研究中国煤中有机氮含量及分布后指出，煤中有机氮含量与成煤时代密切相关，以陆相沉积为主的侏罗-白垩纪煤中有机氮明显低于以滨岸过渡相沉积为主的石炭-二叠纪煤。

将黑龙江东部及华北地区不同沉积环境煤中有机氮含量进行对比，结果表明（表3.3）：华北地区陆相沉积的煤中 $N=0.85\%\sim1.10\%$，平均为 1.14%，滨岸过渡相沉

积的煤中 $N=0.38\%\sim3.26\%$，平均为 1.09%，两者相差不明显。黑龙江东部地区煤层沉积环境以陆相沉积为主（表 3.3），煤中 $N=0.02\%\sim0.73\%$，平均 0.44%，比华北地区热演化程度较高的贫煤-无烟煤有机氮含量还低。

煤中硼元素的含量与聚煤阶段水体的盐度具有较强的正相关性，Goodarzi 和 Swaine（1994a，1994b）和 Xiao 和 Liu（2011）指出：①聚煤阶段受淡水影响的煤 B 含量 $<50\mu g/g$；②受微咸水影响的煤 B 含量为 $50\sim110\mu g/g$；③受咸水影响的煤 B 含量 $>110\mu g/g$。煤中 B 元素主要有三种赋存状态：①有机质中的硼，硼与 OH 或其他官能团形成螯合物；②黏土矿物中的硼，B 替代 Si 赋存于 Si—O 四面体中；③电气石中的硼。其中，以赋存于有机质中的 B 占主导地位。笔者采用电感耦合等离子质谱法（ICP-MS）对煤中 B 元素的含量进行测定，结果表明（表 3.4）：以陆相沉积为主黑龙江东部地区煤中 B 含量较低，为 $3.5\sim11.7\mu g/g$，聚煤过程中主要受淡水影响。华北地区煤中 B 含量分布特征较为复杂，沁水煤田北部山西组 3♯ 煤以及太原组 8♯ 和 12♯ 煤 B 含量相对较低，为 $2.8\sim43.1\mu g/g$，表明聚煤时主要受淡水影响。

表 3.3　华北和黑龙江东部地区不同沉积环境下煤中有机氮含量对比

时代	含煤地层	煤田	采样地区	采样地点	$N/\%$	沉积环境	煤类
白垩纪	城子河组	双鸭山盆地		集贤矿、新安矿、七星矿	0.28~0.65	陆相	长气煤
		鸡西盆地		城山矿、杏花矿、新发矿	0.54~0.67		肥煤
		七台河地区		新强矿	0.27~0.73		焦煤
	石头河子组	鹤岗盆地		益新矿、振兴矿	0.02~0.46	陆相	气肥煤
二叠纪	山西组	沁水煤田	阳泉地区	国阳 2 矿 3♯ 煤	1.10	陆相	贫煤-无烟煤
				新景矿 3♯ 煤	1.44		
			长治地区	上庄矿 3♯ 煤		陆相	
				赵庄矿 3♯ 煤	1.25		
				高河矿 3♯ 煤	1.44	滨海过渡相	
				屯留矿 3♯ 煤	1.32		
				漳村矿 3♯ 煤	1.41		
			晋城地区	寺河矿 3♯ 煤	0.77	滨海过渡相	
				成庄矿 3♯ 煤	0.90		
				长平矿 3♯ 煤	1.48		
				董家庄钻孔 3♯ 煤	0.58		
	太行山东麓煤田	邯峰地区		小屯矿 2♯ 煤	1.66		
				云驾岭矿 2♯ 煤	1.28		
				薛村矿 2♯ 煤	1.60		
				羊东矿 2♯ 煤	3.26		
				中泰矿业 2♯ 煤	1.38		
		鹤壁-焦作		龙山矿 2♯ 煤	1.09		
				赵固二矿二₁ 煤	1.21		

续表

时代	含煤地层	煤田	采样地区	采样地点	N/%	沉积环境	煤类
石炭纪	太原组	沁水煤田	阳泉地区	国阳 1 矿 15♯煤	1.37	滨海过渡相	贫煤-无烟煤
				国阳 2 矿 8♯煤	0.89	陆相	
				国阳 2 矿 12♯煤	0.85		
				国阳 2 矿 15♯煤	1.16	滨海过渡相	
				国阳 3 矿 15♯煤			
				国阳 5 矿 15♯煤	1.35		
				新景矿 8♯煤	1.29	陆相	
				新景矿 15♯煤	0.70	滨海过渡相	
			晋城地区	凤凰山矿 9♯煤	0.80	滨海过渡相	
				凤凰山矿 15♯煤	0.73		
				王台铺矿 9♯煤	0.78		
				王台铺矿 15♯煤	0.43		
				古书院矿 9♯煤	0.51		
				古书院矿 15♯煤	0.62		
				成庄矿 15♯煤	1.04		
				董家庄钻孔 15♯煤	0.47		
		太行山东麓煤田	邯峰矿区	薛村矿 4♯煤	1.20	滨海过渡相	
				显德汪矿 9♯煤	0.70		
		京西煤田	京西地区	木城涧矿 3♯煤	0.38	滨海过渡相	

　　太原组 15♯煤 B 含量相对较高，为 $29.3\sim55.1\mu g/g$，表明聚煤过程中淡水以及海水均有一定程度的影响。沁水盆地南部煤中 B 含量均相对较高，为 $16.5\sim113\mu g/g$，表明局部海水影响程度较大。太行山东麓煤田煤中 B 含量相对较低，表明聚煤时主要受淡水影响。

　　对黑龙江东部白垩纪以及华北地区石炭-二叠纪煤中有机氮含量及煤中 B 含量进行拟合（图 3.8），结果表明，有机氮含量具有随沉积水体盐度增大而逐渐升高的趋势，由此可见，受海水影响的煤中有机氮含量明显比受淡水影响的煤高（表 3.3、表 3.4），原因有以下两点：①不同沉积环境下盐度和酸碱度不同。在泥炭化作用阶段，有机氮主要以 NH_2—的形式赋存在氨基酸和蛋白质中，可在微生物的氨化分解作用下以 NH_3 的形式释放出来。相对于海水而言，淡水盐度较低且偏酸性，而微生物氨化分解作用释放 NH_3 与水化合形成的氨水显碱性，因此偏酸性的淡水沉积环境可促进微生物氨化分解作用，使大量的有机氮以 NH_3 形式释放出来，致使沉积有机质中的氮含量相对较低；同理，偏碱性的海水沉积环境对微生物氨化分解具有抑制的作用，致使大量的有机氮保留在沉积有机质中，并以含氮杂环的形式参与到后期煤化作用阶段芳香环缩聚过程中。②滨岸过渡相沉积的煤中有机氮含量较陆相煤高，与其在形成和聚集时大量的富含蛋白质和氨基酸的海洋有机质注入有关，并在后期的成岩作用过程中以有机氮的形式赋存下来。

表 3.4　黑龙江东部白垩纪及华北地区石炭-二叠纪煤中原始 B 含量

时代	含煤地层	煤田	采样地区	采样地点	B 含量/$(\mu g/g)$
白垩纪	城子河组	双鸭山		七星矿 8#煤	11.7
		鸡西		新发矿 36#煤	5.6
		七台河		新强矿 98#煤	9.9
	石头河子组	鹤岗		益新矿 22#煤	3.5
二叠纪	山西组	沁水煤田	阳泉地区	国阳 2 矿 3#煤	43.1
				新景矿 3#煤	11.4
			晋城地区	寺河矿 3#煤	23.8
				成庄矿 3#煤	47.6
				长平矿 3#煤	53.8
				董家庄钻孔 3#煤	34.7
		太行山	邯峰地区	小屯矿 2#煤	29.5
石炭纪	太原组	沁水煤田	阳泉地区	国阳 1 矿 15#煤	44.7
				国阳 2 矿 8#煤	6.6
				国阳 2 矿 12#煤	2.8
				国阳 2 矿 15#煤	29.3
				国阳 3 矿 15#煤	41.1
				国阳 5 矿 15#煤	55.1
				新景矿 8#煤	12.9
				新景矿 15#煤	30.9
			晋城地区	凤凰山矿 9#煤	17.3
				凤凰山矿 15#煤	113
				王台铺矿 9#煤	23.7
				古书院矿 9#煤	37.2
				古书院矿 15#煤	16.5
				成庄矿 15#煤	48.7
				董家庄钻孔 15#煤	31.8
		太行山	邯峰矿区	显德汪矿 9#煤	25.5

3.3　煤中有机氮形态

　　煤中有机氮主要以含氮杂环的形态存在，主要包括吡啶氮、吡咯氮以及季氮，三者相对含量分布分别为 50%～80%、20%～40%、0～20%。图 3.9 给出了煤中各种形态有机氮的结构及其在煤分子结构单元中所处的位置（刘艳华等，2001；姚明宇等，

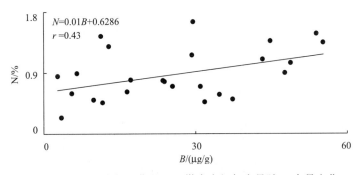

图 3.8　黑龙江东部及华北地区煤中有机氮含量随 B 含量变化

2003)。对图中各符号的含义做如下定义。

（1）吡咯氮（N-5）：主要指位于煤芳香结构单元边缘上的五元环中的氮，从褐煤-无烟煤中均存在；

（2）吡啶氮（N-6）：是指位于煤芳香结构单元边缘上的氮；

（3）季氮（N-Q）：表示并入煤分子多重芳香结构单元内部的吡啶氮，这类氮在多环芳香结构内部取代了碳的位置，并与三个相邻芳香环相连，它的有效电荷以及结合能远高于位于芳香环边缘上的吡啶型氮，且略带正电荷，又称为质子化氮；

（4）氧化氮（N-X）：表示氮的氧化物，是指吡啶氮与氧原子直接相连的结构，是部分吡啶氮被空气中的氧气氧化所致，其含量与煤暴露在空气中的时间有关，因此本书中 N-X 均以 N-6 对待。

3.3.1　煤中有机氮 XPS 分析

目前，世界上很多学者和研究机构在煤中氮的形态测定与分析方面做了大量的工作，使用较广泛的技术有 X 射线光电子能谱（X-ray photoelectron spectroscopy，XPS）、X 射线边缘结构能谱（X-ray absorption near edge structure，XA-NES）以及 ^{15}N 核磁共振谱（^{15}N-NMR）。其中，XPS 是一种表面分析技术，可确定煤中四种形态的有机氮；XA-NES 测定分析技术可替代 XPS，但成本相对较高；^{15}N-NMR 灵敏度高，但 [15]N 同位素少，所以较少使用。因此，本书利用 X 射线光电子能谱分析方法，对研究区不同热演化程度煤中有机氮形态及相对含量进行测定和分析，不同形态有机氮 N1s 结合能见表 3.5。

表 3.5　有机氮 N1s 的结合能

氮的形态	符号	结合能/eV
吡咯氮	N-5	400.5±0.3
吡啶氮	N-6	398.7±0.4
季氮	N-Q	401.1±0.3
氧化氮	N-X	403.5±0.5

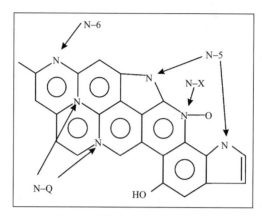

图 3.9　煤分子中有机氮形态

3.3.2　煤化作用对煤中有机氮形态的影响

采用 X 射线光电子能谱分析方法，对黑龙江东部及华北地区不同热演化程度煤中有机氮形态及相对含量进行测定和分析，结果表明（表 3.6、表 3.7，图 3.10）：黑龙江东部地区煤中 N-5 相对含量为 33%～59%，绝对含量为 0.008%～0.382%；N-6 相对含量为 20%～33%，绝对含量为 0.005%～0.218%；N-Q 相对含量为 12%～42%，绝对含量为 0.008%～0.194%。华北地区煤中 N-5 相对含量为 15%～48%，绝对含量为 0.010%～0.375%；N-6 相对含量为 20%～33%，绝对含量为 0.007%～0.195%；N-Q 相对含量为 12%～43%，绝对含量为 0.003%～0.307%。与黑龙江东部地区低变质烟煤-中变质烟煤中不同形态有机氮相比，沁水煤田高变质烟煤-无烟煤中位于煤分子结构边缘的 N-5 和 N-6 含量相对较低，而位于煤分子结构内部的 N-Q 相对较高。

表 3.6　黑龙江东部地区煤中有机氮形态、相对含量及绝对含量（%）

采样地点		有机氮形态及相对含量			有机氮形态及绝对含量			V_{daf}
地区	煤层	N-5	N-6	N-Q	N-5	N-6	N-Q	
双鸭山盆地	新安矿 8♯煤	53	30	17	0.345	0.195	0.111	35.5
	七星矿 8♯煤	58	20	22	0.290	0.100	0.110	37.8
	新安矿 9♯煤	55	25	20	0.347	0.158	0.126	32.3
	集贤矿 9♯煤	56	32	12	0.157	0.090	0.034	37.1
	七星矿 12♯煤	52	29	19	0.146	0.081	0.053	41.6
	振兴矿 18♯煤	52	33	15	0.010	0.007	0.003	45

续表

采样地点		有机氮形态及相对含量			有机氮形态及绝对含量			V_{daf}
地区	煤层	N-5	N-6	N-Q	N-5	N-6	N-Q	
鹤岗盆地	益新矿 20♯煤	57	26	17	0.257	0.117	0.077	27
	益新矿 22♯煤	59	24	17	0.024	0.010	0.007	42.1
	城山矿 24♯煤	48	25	27	0.317	0.165	0.178	33.2
鸡西盆地	杏花矿 30♯煤	56	24	20	0.375	0.161	0.134	31.9
	新发矿 36♯煤	46	25	29	0.248	0.135	0.157	29
七台河地区	新强矿 87♯煤	33	25	42	0.241	0.183	0.307	26
	新强矿 90♯煤	38	24	38	0.141	0.089	0.141	16.5
	新强矿 95♯煤	35	30	35	0.095	0.081	0.095	13.1
	新强矿 98♯煤	36	29	35	0.155	0.125	0.151	18.5

表 3.7　华北地区煤中有机氮形态、相对含量及绝对含量

采样地点		有机氮形态及相对含量			有机氮形态及绝对含量			V_{daf}
地区	煤层	N-5	N-6	N-Q	N-5	N-6	N-Q	
晋城地区	寺河矿 3♯煤	15	15	70	0.116	0.116	0.539	5.7
	凤凰山矿 9♯煤	32	24	44	0.256	0.192	0.352	5.4
	凤凰山矿 15♯煤	16	20	64	0.117	0.146	0.467	5
	王台铺矿 9♯煤	30	24	46	0.234	0.187	0.359	4.5
	王台铺矿 15♯煤	23	34	53	0.099	0.146	0.228	4.6
	古书院矿 9♯煤	20	25	55	0.102	0.128	0.281	5
	古书院矿 15♯煤	15	25	60	0.093	0.155	0.372	8.4
阳泉地区	国阳 2 矿 3♯煤	32	25	43	0.352	0.275	0.473	11.5
	国阳 2 矿 8♯煤	25	25	50	0.223	0.223	0.445	10.3
	国阳 2 矿 12♯煤	20	24	56	0.170	0.204	0.476	8.6
	国阳 2 矿 15♯煤	22	25	53	0.255	0.290	0.615	7.5
长治地区	屯留矿 3♯煤	48	22	30	0.634	0.290	0.396	13
	漳村矿 3♯煤	38	25	37	0.536	0.353	0.522	13
邯峰地区	云驾岭矿 2♯煤	15	8	77	0.192	0.102	0.986	9.3
	薛村矿 2♯煤	31	31	38	0.496	0.496	0.608	15.8
	羊东矿 2♯煤	41	30	29	1.337	0.978	0.945	20.0
焦作-鹤壁	龙山矿 2♯煤	32	25	43	0.349	0.273	0.469	10.9
	赵固二矿二₁煤	29	16	55	0.351	0.194	0.666	13

　　煤化作用是一个芳香结构缩聚的过程，是富碳、排除氢、氧、氮、硫等杂原子的过程，煤中各种有机氮形态及相对含量与煤化作用程度密切相关。Valentim 等（2011）

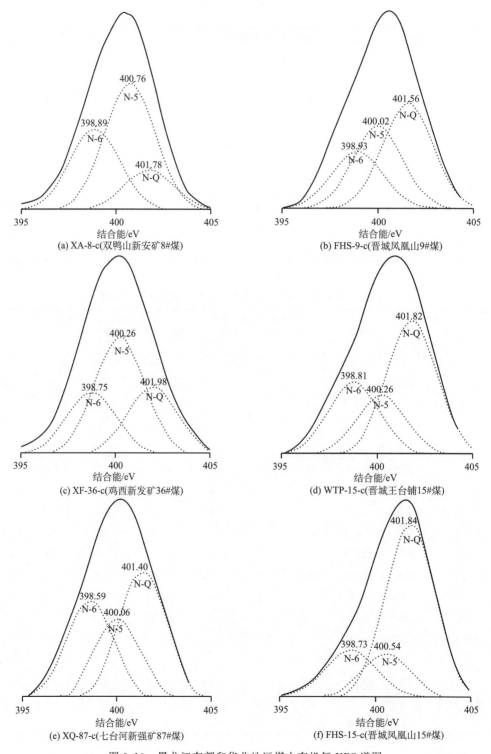

图 3.10　黑龙江东部和华北地区煤中有机氮 XPS 谱图

在研究侵入体烘烤作用对煤中有机氮形态的影响后指出，在低阶煤中有机氮以 N-5 为主，其相对含量为 53%～56%，而 N-Q 低于 32%，而在天然焦中有机氮以 N-Q 为主，相对含量大于 40%，同时还指出在侵入体烘烤过程中，N-5 和 N-6 可能会向 N-Q 转化。姚明宇等（2003）和刘艳华等（2001）对煤进行热模拟实验后指出，位于多环芳香结构内部的 N-Q 热稳定性明显高于多环芳香结构边缘的 N-5 和 N-6，在煤热解过程中，N-5 和 N-6 会随挥发分进入气相，抑或在芳香环缩聚过程中向 N-Q 转化。Boudou 和 Espitalio（1995）、Boudou 等（1984，2008）和 Keleman 等（1994，1999，2006，2007）在研究不同热演化程度煤中有机氮形态及含量后指出在低阶煤中有机氮以 N-5 为主，而在高阶煤中有机氮以 N-Q 为主。Buchill 和 Welch（1989）对从褐煤到无烟煤的一系列煤种中进行研究后发现，N-5 和 N-6 随着碳含量的增加均有先增多后减少的趋势（图 3.11）。Wójtowicz 等（1995）认为随着煤热演化程度逐渐增高，N-5 含量逐渐降低，N-6 含量略有升高，N-Q 含量不受热演化程度的影响。

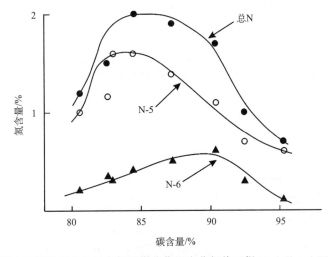

图 3.11　煤中不同形态有机氮含量随煤化作用变化规律（据 Buchill and Welch，1989）

1. 煤中不同形态有机氮绝对含量变化规律

（1）黑龙江东部地区煤类以长气煤-焦煤为主，$V_{daf}=13.1\%～45.0\%$，属于低变质-中变质烟煤，对其中不同形态有机氮绝对含量与 V_{daf} 的关系进行拟合后（图 3.12～图 3.14），发现 N-5、N-6 和 N-Q 绝对含量均有随热演化程度先增大后减小的趋势，三者拟合曲线分别为

$$\text{N-5} = -0.0011V_{daf}^2 + 0.0634V_{daf} - 0.6004 \tag{3.11}$$

$$\text{N-6} = -0.0005V_{daf}^2 + 0.0275V_{daf} - 0.2108 \tag{3.12}$$

$$\text{N-Q} = -0.0005V_{daf}^2 + 0.0233V_{daf} - 0.1160 \tag{3.13}$$

不同形态有机氮绝对含量随热演化程度变化趋势与该阶段总有机氮变化趋势基本相同，这表明，不同形态有机氮在褐煤-肥煤阶段比较稳定，随着煤中挥发分不断降低而

逐渐富集起来，含量逐渐升高；在肥煤-无烟煤阶段，热演化温度到达不同形态有机氮N—C 键断裂所需的门限值，致使含量逐渐降低。N-5 在 $V_{daf}=28.8\%$ 时含量达到最大，此时热演化温度（即 N-5 起始释放温度）约为 $120℃$，达到 N-5—C 键断裂所需的门限值，N-5 开始分解释放，其含量将在之后的热演化过程中（$V_{daf}<28.8\%$）逐渐降低。同理，N-6 和 N-Q 含量分别在 $V_{daf}=27.5\%$ 和 $V_{daf}=23.3\%$ 时达到最大，N-6—C 和 N-Q—C 断裂所需的成岩温度分别为 $125℃$ 和 $130℃$。由此可见，N-5—C、N-6—C 和 N-Q—C 三者断裂所需的成岩温度，即三者的起始释放温度由低到高依次为 $T_{N-5}=120℃$、$T_{N-6}=125℃$、$T_{N-Q}=130℃$（表 3.8），依此可以判断不同形态有机氮热稳定性依次为 N-Q＞N-6＞N-5。不同形态有机氮具有不同的热稳定性，这与其在煤分子芳香结构中的位置有关，N-5 和 N-6 位于煤分子芳香结构边缘，化学活性较高，起始释放温度较低，易发生化学反应，热稳定性较差；N-Q 位于煤分子芳香结构内部，化学活性较低，起始释放温度较高，较难发生化学反应，热稳定较好。另外，在热演化过程中，不同形态有机氮之间可能会发生转化，即热稳定性较低的位于煤分子边缘的 N-5 和 N-6 向热稳定较高的位于煤分子内部的 N-Q 转化。

表 3.8　不同形态有机氮起始释放温度

有机氮形态	有机氮含量最大时对应的 $R_{max}^o/\%$	有机氮含量最大时对应的成岩温度/℃	有机氮含量最大时对应的煤种
N-5	1.08	120	肥煤
N-6	1.12	125	肥煤
N-Q	1.18	130	焦煤

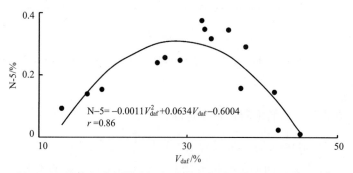

图 3.12　黑龙江东部煤中 N-5 绝对含量随热演化程度变化规律

（2）沁水煤田煤种以贫煤-无烟煤为主，$V_{daf}=4.6\%\sim20.0\%$，属于高变质烟煤-无烟煤。对不同形态有机氮绝对含量与 V_{daf} 的关系进行拟合后（图 3.15～图 3.17），发现 N-5、N-6、N-Q 绝对含量均随热演化程度升高而逐渐降低，三者拟合曲线分别为

$$N-5 = 0.0371V_{daf} - 0.0619 \tag{3.14}$$

$$N-6 = 0.0212V_{daf} + 0.0331 \tag{3.15}$$

$$N-Q = 0.0204V_{daf} + 0.304 \tag{3.16}$$

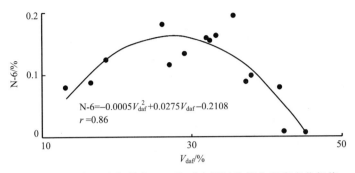

图 3.13　黑龙江东部煤中 N-6 绝对含量随热演化程度变化规律

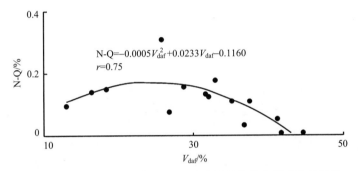

图 3.14　黑龙江东部煤中 N-Q 绝对含量随热演化程度变化规律

　　不同形态有机氮绝对含量随热演化程度变化趋势与该阶段总有机氮变化趋势基本相同。随热演化程度增高，N-5、N-6、N-Q 绝对含量降低的速率由高到低依次为：$V_{N-5}=0.0371$、$V_{N-6}=0.0212$、$V_{N-Q}=0.0204$，由此可以判断 N-5 最不稳定，其绝对含量下降最快，N-Q 最稳定，其绝对含量下降最慢，N-6 绝对含量下降速度中等，这也证明了三种不同形态有机氮热稳定性由高到低依次为 N-Q＞N-6＞N-5。

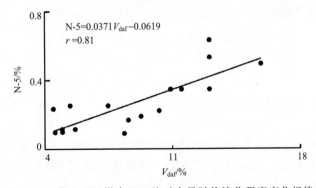

图 3.15　华北地区煤中 N-5 绝对含量随热演化程度变化规律

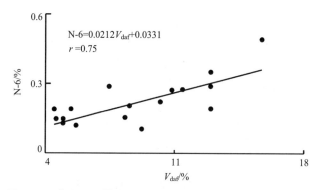

图 3.16　华北地区煤中 N-6 绝对含量随热演化程度变化规律

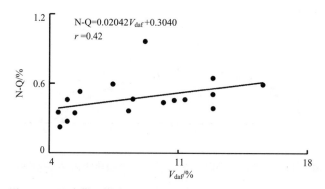

图 3.17　沁水煤田煤中 N-Q 绝对含量随热演化程度变化规律

2. 煤中不同形态有机氮相对含量变化规律

对黑龙江东部以及华北地区不同热演化程度煤中不同形态有机氮相对含量与 V_{daf} 的关系进行拟合后（图 3.18～图 3.20），发现 N-5 和 N-6 相对含量随热演化程度增大而逐渐降低，其中 N-5 降低较 N-6 明显，而 N-Q 相对含量则逐渐升高，拟合曲线依次为

$$\text{N-5} = 0.978 V_{\mathrm{daf}} + 17.994 \tag{3.17}$$

$$\text{N-6} = 0.134 V_{\mathrm{daf}} + 22.428 \tag{3.18}$$

$$\text{N-Q} = -1.134 V_{\mathrm{daf}} + 60.341 \tag{3.19}$$

这样的变化趋势是三者具有不同热稳定性所致，N-Q 热稳定性比 N-5 和 N-6 好，在成岩作用过程中 N-Q 绝对含量下降速度比 N-5 和 N-6 慢，致使 N-Q 相对含量随热演化程度增加而逐渐上升，N-5 和 N-6 相对含量则逐渐下降。但是 N-5、N-6、N-Q 均无法代表总有机氮随热演化程度变化的规律，因此笔者采用 N-5/（N-6＋N-Q）和 N-Q/（N-5＋N-6）分别表征煤中有机氮随热演化程度变化情况，其中 N-5/（N-6＋N-Q）为煤分子芳香结构中五元环氮与六元环氮含量比，N-Q/（N-5＋N-6）为煤分子芳香结构内部氮与边缘氮含量比。从图 3.21 和图 3.22 可以看出，随着煤热演化程度不断增加，N-5/（N-6＋N-Q）逐渐减小，N-Q/（N-5＋N-6）逐渐增大，这表明在煤化作用过程中，

煤中有机氮主要形态由热稳定性较差的五元环氮（N-5）逐渐转变为热稳定性较好的六元环氮（N-6 和 N-Q），由位于煤分子芳香结构边缘的氮（N-5 和 N-6）逐渐转变为内部的氮（N-Q）。煤化作用具有两方面特点：①煤化作用是一个富碳、排除氢、氧、氮、硫等杂原子的过程，也称为异种元素排除过程，排出的方式是由碳和其他元素结合构成挥发性化合物（CH_4、CO_2、N_2、NH_3等），因此随煤化程度增加，煤中的挥发物减少，碳含量增加；②煤化作用是煤分子结构趋于单一化的过程，即芳香结构缩聚的过程，由泥炭阶段含多种官能团的结构，逐渐演变到无烟煤阶段只含缩合芳核的结构，最后演变为石墨结构。煤化作用过程实际上是依序排除不稳定结构的过程，相对于六元环氮，五元环氮属于不稳定结构。相对于芳香结构内部的氮，边缘的氮属于不稳定结构。因此，在煤化作用过程中，有机氮主要形态由芳香结构边缘的五元环氮（N-5）逐渐转变为芳香结构内部的六元环氮（N-Q）。参照国标《中国煤炭分类标准》，可将 N-5/（N-6＋N-Q）和 N-Q/（N-5＋N-6）作为煤类划分的依据（表 3.9）。

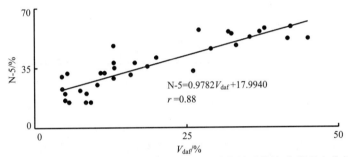

图 3.18　黑龙江东部和华北地区煤中 N-5 相对含量随热演化程度变化规律

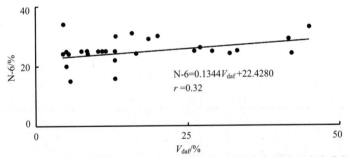

图 3.19　黑龙江东部和华北地区煤中 N-6 相对含量随热演化程度变化规律

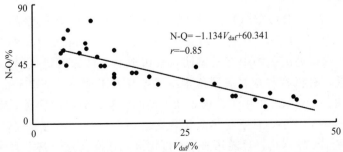

图 3.20　黑龙江东部和华北地区煤中 N-Q 相对含量随热演化程度变化规律

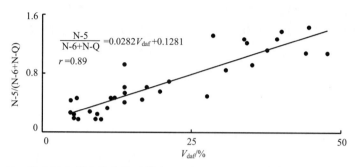

图 3.21　黑龙江东部和华北地区煤中 N-5/(N-6＋N-Q) 随热演化程度变化规律

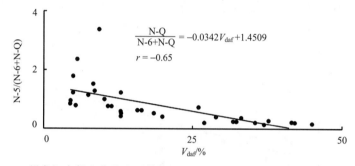

图 3.22　黑龙江东部和华北地区煤中 N-Q/(N-6＋N-5) 随热演化程度变化规律

表 3.9　煤类划分标准

煤种	$V_{daf}/\%$	N-5/(N-6＋N-Q)	N-Q/(N-5＋N-6)
褐煤-长焰煤	＞37	＞1.172	＜0.186
气煤-肥煤	28～37	0.918～1.172	0.186～0.493
焦煤	20～28	0.692～0.918	0.493～0.767
瘦煤-贫煤	10～20	0.410～0.692	0.767～1.109
无烟煤	＜10	＜0.410	＞1.109

3.4　煤中有机氮同位素组成

Wada 等（1975）、Rau 等（1987）、Haendel 等（1986）指出泥质沉积岩中全氮氮同位素组成为 1‰ ～ 10‰。Peters 等（1978，1981）、Peters（1986）、Sweeney 和 Kaplan（1980）在研究沉积物中有机氮同位素组成后，认为有机氮同位素组成与全岩同位素组成相近，有机物与全岩氮同位素组成差异并不明显。Williams 等（1995）在研究 Fordoche 地区 Wilcox 群中干酪根和沥青氮同位素组成后，发现干酪根氮同位素组成 δ^{15}N＝2.63‰～3.42‰，且不随热演化程度增高而变化，沥青氮同位素组成相对较重，δ^{15}N＝3.52‰～5.14‰，且随热演化程度增高而逐渐变重。苗雪娜（2006）在研究不同热演化程度煤中有机氮地球化学特征后，指出煤中有机氮同位素组成 δ^{15}N＝

$2.30‰\sim9.15‰$，较澳大利亚（$\delta^{15}N=2.30‰+0.3‰\sim3.7‰$）偏重，与欧洲（$\delta^{15}N=3.5‰\sim6.3‰$）相近，煤中氮同位素组成主要受成岩作用和原始沉积环境控制。

笔者对黑龙江东部以及华北地区煤中有机氮同位素组成进行了测定，结果表明（表3.10）：华北地区煤中有机氮同位素组成偏重，$\delta^{15}N=-1.07‰\sim9.95‰$，平均$3.76‰$；黑龙江东部煤中有机氮偏轻，$\delta^{15}N=0.28‰\sim5.22‰$，平均$3.63‰$。

表 3.10　华北及黑龙江东部地区煤中有机氮同位素组成

时代	含煤地层	煤田	采样地区	采样地点	$\delta^{15}N/‰$	沉积环境	$V_{daf}/\%$	煤类
白垩纪	城子河组	双鸭山盆地		新安矿 8# 煤	3.80	陆相	35.5	长气煤
				新安矿 9# 煤	0.44		32.3	
				集贤矿 9# 煤	1.58		37.1	
				七星矿 12# 煤	5.22		41.6	
		鸡西盆地		城山矿 24# 煤	4.02		33.2	肥煤
				杏花矿 30# 煤	3.32		31.9	
				新发矿 36# 煤	4.10		29	
		七台河地区		新强矿 87# 煤	3.36		26	焦煤
				新强矿 90# 煤	6.75		16.5	
				新强矿 95# 煤	6.08		13.1	
白垩纪	石头河子组	鹤岗盆地		益新矿 20# 煤	4.56		27	气肥煤
				益新矿 22# 煤	0.28		42.1	
二叠纪	山西组	沁水煤田	阳泉地区	国阳 2 矿 3# 煤	5.57	陆相	11.5	贫煤-无烟煤
				新景矿 3# 煤	-1.07		13.6	
			长治地区	上庄矿 3# 煤		陆相		
				赵庄矿 3# 煤			13.4	
				高河矿 3# 煤	1.38	滨海过渡相	13.3	
				屯留矿 3# 煤	-0.20		13.0	
				漳村矿 3# 煤	-0.26		13.0	
			晋城地区	寺河矿 3# 煤	4.41	滨海过渡相	5.7	
				成庄矿 3# 煤			8.0	
				长平矿 3# 煤	5.54		12.4	
				董家庄钻孔 3# 煤			5.6	
		太行山东麓煤田	邯峰地区	小屯矿 2# 煤	2.07	滨海过渡相	16.4	
				云驾岭矿 2# 煤	3.34		9.3	
				薛村矿 2# 煤			15.8	
				羊东矿 2# 煤			20.0	
				中泰矿业 2# 煤			14.3	
			鹤壁-焦作	龙山矿 2# 煤	2.38	滨海过渡相	10.9	
				赵固二矿 二$_1$ 煤	0.93		13.0	

续表

时代	含煤地层	煤田	采样地区	采样地点	$\delta^{15}\text{N}/‰$	沉积环境	$V_{daf}/\%$	煤类
石炭纪	太原组	沁水煤田	阳泉地区	国阳 1 矿 15♯煤	1.24	滨海过渡相	12.6	贫煤-无烟煤
				国阳 2 矿 8♯煤	5.70	陆相	10.3	
				国阳 2 矿 12♯煤	7.63		8.6	
				国阳 2 矿 15♯煤	6.82	滨海过渡相	7.5	
				国阳 3 矿 15♯煤				
				国阳 5 矿 15♯煤			12.0	
				新景矿 8♯煤	0.14	陆相	12.0	
				新景矿 15♯煤		滨海过渡相	8.4	
			晋城地区	凤凰山矿 9♯煤	5.65	滨海过渡相	5.4	
				凤凰山矿 15♯煤	6.89		5.0	
				王台铺矿 9♯煤	7.10		4.5	
				王台铺矿 15♯煤	8.05		4.6	
				古书院矿 9♯煤	5.07		5.0	
				古书院矿 15♯煤	9.95		8.4	
				成庄矿 15♯煤	1.39		10.0	
				董家庄钻孔 15♯煤			5.5	
		太行山	邯峰矿区	薛村矿 4♯煤		滨海过渡相	12.1	
		东麓煤田		显德汪矿 9♯煤	1.56		7.5	
		京西煤田	京西地区	木城涧矿 3♯煤	2.73	滨海过渡相	5.0	

3.4.1　煤化作用对煤中有机氮同位素组成的影响

Hoering 和 Moore（1958）、Stahl（1977）在研究烃源岩有机氮同位素组成后，发现有机氮在热演化过程中逐渐变重，原油的氮同位素组成较干酪根偏轻，同时 Stahl（1977）还指出原油的运移也会导致其中的有机氮逐渐变重。Williams 等（1995）认为有机质热演化过程是一个富碳、去氮、氢、氧、硫等杂原子的过程，有机氮会以小分子的形式释放出来，$^{14}\text{N}—^{12}\text{C}$ 键断裂所需的能量明显较 $^{15}\text{N}—^{12}\text{C}$ 键低，致使有机氮在热演化过程中逐渐富 ^{15}N，氮同位素组成逐渐变重。苗雪娜（2006）在研究中国煤中有机氮同位素组成后，发现随着煤热演化程度逐渐增高，有机氮同位素组成具有逐渐变重的趋势，且在一定程度上受岩浆活动的影响。因此，变质程度相对较低的黑龙江东部煤中有机氮同位素组成要轻于华北地区煤中有机氮，且这两个地区煤中有机氮同位素组成均具有随热演化程度增高逐渐变重的趋势，V_{daf} 与 $\delta^{15}\text{N}$ 拟合曲线分别为（图 3.23、图 3.24）：

$$\delta^{15}\text{N}/‰ = -0.147 V_{daf} + 8.095 \tag{3.20}$$

$$\delta^{15}\text{N}/‰ = -0.548 V_{daf} + 8.989 \tag{3.21}$$

这表明随着煤热演化程度增高，有机氮变得不稳定，通过热氨化作用或热裂解作用逐渐以小分子的形式（N_2 或 NH_3）释放出来，且释放出来的小分子含氮物质相对富 ^{14}N，而煤中有机氮则逐渐富 ^{15}N。另外，Stiehl 和 Lehmann（1980）认为不同形态的有机氮具有不同的氮同位素组成。前述有机氮形态研究表明，煤中有机氮主要有三种形态，分别为 N-5、N-6 和 N-Q，三者的相对热稳定性为 N-Q＞N-6＞N-5，由此可以判断，位于煤分子稠环芳香结构边缘的 N-5 和 N-6 热稳定性较低，在热演化过程中热氨化和热裂解作用较为强烈，同位素分馏效应较为明显，致使 N-5 和 N-6 同位素组成较重，而位于煤分子稠环芳香结构内部的 N-Q 热稳定性较高，在热演化过程中热氨化和热裂解作用相对较弱，致使 N-Q 同位素组成偏轻。

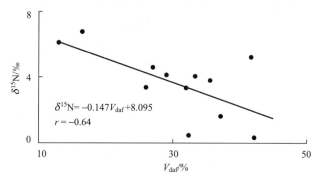

图 3.23　黑龙江东部煤中有机氮同位素组成随热演化程度变化规律

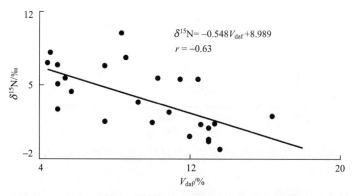

图 3.24　华北地区煤中有机氮同位素组成随热演化程度变化规律

3.4.2　成煤时代对煤中有机氮同位素组成的影响

成煤时代对煤中有机氮同位素组成的影响主要体现在沉积环境方面，影响因素包括古盐度、酸碱度、氧化还原条件等，以古盐度最为显著。Peters 等（1978，1981）和 Peters（1986）认为原始沉积环境对沉积有机质中的氮同位素组成有一定的影响。Herczeg 等（2001）、Muller 和 Voss（1999）认为有机氮同位素组成可作为指示水生系统有机质来源的指标。Rigby 和 Batts（1986）认为沉积有机质 $\delta^{15}N$ 可作为区分不同沉积环境（陆、海相）的指标。Sweeney 和 Kaplan（1980）在总结了 Santa Barbara 盆地 24 个沉积岩样品和 38 个孔隙流体氮同位素组成后，发现海相沉积有机质氮同位素组成较重，$\delta^{15}N = 10‰$ 左右，陆相沉积有机质氮同位素组成偏轻，$\delta^{15}N = 2‰$ 左右。Gearing（1988）认为海相有机质 $\delta^{15}N = 4‰ \sim 10‰$，平均 6‰；陆相有机质 $-10‰ \sim 10‰$，平均 2‰。Owens（1987）指出不同自然环境下 $\delta^{15}N$ 平均值由轻到重依次为：大气＜陆地＜淡水＜河口＜海洋。陈传平和梅博文（2001）在对中国不同沉积环境有机氮同位素组成总结后，发现淡水沉积环境下有机氮同位素组成偏轻，$\delta^{15}N = 3‰ \sim 6‰$，咸水-半咸水沉积环境下有机氮同位素组成偏重，$\delta^{15}N > 10‰$。

　　笔者对华北地区及黑龙江东部不同沉积环境煤中有机氮同位素组成进行对比，结果表明（表 3.10）：华北地区石炭-二叠纪陆相沉积环境煤中有机氮 $\delta^{15}N = -1.07‰ \sim 5.70‰$，平均 2.59‰，滨岸过渡相沉积的煤中有机氮 $\delta^{15}N = -0.26‰ \sim 9.95‰$，平均 3.98‰，陆相煤中有机氮同位素组成较滨岸过渡相煤偏轻。黑龙江东部煤中有机氮明显较华北地区偏轻，除煤化作用以外，沉积环境也是重要影响因素。

　　在拟合华北地区煤中有机氮 $\delta^{15}N$ 与煤中 B 含量相关曲线后发现，有机氮具有随 B 含量升高而逐渐变重的趋势（图 3.25）。由此可见，沉积环境也是影响煤中有机氮同位素组成的另一重要因素。

$$\delta^{15}N = 0.0282B + 3.1073 \tag{3.22}$$

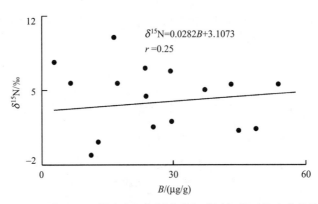

图 3.25　华北地区煤中有机氮同位素组成随沉积环境变化规律

　　朱岳年（1994）在研究氮地球化学特征时发现，自然界中不同物质之间的氮同位素组成存在差异，来自海洋的鱼类、浮游动物、浮游植物、藻类、海相沉积物等氮同位素组成偏重，而来自陆地的动物、植物、陆相沉积物、土壤等氮同位素组成偏轻（图 3.26）。由此可见，无论是滨岸过渡相煤，还是陆相煤，原始成煤古植物氮同位素组成均比较轻，但滨岸过渡相煤在形成和聚集过程中有大量氮同位素组成偏重的来自海洋的有机质（如浮游生物、藻类、动物遗体和粪便等）注入，并在后期的成岩作用过程中以有机氮的形式赋存下来，最终导致滨岸过渡相煤有机氮同位素组成较陆相煤重。

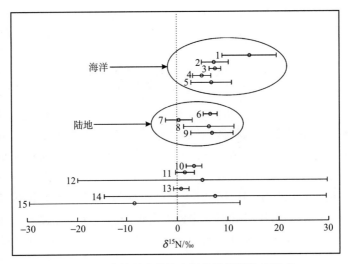

图 3.26　自然界中常见含氮物质氮同位素组成

海相：1. 鱼类；2. 浮游生物；3. 藻类；4. 浮游植物；5. 海洋沉积物；

陆相：6. 动物 7. 植物；8. 土壤；9. 陆地沉积物；

其他：10. 泥炭和煤；11. 石油；12. 天然气；13. 盐岩；14. 喷出岩；15. 岩石中无机物

第4章 煤的热解实验

煤的热解是指在隔绝空气或者惰性气体中持续加热升温且无催化作用条件下发生的一系列化学反应和物理现象的复杂过程。在热解过程中会发生交联键的断裂、产物的重组和二次反应，最终生成气体（煤气）、液体（焦油）、固体（半焦或焦炭）等产物。本章以黑龙江东部白垩纪煤和华北地区石炭-二叠纪煤为研究对象，采用热重-红外光谱-质谱联用分析方法，测试煤在热解过程中释放出小分子气体的种类，分析了不同类型气体，尤其是含氮小分子气体的含量（包括 NH_3、HCN、N_2 等）随热解温度升高的变化规律。

4.1 研 究 方 法

4.1.1 热重分析法（TG）

热重法，是在程序控制温度下，测量物质的质量与温度或时间的关系的方法。以被测样品的质量为纵坐标、以时间或温度为横坐标的曲线，称为热重曲线（TG 曲线）。通过分析 TG 曲线，可以知道样品及其可能产生的中间产物的组成、热稳定性、热分解情况及生成的产物等与质量相联系的信息。从 TG 曲线可以派生出导数热重曲线（DTG 曲线），该曲线以质量变化率为纵坐标、以温度或时间为横坐标，记录了样品质量随温度或时间的变化速度。DTG 曲线的特点和作用是：能精确反映出每个失重阶段的起始反应温度；最大反应速率温度和反应终止温度；DTG 曲线上各峰的面积与 TG 曲线上对应的样品失重量成正比；当 TG 曲线对某些受热过程出现的台阶不明显时，利用 DTG 曲线能明显的区分开来。目前，由于热重法具有样品用量少，且操作简单、准确率高、反应灵敏等优点，在环境、石油和煤炭等研究领域都有广泛的应用。

4.1.2 气相红外光谱法（IR）

1. 基本原理

1）红外吸收光谱的产生

红外光谱作用于所研究的某种物质，该物质分子就要吸收光源中与分子能级相当的这部分光能，并将其变为另一种能量即分子的振动和转动能量，记录其透过之后的系列红外光强度，这就是红外吸收光谱。红外吸收光谱常以透过率或吸光度为纵坐标，以波长（μm 或 cm^{-1}）为横坐标作图。红外区的波长多用微米表示，中红外区 $2.5\sim50\mu m$ 多用波数表示（表 4.1），波数与波长的换算公式为

$$波数 = \frac{10^4}{波长} \tag{4.1}$$

大多数的有机化合物和许多无机化合物的化学键振动的基频均位于中红外区，因此，在组成和结构分析中，中红外区是研究重点。

表 4.1　红外区分类

名称	波长/μm	波数/cm^{-1}
近红外区	0.8~2.5	12500~4000
中红外区	2.5~50	4000~200
远红外区	50~1000	200~10

2）分子光谱与分子能级

红外吸收光谱属于分子光谱，分子光谱的产生与分子结构内部的能量有关。分子的运动可分为平动、转动、振动和分子内电子的运动。分子的每一次运动状态都具有一定的能量或者说属于一定的能级。因此，分子运动所具有的能级可以写成：

$$E = E_0 + E_平 + E_转 + E_振 + E_电 \tag{4.2}$$

式中，E_0 为分子的零位能，即分子内的，不随分子运动而改变的能量，即所谓的零点能。

$E_平$ 为分子的平动能级，是指分子内部各部分无角度变化的从一个位置到另一个位置平动所具有的动能，其能量大小与质量和速度有关，即 $E_平 = \frac{1}{2}mv^2$（m 为分子质量，v 为分子平动的速度），这种能量随温度所决定的速度而变化，因而只是温度的函数。因平动时不会发生偶极变化，所以不会因分子的平动而产生光谱。

$E_转$ 为分子转动的能级，这是一种围绕分子的作用重心、在空间做不同方向转动所具有的动能。转动能量的大小与直接决定转动角速度的温度成正比，与转动方向有关，与分子大小和组成分子的原子在空间分布的状态有关，转动能级差（$\Delta E_转 = E_2 - E_1$）与分子惯量成反比，即

$$\Delta E_转 = P \cdot \frac{1}{\mu r^2} \tag{4.3}$$

式中，P 为系数；r 为距离；$\mu = \dfrac{m_1 \cdot m_2}{m_1 + m_2}$ 为约化质量。

对于简单的转动：

$$E_转 = \frac{n^2 j(j+1)}{8\pi^2 I} \tag{4.4}$$

式中，I 为分子绕转动轴转动惯量；j 为转动量子数，在这个方程中只有一个变量 j，根据量子理论 $\delta_1 = +1,0,-1$，如果转动量子数由 $(j-1)$ 变为 j 则转动光谱的谱线的频率 $v_转$ 可由下式算出：

$$h v_{转} = h^2 [(j+1)j - j(j-1)]/(8\pi^2 I) = \frac{2jh^2}{8\pi^2 I} \tag{4.5}$$

$$v_{转} = jh^2/(4\pi^2 I) \tag{4.6}$$

由上式可知，分子的转动惯量越大，频率越小，轻的分子转动惯量较小，频率则大，其转动光谱在远红外区。

$E_{振}$ 为分子的振动能级。分子的振动能级比转动能级大，每当振动能级跃迁时，总带有转动能级的跃迁，无论何种情况，也测不到纯粹的振动能级，得到的只能是分子的振动-转动光谱。为方便起见，在此先考虑不带转动变化的纯粹振动光谱。

长期以来，人们利用弹簧球模型研究这种振动能量关系。假设弹簧力和球位移能量关系符合虎克定律即 $F = k \cdot \Delta x$，这种模型称为谐振子，这种运动称为简谐运动，简谐振动频率 v 是弹簧（相当于化学键）力常数与球（相当于化学键两端原子）质量 m 的函数，也是化学键振动的频率。

$$v_{转} = \frac{1}{2\pi} \left(\frac{f}{\dfrac{m_1 \cdot m_2}{m_1 + m_2}} \right)^{\frac{1}{2}} = \frac{1}{2\pi} \sqrt{\frac{f}{M}} \tag{4.7}$$

式中，f 为力常数，N/cm。

$$N = \frac{gcm/s^2}{1 \times 10^{-5}} = \frac{Kgm}{s^2} \tag{4.8}$$

式中，N 为阿伏伽德罗常数，等于 6.023×10^{23} 原子/mol。

$$M = \frac{m_1 \cdot m_2}{m_1 + m_2} \cdot \frac{1}{N} \tag{4.9}$$

式中，M 为原子对的约化质量，g。

对吸收光来说 $\lambda = \dfrac{c}{v}$，则

$$\lambda = \frac{c}{\dfrac{1}{2\pi} \cdot \sqrt{\dfrac{f_{1.2}}{m_{1.2}}}} \tag{4.10}$$

因 $\vec{v}$（波数）$= \dfrac{1}{\lambda}$，所以 $\vec{v} = \dfrac{1}{2\pi c} \cdot \sqrt{\dfrac{f_{1.2}}{m_{1.2}}} = \dfrac{1}{2\pi c} \cdot \sqrt{\dfrac{kA \cdot B}{\mu A \cdot B}}$

能态从基态（量子数等于零）跃迁到第一激发态的吸收光谱称为基频光谱，从基态到第二激发态的跃迁称为谐波光谱。

$E_{电}$ 为电子能级，属于可见-紫外吸收光谱范畴跃迁，能量约为 5eV，相当于振动能级跃迁能量的 50 倍。

3）振动类型

对于分子的振动类型可以概括如下：

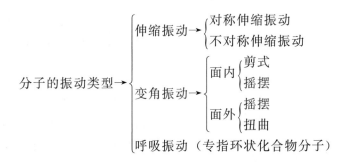

2. 仪器结构

红外光谱仪主要用于测定上述不同类型振动的红外特征吸收峰，并依此判断被测物质中相应的化学键，以及官能团的种类及相对含量。红外光谱仪组成较为复杂，主要由干涉仪、光源、检测器、样品室及计算机系统组成（图 4.1），其具体工作原理在此不详述。

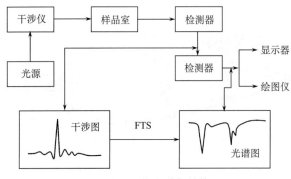

图 4.1　红外光谱仪结构

3. 样品制备

将煤热解过程中产生的气体直接通入红外光谱仪气体池中，对气体组成进行定性分析。

4.1.3　气相质谱法（MS）

本章气相质谱仪与第 3 章理论相似，即将煤热解产生的气体直接通入质谱仪中，判断不同类型煤热解产物。

4.1.4　热重-红外-质谱联用分析

煤在热解过程中，释放的气体类型较为复杂，包括 CH_4、CO、C_2H_6、H_2、HCN、H_2O 等。红外光谱仪和质谱方法均是判断和分析煤热解释放的不同类型气体的有效方法，具有灵敏度高、反应迅速的特点。但是，红外光谱不能识别同核双原子分子，如 H_2、N_2、O_2 等，而质谱不能区分一些质荷比相同的气体分子，如质荷比为 28 的 CO 和

C_2H_4，44 的 C_3H_8 和 CO_2。因此，本书将采用红外光谱仪和质谱仪与热重分析仪联用 (TG-IR-MS) 的方法，判断煤热解过程中生成气体类型，分析和判断这些气体随热解温度升高的变化规律。

本次实验流程为：将一定重量（大约 10mg）、粒度小于 0.2mm 的煤样放入 TG 专用的 Al_2O_3 坩埚中，轻轻压一下（以免热解时喷逸出来）。接好 TG-IR-MS 连接管，将同步热分析仪设置成由 30℃ 开始，以 10℃/min 的升温速率程序升温至 1100℃。热解产生的气体经吹扫气从 TG 气体出口同时送入质谱仪和红外光谱仪气体样品池，气体池中的气体连续被质谱仪和红外仪扫描，可得到热解时的一系列图谱。

本次的 TG-IR-MS 联用实验是在北京化工大学完成的。所使用的主要仪器列于表 4.2 中，实验装置如图 4.2 所示。

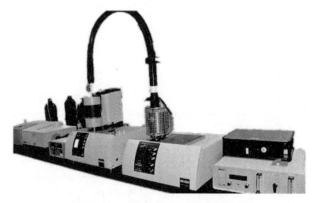

图 4.2　热重-红外-质谱联用

表 4.2　主要仪器

仪器名称	型号	制造厂
同步热分析仪	STA449F3	德国耐驰公司
红外光谱仪	Tensor27	德国布鲁克公司
四级杆质谱仪	QMS403	德国耐驰公司
电子分析天平	XS105	梅特勒-托利多仪（上海）有限公司
坩埚	氧化铝坩埚	德国耐驰公司
真空干燥箱	DZF-6050	上海-恒科学仪器有限公司

4.2　实验分析

4.2.1　样品选取、制备

煤的热解实验选用的样品为采自华北地区沁水煤田的石炭-二叠纪和黑龙江东部白垩纪四种变质程度不同的煤（表 4.3）：阳泉无烟煤（YQ2-12-c）、七台河焦煤（XQ-87-c）、鸡西 1/3 焦煤（XH-28-c）和双鸭山气煤（QX-8-c）。煤样先经过破碎研磨后，过

200 目筛，取筛下煤在 105℃干燥 2h 后装入密封袋备用。

表 4.3　实验样品的工业分析和元素分析

样品	M_{ad}	A_d	V_{daf}	FC	C	H	S	N	O
QX-8-C	2.02	13.36	37.8	81.98	79.16	4.33	4	0.5	5.48
XH-28-C	2.11	12.6	20.3	79.3	83.2	4.02	3.01	0.673	4.28
XQ-87-C	2.15	10.66	11.8	77.5	85.68	3.81	2.81	0.729	3.63
YQ2-12-C	2.21	22.15	9.28	90.72	88.71	3.43	0.42	0.854	3.86

注：O 的含量由差减法计得。

4.2.2　热重分析

煤的热失重 TG-DTG 曲线如图 4.3 所示，其中 TG（失重）曲线表示煤样随温度变化时的质量变化，DTG（失重微分）曲线是根据 TG 曲线计算出的瞬时失重速率，表示某一时刻发生失重的剧烈程度。从 DTG 曲线可以看出，煤热解过程中热重损失主要分为三个部分（以双鸭山气煤为例；图 4.3）：①在实验开始的 30～140℃有一个较小的失重峰，主要是由于脱除煤颗粒表面吸附的水和气体造成的；②从大约 400℃（T_0）左右开始出现第二个质量损失阶段，这个失重峰分布很宽，一直持续到 540℃（T_∞）左右，最大失重速率所对应的峰顶温度 $T_{max}=474℃$，这个阶段煤的大分子网络结构发生断裂，煤的热解反应达到了最剧烈的程度，主要发生的是煤的大分子结构解聚和分解反应，生成大量的焦油和气体；③540℃时之后开始形成焦炭，发生缩聚反应。

对不同煤阶的四种煤（阳泉无烟煤、七台河焦煤、鸡西 1/3 焦煤和双鸭山气煤）作了升温速率 10℃/min 的热重实验（图 4.4），相应的煤样热解的特征参数见表 4.4。随着热演化程度的增加，煤热失重量和热失重速率逐渐降低，这与煤热演化程度越高、挥

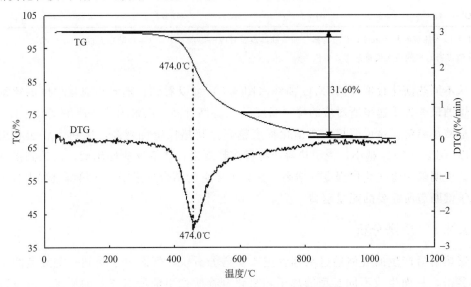

图 4.3　煤（QX-8-c）的 TG-DTG 曲线图

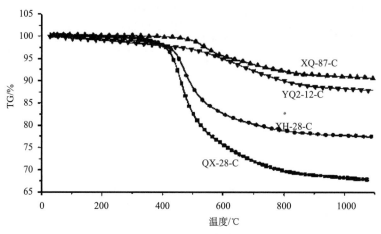

图 4.4　不同变质程度煤的 TG 曲线

发分产率越低有关。变质程度最低的双鸭山气煤的失重量和最高热失重速率最大,分别达 31.60% 和 2.538%/min,而变质程度最高的阳泉无烟煤的失重量和最高热失重速率最小,仅为 5.96% 和 0.272%/min。此外,煤的热解初始温度(T_o)、峰顶温度(T_{max})和终止温度(T_∞)均具有随煤热演化程度的加深而逐渐升高的趋势。

表 4.4　煤样的热解特征参数

样品编号	$R^o_{max}/\%$	T_o	T_{max}	T_∞	失重率/%	$(dw/dT)_{max}$
QX-8-C	0.72	418.4	474	540.1	−31.6	−2.538
XH-28-C	1.01	431.9	479.6	553.3	−17.53	−1.635
XQ-87-C	1.64	495.4	548	667.8	−6.32	−0.459
YQ2-12-C	2.2	518.9	599.9	793.5	−5.96	−0.272

注:T_o 为热解的起始温度;T_{max} 为微分曲线峰值点所对应的温度;T_∞ 为热解结束温度;$(dw/dT)_{max}$ 为微分曲线峰值点所对应的最大失重速率,单位为%/min。

从不同热演化程度煤的 DTG 曲线(图 4.5)可以看到:随着热演化程度的逐渐增加,煤的最大失重速率所对应的峰顶温度 T_{max} 逐渐升高,而最大热解速率 $(dw/dT)_{max}$ 谷深呈减小趋势。这说明煤的热演化程度越高,其热稳定性越高,达到 T_{max} 也相应提高;而 $(dw/dT)_{max}$ 越小,说明热解产物释放越缓慢,热解反应性越低,反映到微观结构上,说明随着煤热演化程度的增高,其分子体系的结合越紧密,在热解过程中分子内部化学键断裂所需要的能量越高。

4.2.3　质谱分析

煤热解后产生的气体通过毛细管进入质谱分析仪,气态分子受到一定能量的电子束的轰击,从而生成不同类型的离子,将化合物所产生的所有离子的质量(m/z)和相应的强度加以记录,从而形成一张质谱图。在与 TG 联用的过程中,TG 曲线上表

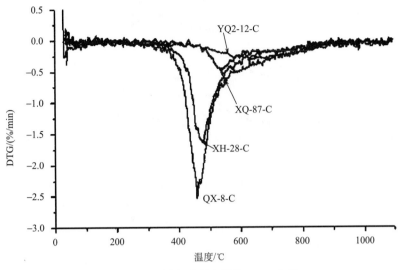

图 4.5　不同变质程度煤的 DTG 曲线

现一次大的质量损失，而 MS 却可以实时多次检测到挥发分气体的逸出，形成大量电子流。

　　煤分子结构研究说明，煤的有机组分由含有高取代基的稠环芳香环族以各种相对弱的脂肪桥键和醚键连接而成，官能团的数量与煤热演化程度有关。热解反应中，煤分子中的侧链和官能团热解产生小分子类热解气体，稠环芳香环网络分解产生大分子的焦油和胶质体 (Boudou *et al*.，1984)。不同热演化程度的气煤的 TG/MS 谱图如图 4.6～图 4.10 所示。煤热解中各种小分子气体的释放峰统计见表 4.5。

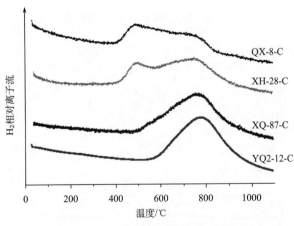

图 4.6　煤热解中 H_2 的逸出曲线

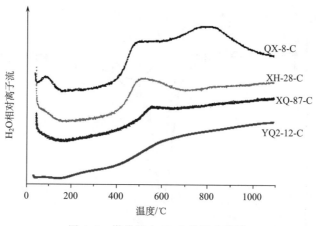

图 4.7　煤热解中 H_2O 的逸出曲线

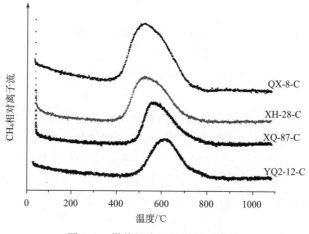

图 4.8　煤热解中 CH_4 的逸出曲线

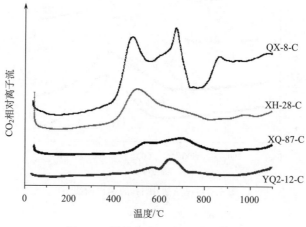

图 4.9　煤热解中 CO_2 的逸出曲线

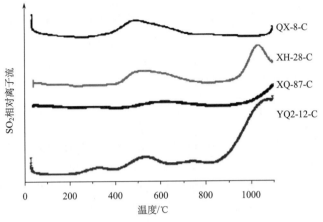

图 4.10　煤热解中 SO_2 的逸出曲线

表 4.5　煤热解中小分子气体释放峰统计表

		QX-8-C			XH-28-C			XQ-87-C			YQ2-12-C		
		T_o	T_{max}	T_∞	T_o	T_{max}	T_∞	T_o	T_{max}	T_∞	T_o	T_{max}	T_∞
H_2	1	380	480	550	380	480	550	500	770	1000	600	780	1100
	2	550	720	800	550	720	850						
H_2O	1		<100			<100			<100				
	2		450			500			550				
	3		800										
CH_4	1	380	500	720	400	500	720	450	550	750	480	600	800
CO_2	1	350	450	550	400	480	580		520			580	
	2		650			950			700			600	
	3		850										
SO_2	1		490			500			600			520	
	2		>1100			1020			>1100			1050	

1. 氢气（H_2，$m/z=2$）

煤变质程度较低的气煤和 1/3 焦煤热解过程中 H_2 的析出较为相似，主要分成两个阶段：①第一个阶段是 380～550℃，从 380℃ 开始离子流强度开始快速增加，在大约 480℃ 时出现一个较尖的峰值，该阶段煤大分子网络结构破裂，发生剧烈的热解反应，所以 H_2 的析出很可能是由裂解产生的自由基之间缩聚产生；②从 560℃ 之后，离子流强度又开始缓慢上升，720℃ 左右时达到最大值，这一过程中的 H_2 是由煤热解后期的缩聚反应产生的。与气煤和 1/3 焦煤相比，变质程度较高的焦煤和无烟煤在热解中 H_2 的析出规律则发生明显的变化，只具有第二释放阶段，二者分别从 500℃ 和 600℃ 开始逐

渐有 H_2 的析出，在 770℃和 780℃左右时出现明显释放峰，之后开始缓慢下降，直到热解结束。由此可见，与气煤和 1/3 焦煤相比，焦煤和无烟煤的第一阶段缺失，这是因为较高的煤热演化程度导致煤分子结构中官能团较少的缘故。随着热演化程度增高，第二阶段 H_2 释放的初始（T_o）和最大释放温度（T_{max}）具有逐渐增高的趋势，这是煤变质程度越高、煤分子结构越稳定所导致的。

2. 水（H_2O，$m/z=18$）

从 TG/MS 谱图中可以看出，热解过程中 H_2O 的生成都可以分为三个阶段：①第一阶段出现在 100℃以前，与热失重微分曲线第一个失重峰处基本处于同一位置，这 H_2O 释放阶段是吸附水的脱附所形成的。从图中可以看出变质程度最低的气煤的第一阶段最为明显，说明其吸附水最多。②气煤、1/3 焦煤和焦煤的第二个 H_2O 释放阶段分别在 450℃、500℃和 550℃左右，这与 DTG 曲线第二个失重峰的顶点温度 T_{max} 位置接近，从图中可以明显看出这个峰宽而广，是煤中水的主要释放阶段，这阶段的 H_2O 主要是由于煤中大分子结构破裂、羟基之间发生缩聚反应产生的热解水。随着煤的热演化程度升高，H_2O 释放峰依次升高也是煤的稳定性逐渐升高造成的，而且可以看出煤的变质程度越高，H_2O 释放峰越不明显。③煤中水在达到释放峰值之后，离子流强度开始下降，之后又有缓慢地上升，而且气煤在 800℃左右时又出现一个明显的释放峰，此阶段的水的来源被认为是煤中较稳定的含氧官能团。

3. 甲烷（CH_4，$m/z=16$）

煤热解过程中 CH_4 析出的是由煤中含有甲基官能团的脂肪链和芳香侧链断键生成的，比较不同类型煤的 TG/MS 谱图可以看出，CH_4 的曲线都呈现类似高斯分布的释放峰，且范围比较宽。随着煤热演化程度逐渐增高，CH_4 的初始析出温度和达到峰值的温度都有逐渐升高的趋势，这是由煤的热稳定性逐渐升高造成的。

4. 二氧化碳（CO_2，$m/z=44$）

不同类型煤热解时 CO_2 的释放差别较大，但总的来说 CO_2 的释放可以明显的分为三个阶段：①第一个释放峰高而宽，为 480～550℃，随着热演化程度逐渐增高，该释放峰逐渐变缓，峰值温度逐渐升高。该释放峰与热重的 T_{max} 相接近，表明 CO_2 应该是来自于煤中羧基官能团的分解。②第二个小型释放峰的位置为 600～700℃，其中 1/3 焦煤的这个峰不是很明显。③四种煤在 800℃以上时都有不同程度的 CO_2 释放峰，其中变质程度最低的气煤最为明显，该阶段生成的 CO_2 除了来自于煤中碳酸盐类矿物质的分解外，还有一部分来自于煤中较稳定的含氧官能团分解。

一般认为，CO_2 来源于煤中的羧基、酯等含氧化合物，羧基在 200℃以上就可以分解生成 CO_2，从图 4.9 中可以看出，煤样在 480℃左右就有 CO_2 产生，最大逸出量温度范围在 550℃左右，后减少直到终温。煤中羧基稳定性有一定差别，高稳定性羧基在高温下分解生成 CO_2，低稳定性羧基则在低温时分解，并根据热解实验得出：连接在芳香环不同位置上的羧基具有不同的热稳定性，且相邻取代基的种类及物理-化学性质对羧基热稳定性也有一定程度的影响。

5. 二氧化硫（SO_2，$m/z=64$）

不同类型煤热解时 SO_2 的释放差别较大，但总的来说 SO_2 的释放可以分为两个阶段：①第一个释放阶段较为宽泛，释放峰较为平缓，从 350℃ 开始，到大约在 700℃ 终止，与煤的热重损失区间对应，这一阶段煤中 SO_2 主要来自于煤中有机硫的逸出；②第二个释放阶段在 1000℃ 左右，该阶段 SO_2 的曲线上又出现了一个相对陡而窄的释放峰，该峰可能与黄铁矿的分解及产物之间的二次反应有关。其中，双鸭山气煤以及七台河焦煤的第二阶段不是很明显，这可能与黄铁矿等硫化物矿物含量较少有关。

6. 含氮气相产物

煤热解过程中，煤会发生一系列反应，其中的含氮官能团也发生反应生成 NH_3、HCN、N_2 和 NO_x 等一系列产物，以 NH_3 和 HCN 为主。煤的热解过程对煤中氮的迁移转化规律有重要影响，特别是低阶煤热解过程中氮的释放规律。在热解过程中，煤中的氮转化为挥发分氮（包括气相氮和焦油氮）和焦炭氮。煤种不同，热解过程中氮的转化和迁移也会有所不同，特别是对 NO_x 前驱体 HCN 和 NH_3 的产生和释放规律产生重要影响。

煤热解过程中 NH_3、HCN、N_2 和 NO_x 等一系列产物的释放规律与煤的热演化程度密切相关。图 4.11 表示了四种不同热演化程度煤中氮向 NH_3 和 HCN 的转化过程。煤热解中氮化物的释放峰统计见表 4.6。

1）NH_3（$m/z=17$）与 HCN（$m/z=27$）

有文献证明在低温段（<600℃）不同热演化程度煤中氮转化为 NH_3 和 HCN 的燃料氮分额大致相等，而随着热解温度的增加，煤中氮向 NH_3 和 HCN 的转化有着较为明显的差别。

（1）气煤，图 4.11（a）：变质程度最低的气煤在 400℃ 开始检测到 HCN 和 NH_3，其中，NH_3 在 440℃ 和 770℃ 出现了两个释放峰，而 HCN 的释放在 440℃ 达到最大。

（2）1/3 焦煤，图 4.11（b）：在 1/3 焦煤热解过程中 NH_3 与 HCN 都是大约是从 410℃ 开始出现，随着温度的升高，释放量都开始逐渐增大，两者均在大约 450℃ 时出现释放峰，其中 HCN 的释放峰较尖，之后 HCN 开始缓慢下降，而 NH_3 也是在 450℃ 达到峰值后，释放量有所下降，但到 650℃ 左右时开始又出现缓慢上升的趋势。

（3）焦煤，图 4.11（c）：焦煤在整个热解过程中各种形式氮的释放曲线与 1/3 焦煤较为相似。不同的是 NH_3 和 HCN 的初始释放温度推迟到了 430℃，达到峰值的温度均推迟到了 520℃ 左右，HCN 在 920℃ 左右时出现了一个尖尖的峰值，其原因可能是测试过程中仪器受到干扰导致曲线发生突变所致。

（4）无烟煤，图 4.11（d）：变质程度最高的无烟煤的 NH_3 与 HCN 释放曲线与前三者出现很大的差异，随着热解温度的增加，NH_3 的释放量逐渐增加，而整个热解过程中基本上没有检测到 HCN 的存在。

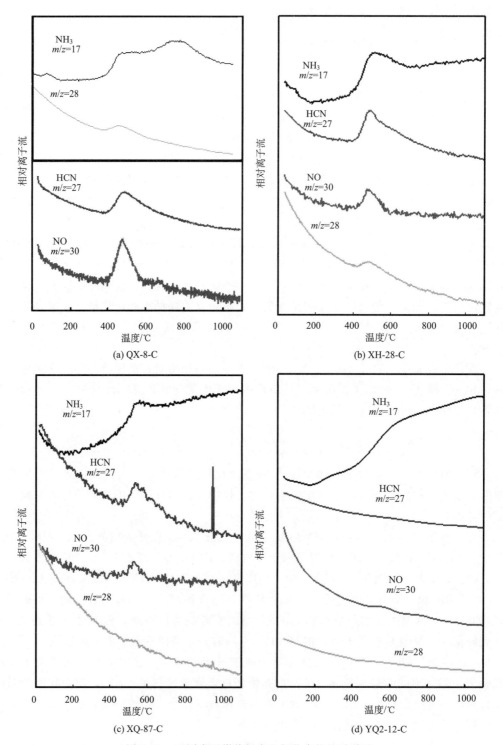

(a) QX-8-C

(b) XH-28-C

(c) XQ-87-C

(d) YQ2-12-C

图 4.11　不同类型煤热解产生氮化合物的质谱图

由以上对比可以得出，煤中氮的释放主要分两个阶段：第一阶段为 400～650℃，煤中有机氮以 NH_3 和 HCN 形式释放；第二阶段＞650℃，煤中有机氮以 NH_3 形式释放。低煤级煤中的有机氮主要是以 HCN 的形式释放，中煤级的焦煤和 1/3 焦煤中有机氮以 NH_3 与 HCN 两种形式释放，而高变质的无烟煤中氮主要是以 NH_3 形式释放。随着煤变质程度的增高，煤的热稳定性逐渐增强，煤中氮化物的释放量达到最高点的温度也相对升高，这一点与热重分析结果一致（表 4.6）。

表 4.6　煤热解中氮化物气体释放峰统计表

		QX-8-C			XH-28-C			XQ-87-C			YQ2-12-C		
		T_o	T_{max}	T_∞	T_o	T_{max}	T_∞	T_o	T_{max}	T_∞	T_o	T_{max}	T_∞
NH_3	1	400	440	650	410	460	650	450	520	700	400	＞1100	
	2	650	770	1100	650	＞1100		700	＞1100				
HCN	1	400	440	1100	410	450	1100	450	520	1100			
	2								920				
NO	1	400	440	650	410	460	650	450	520	600			

结合煤的热解特性，可以认为含氮小分子 HCN 和 NH_3 主要有两种生成机制：一是煤中侧链和桥键中以较弱共价键形式存在的含氮官能团等热稳定性差的结构产生；二是由煤焦稠环芳香大分子中的含氮官能团通过缩合交联反应产生的。煤中有机氮主要有三种类型：吡咯（N-5）、吡啶（N-6）和季氮（N-Q）。其中，低变质煤中有机氮以热稳定较低的 N-5 和 N-6 为主，二者位于煤分子结构边缘；而高变质煤中有机氮以热稳定较好的 N-Q 为主，位于煤分子结构内部。结合以上分析可以判断，煤热解第一阶段的含氮产物 HCN 和 NH_3 主要为 N-5 和 N-6 释放，而第二阶段释放的 NH_3 主要来源于 N-Q。N-6 和 N-Q 一样为六元环氮，推测其热解产物为 NH_3，而五元环氮则为 HCN 的主要来源。低变质煤有机氮热解产物以 HCN 为主，而高变质煤以 NH_3 为主，也印证了这一点。

2）NO（$m/z=30$）

热解过程中也产生了微量 NO，转化为 NO 的氮份额一般小于 2%。其余 N 则转化为焦油氮和焦炭氮，其中焦炭氮在高变质程度煤中占据了绝大部分。

由图 4.11 可以看出，从低变质煤到高变质煤，NO 释放峰逐渐变缓，峰值温度逐渐升高，到达无烟煤时，只能看到非常微弱的 NO 释放峰。推测 NO 可能来源于煤分子结构边缘的氮。

3）$m/z=28$

在气煤、1/3 焦煤和焦煤的图中，$m/z=28$ 的物质在 400～600℃有非常微弱的释放峰，而无烟煤热解过程中基本上没有检测到 $m/z=28$ 的物质的出现。我们知道煤燃烧过程中容易产生 CO，但是质子数为 28 的还有可能是 N_2。为了验证煤在热解过程中

是否有 N_2 的释放，笔者单独做了一个热解实验，并将采集的气体进行气相色谱仪检测，结果检测到从煤加热上升到 $400\sim600$℃有 N_2 的生成，推测 N_2 的来源与 NO 一致，为煤分子结构边缘的氮。

4.2.4　红外光谱分析

当入射红外辐射的频率与气体分子的振动转动特征频率相同时，红外辐射就会被气体分子所吸收，引起辐射强度的衰减，红外气体分析仪就是利用这种原理对气体进行检测的。利用测量仪器自带的软件对测量光谱与选取库中的标准光谱进行匹配和对比分析，判断待测气体的类型及组成。红外气体分析仪对气体进行检测具有测量精度高、速度快，以及能连续测定等特点。采用 TG-IR-MS 联用的方法，不但可以连续监测到煤热解过程中各种产物的变化规律，而且 IR 和 MS 的测试结果相互补充与验证，提高了分析的准确性。

在实验过程中，每隔 $50\sim100$℃采集一次煤热解产物的红外光谱图，不同变质程度煤热解产物的红外光谱序列见图 4.12～图 4.16。煤热解产生的各类气相产物的红外吸收光谱波数范围见表 4.7。

表 4.7　气体产物的红外吸收光谱波数范围

气体	CH_4	CO_2	CO	H_2O	NO_2	NH_3	HCN	NO
波数 /cm^{-1}	$2800\sim3100$ $1100\sim1400$	$2250\sim2400$ $600\sim780$	$2000\sim2250$	$3400\sim4000$ $2000\sim2230$ $1270\sim2000$	$1550\sim1650$	$910\sim1150$	$3180\sim3400$ $700\sim760$	$1875\sim2138$ $2540\sim2590$

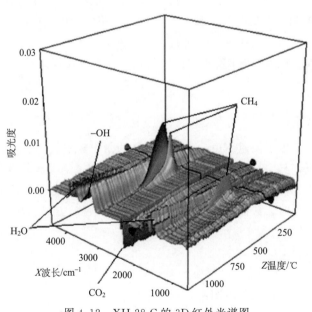

图 4.12　XH-28-C 的 3D 红外光谱图

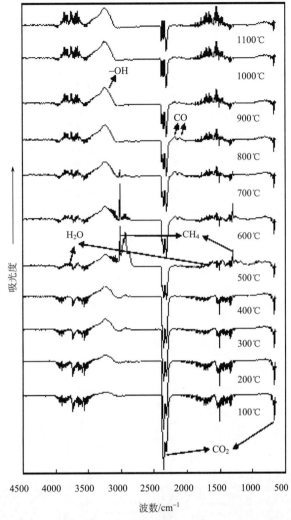

图 4.13 XH-28-C 各温度段的红外光谱图

1. CH₄

在煤热解温度为 500~800℃ 对应的热解产物红外图谱中可以看到，在 $3015cm^{-1}$ 和 $1300cm^{-1}$ 处出现甲烷的振动吸收峰，说明在此温度阶段析出气体中有大量甲烷的存在。与质谱出现的 CH_4 释放峰值基本对应，说明 IR 与 MS 之间无明显滞后。

2. CO

在煤热解温度为 600 ~ 1000℃ 对应的红外图谱中可以看到，在 $2176cm^{-1}$ 和 $2105cm^{-1}$ 处开始出现两个小峰，直到 1000℃ 时变得比较微弱，此处为 CO 的红外特征吸收峰（2200~1900 cm^{-1}）。由于产生 CO 的官能团很稳定，以至于大部分的煤种都是在 600℃ 左右时才开始产生 CO。CO 热解生成规律与 CO_2 不同，600℃ 以后才开始生

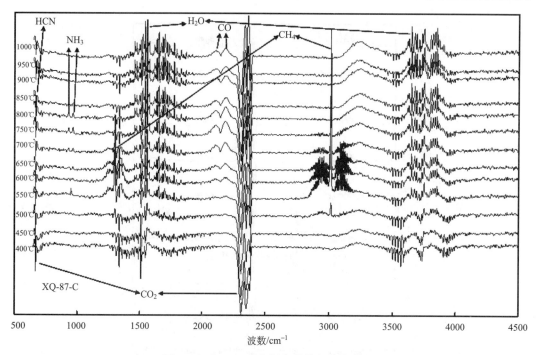

图 4.14 XQ-87-C 各温度段的红外光谱图

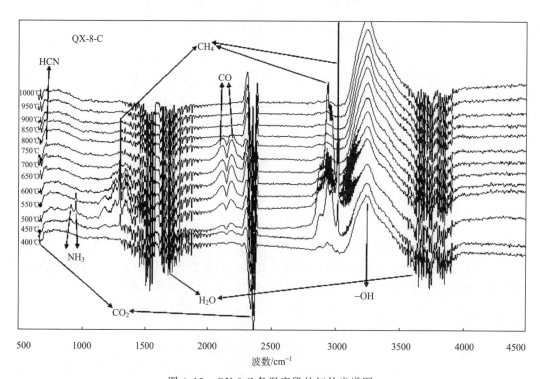

图 4.15 QX-8-C 各温度段的红外光谱图

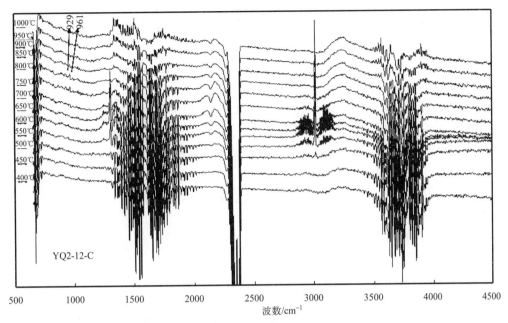

图 4.16　YQ2-12-C 各温度段的红外光谱图

成，700~800℃时达到最大逸出量，直到热解终止。CO 来源主要有四个方面：一是煤中酚羟基热解中一部分以 CO 形式放出，由于羟基是煤中含氧官能团中稳定性最好的，因此在 700℃以上才会分解产生 CO；二是醚键断裂生成 CO，所需温度在 800℃以上；三是羰基断裂，温度高于 400℃即可；此外一些含氧杂环在温度高于 700℃以上也可断裂释放出 CO。由此可见，质谱分析中 $m/z=28$ 的物质除了 N_2 以外，还包括一定量的 CO。

3. CO_2

在煤热解温度为 450~650℃对应的红外图谱中均可以看到 CO_2 的红外特征吸收峰，这也与 MS 分析相一致，不再赘述。

4. 其他化合物

从图 4.13~图 4.16 中可以看出，在波数为 3100~3500cm^{-1} 左右有一个很明显突起的"梁"，由标准谱图得知，这个"梁"是由羟基（OH）振动所致。煤热解过程中，因为温度的升高，煤分子在受热过程中结构单元的桥键、脂肪侧链和含氧官能团等发生断裂和裂解，产生了大量含有自由基碎片及烃类化合物，这些碎片和化合物所含的羟基振动形成了该红外吸收"梁"。

5. 含氮气相产物

从煤热解产物的红外光谱序列图 4.13~图 4.16 中可以看出，代表 NH_3 的 929cm^{-1}

和 961cm^{-1} 吸收峰在 550℃和 800℃时出现峰值，这与质谱分析结果相一致，不再赘述。

煤中氮在热解过程中转化为 HCN 和 NH$_3$ 释放于气相产物中。热解过程中形成 HCN 和 NH$_3$ 的过程与煤热解脱挥发分的过程有关，大部分的 HCN 和 NH$_3$ 来自于挥发分的二次反应。煤热解时产生的自由基与含氮的缩合芳环体系作用导致开环，加速了含氮多环体系的热分解，产生了气体产物 HCN；而 NH$_3$ 的形成还要求氮所在的缩合芳环体系中有氢自由基（或供氢基团）的存在，氢自由基作用于含氮芳环使之活化，并对氮进行还原形成 NH$_3$。若氢自由基与煤基本结构单元反应缩合而留在半焦中，则不利于氢自由基进入气相活化挥发分中的对含氮化合物进行还原生成 NH$_3$。

4.3　煤中有机氮的释放机理

与煤化作用相比，煤的热解实验具有升温速率快、反应时间短、压力小等特点，虽然热解实验在温度、压力、反应时间等物理-化学条件上差别较大，但笔者通过煤热解实验的研究，发现煤中不同类型有机氮物理-化学性质有一定差异，导致它们在煤化过程中的释放机理不同。煤化作用是一个富碳、排除氮、氢、氧、硫等杂原子的过程，最终的产物是石墨。因此，煤中有机氮在煤化作用过程中会逐渐以小分子的形式释放出来。Hallam 和 Eugster（1976）、Williams 等（1987，1989，1995）、Williams 和 Ferrell（1991）认为在热演化作用过程中，有机质中的有机氮会以 NH$_3$ 的形式释放出来。Juster 等（1987）在研究高变质烟煤含铵矿物后，有机氮在成岩作用过程中会以 NH$_3$ 或 N$_2$ 的形式释放出来，二者具有不同的反应机理。Krooss 等（1995）认为有机氮在较高的成岩温度下（＞300℃）会以 N$_2$ 的形式释放出来。

煤中有机氮在热演化过程中主要通过以下三种方式释放。

（1）微生物氨化作用（图 4.17）：大量成煤植物中的蛋白质在早成岩阶段（未成熟阶段 R_{max}°＜0.6%，T＜80℃）发生水解形成氨基酸。氨基酸在微生物的作用下发生氨化作用生成 NH$_3$，此时，除一少部分 NH$_3$ 以 NH$_4^+$ 形式进入到孔隙流体中被黏土矿物吸附固定进而转化为固定铵外（如铵伊利石和铵伊利石/蒙皂石间层矿物），大部分 NH$_3$ 经氧化作用形成 N$_2$，由于此时沉积水体多为开放体系，生成的 N$_2$ 大多逸散到大气中，一少部分 N$_2$ 保留下来进入到煤层气中。

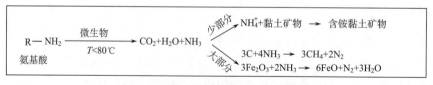

图 4.17　有机氮微生物氨化作用示意图

（2）热氨化作用（图 4.18）：在中成岩阶段（成熟-高成熟阶段，R_{max}°＝0.6%～2.0%，80～175℃）煤中有机氮主要以吡啶（N-6）、吡咯（N-5）以及季氮（N-Q）形式存在，在这一阶段，随着成岩温度逐渐升高，部分有机氮达到了 N—C 键断裂所需的活化能门限值（40～50kcal/mol），在热催化作用下，部分有机氮以 NH_3 的形式释放出来。此时一部分经氧化形成 N_2 进入到煤层气中，另一部分 NH_3 与 H_2O 化合形成 NH_4^+ 进入到成岩流体中，并被黏土矿物所吸收固定形成含铵黏土矿物（如铵伊利石和铵伊利石/蒙皂石间层矿物）。

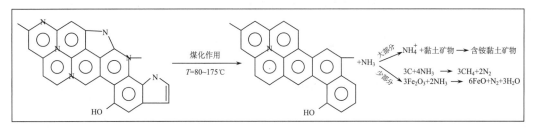

图 4.18　有机氮热氨化作用示意图

（3）热裂解作用（图 4.19）：在晚成岩作用阶段（过成熟阶段，$R_{max}^\circ > 2.0\%$，$T > 175℃$）沉积有机质所受热量已经达到了裂解脱氮的活化能门限值（50～70kcal/mol），因而此时有机氮裂解直接以 N_2 的形式释放出来并进入煤层气中。

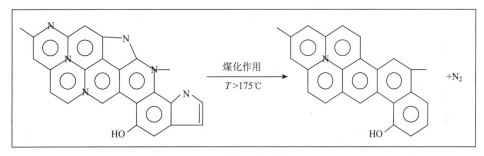

图 4.19　有机氮热裂解作用示意图

热氨化作用过程中，除了 N，还有一部分 H 也以小分子的形式释放出来，而热裂解作用过程中，仅有 N 被释放出来。这表明，NH_3 是在相对比较富 H 的煤化作用中期释放出来，而 N_2 是在相对比较贫 H 的煤化作用晚期释放出来。相对于位于煤分子结构边缘的 N-5 和 N-6，位于内部的 N-Q 稳定性较高且贫 H，因为 N-5 和 N-6 趋向于在煤化作用中期以 NH_3 形式释放，而 N-Q 趋向于在煤化作用晚期以 N_2 形式释放。

第5章　含铵黏土矿物研究

5.1　研　究　方　法

5.1.1　X射线衍射分析（XRD）

1. Bragg 方程

矿物主要是由晶体组成，其内部质点在三维空间呈周期性重复排列。当入射 X 射线撞击到这些晶体时，就会发生散射、相互干涉或相互抵消。在一些特定的方向上，散射 X 射线相位相同（即彼此的光程差等于波长的数倍），彼此相互叠加。这种叠加干涉现象即称为衍射，衍射的方向取决于晶体单位晶胞的形状和大小，衍射的强度则与晶体构造的特征（即实际质点的点阵）有关。

X 射线衍射可以看作晶体内部相互平行、彼此相邻的原子面对入射光的反射，Bragg 方程描述的就是产生这种反射所必须满足的基本条件。

$$n\lambda = 2d\sin\theta \tag{5.1}$$

式中，n 为反射的级数，等于 1，2，3，…等整数；λ 为 X 射线的波长；d 为晶体网面间距；θ 为 X 射线入射角。

图 5.1 表示的是一束波长为 λ，入射角为 θ 的平行 X 射线入射到由面网间距为 d 的平行原子网面组成的层状构造硅酸盐晶体的表面时所产生的衍射现象。入射光彼此相位相同，具有共同的波前 OO'。入射光线 OQ 和 $O'A$ 被晶体表面反射，分别沿 QP 和 AP' 方向前进，反射角为 θ，由于光程相同，所以到达 PP' 时，反射光 QP 和 AP' 仍彼此相位相同，具有共同的波前 PP'。当入射光线 OC 进入晶格另一层网面时，光线 OCP''（入射光线 OC 和反射光线 CP''）就要比被表层网面所反射的光线 $O'AP'$（入射

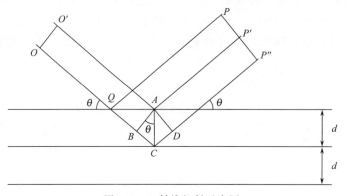

图 5.1　X 射线衍射示意图

光线 $O'A$ 和反射光线 AP'）多走 BCD 一段行程（光程）（$BCD=2BC$）。由于在 $\triangle ABC$ 中，$BC=d\sin\theta$，所以光线 OCP'' 与 $O'AP'$ 的行程差（光程差）等于 $2d\sin\theta$，满足 Bragg 反射条件。由此可知，只有在 d、λ、θ 同时满足 Bragg 方程时，网面才能对 X 射线产生反射，即衍射。

2. 粉末衍射原理

Bragg 方程式可以改写成：

$$d = \frac{\lambda}{2\sin\theta} \tag{5.2}$$

从上式可以看出，为了获得衍射进而求得 d 值，可以有两种方法：一种方法是固定 X 射线的波长 λ，变动入射角 θ，用实验的方法求出产生衍射线的 θ；另一种方法是固定入射角 θ，变动入射光线的波长 λ。

粉末衍射采用的是前一种方法，即用一束平行的特征 X 射线（波长 λ 一定），或经过单色化的 X 射线，照射粉末样品中杂乱无章的无数晶粒，让足够数量的各组面网能同时各以所需的 θ 角度（0°～90°）产生衍射。如果晶粒纯属随机取向，某一给定面网所产生的衍射线就可能连成一个以入射线为轴心的圆锥面（图 5.2），顶点位于样品上，其半顶角为 2θ，通常叫做衍射角，即 Bragg 角。不同面网则形成衍射角不同的同轴圆锥面，但 $\sin\theta$ 的最大值为 1，因此，凡 d 值小于 $\lambda/2$ 的面网都不能参加反射。

由此可见，只要同种晶体，采用相同的单色辐射，总能得到完全相同的衍射图谱，即使采用了不同的单色辐射，虽然衍射图谱看起来不完全一致，但其 d 值和相对强度本质上仍能相符。由于不同矿物的晶面间距（d）不同，所以，利用 Bragg 方程式（5.2），固定 X 射线波长 λ，根据产生衍射线的 θ 值，就可以计算出 d 值，据此 d 值便可以进行矿物相的分析和鉴定。

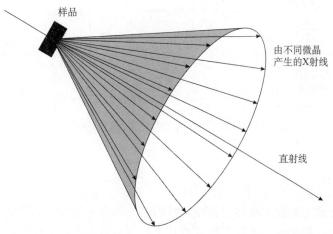

图 5.2　粉末样品上所有晶粒的给定网面产生的衍射圆锥

3. X射线衍射仪构成

X射线衍射仪主要由三部分构成。

（1）X射线发生器：包括高压发生器、电流-电压控制器和X射线管；

（2）测角仪：测量衍射角的仪器；

（3）X射线检测和记录仪：包括衍射信号的接收、转换、处理、记录、打印和计算机处理部分。

图5.3为X射线衍射仪的构成简图，具体工作原理详见仪器说明书，在此不再赘述。

4. 样品的制备

1）非定向样品

非定向粉末压片一般简称为压片。根据压片样品的（hkl）衍射峰值和形态，既可以准确的测量矿物的衍射强度，又可鉴别矿物种属并据此研究被测矿物的结晶度和多型等。本书中压片主要用于全岩矿物的定性分析和定量分析，其制备应该满足以下两点：第一，样品颗粒尽量随机取样；第二，样品表面平整、不松、不裂、不掉粒。

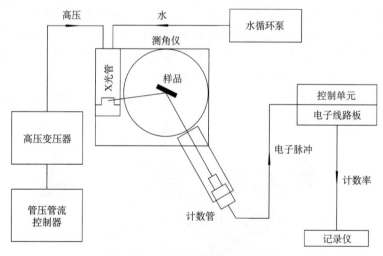

图5.3 X射线衍射仪的衍射系统

2）定向样品

定向样品是黏土矿物定性和定量分析常用的一种样品类型。如果把一定数量的黏土颗粒悬浮液均匀的铺在水平放置的载玻璃片上，在液体表面张力的作用下，片状黏土矿物就会呈底面平行玻璃面排列，形成定向性极好的定向黏土薄膜。利用黏土矿物沉淀时自然取向的这种性质，就可以制作能够满足粉末衍射分析所需要的定向片状样品——定向片。

定向片种类较多，本书着重介绍自然定向片（N）、乙二醇饱和片（EG）和加热片（T）。

（1）自然定向片（N）：将 1~2g 干样放入 40mL 烧杯中，加入 30mL 蒸馏水，搅拌，用超声波破碎仪震荡 3~5s，使颗粒充分分散，抽提粒度 <2μm 的颗粒，离心后，去掉上清液，将颗粒涂在载玻片上，自然风干，N 片制备完毕。

（2）乙二醇饱和片：把已制备好的自然定向片放于干燥器上部，底部放入少量二乙醇，盖严后，再把干燥器放入已升温到 60~65℃ 的恒温箱中恒温 16~24h，EG 片制备完毕。

（3）加热片（T）：把 N 片或 EG 片放入马弗炉，450~500℃ 恒温处理 2.5~3h，冷却，加热片制备完毕。

5. 谱图分析

1）定性分析

将衍射数据与标准数据进行对比，如果两者吻合，就表明样品中的矿物与该标准矿物为同一矿物，从而可以做出鉴定。

2）定量分析

在定性分析的基础上，利用各矿物相之间的强度关系等计算出各自的相对含量（百分比）。

5.1.2　傅里叶红外光谱分析（IR）

傅里叶红外光谱分析基本原理与第 3 章所述基本一致，在此不再赘述，本章着重阐述矿物红外光谱样品的制备。

同时称取 1~2mg 样品和 100mg 的 KBr 粉末（已磨细并在 150℃ 下烘干 3h），将二者一并倒入玛瑙研钵内进行研磨，使二者完全混合均匀。借助小漏斗，将全部或部分样品倒入压膜中，加压到 10t，稳定 5~8min，卸掉荷载，取出样品并迅速放入红外光谱仪样品室中进行红外谱图的测定。

5.1.3　热重-差示扫描量热-气相红外光谱同步分析（TG-DSC-IR）

本章着重介绍差示扫描量热分析的基本原理，热重和气相红外光谱分析基本原理与第 3 章所述基本一致，这里不再复述。

1. 差示扫描量热分析基本原理

差示扫描量热分析（DSC）是在程序控制温度的情况下，测量输给样品和参比物的功率差与温度关系的一种技术。根据测量方法的不同，这种技术可分为功率补偿型和热流型差示扫描量热法。本书采用的是前者。

功率补偿型差示扫描量热法的主要特点是样品和参比物分别具有独立的加热器和传

感器，整个仪器由两个控制系统进行监控，其中一个控制温度，使样品和参比物在预定的速率下升温或降温；另一个用于补偿样品和参比物之间所产生的温差。通过功率补偿使样品和参比物的温度保持相同，这样就可以根据补偿的功率直接求算热流率，即

$$\Delta w = dQ_S/dt - dQ_R/dt = dH/dt \tag{5.3}$$

式中，Δw 为所补偿的功率；Q_S 为样品的热量；Q_R 为参比物的热量；dH/dt 为单位时间内熔变化，即热流率。

仪器的样品和参比物加热电阻相等，$R_S = R_R$，当样品没有任何热效应时：

$$I_S^2 R_S = I_R^2 R_R \tag{5.4}$$

如果样品产生热效应，立即进行功率补偿。所补偿的功率为

$$\Delta w = I_S^2 R_S - I_R^2 R_R = I_\tau \Delta V \tag{5.5}$$

式中，$I_\tau = I_S + I_R$ 为总电流；$\Delta V = dH/dt$ 为电压差。

2. 仪器构成

差示扫描量热分析仪是测量样品的某种物理性参数与热流率关系的方法，目前所使用的热分析仪均是把需要测量的量转换成电信号来测量，虽然现代热分析仪种类较多，但他们的构成大致相同，主要由下列几部分组成：①程序控制温度单元；②测量系统；③显示系统（包括数据记录和处理）；④提供各种实验环境的系统（实验气氛）。具体工作原理详见仪器说明书，在此不再赘述。

3. 样品制备

差示扫描量热分析样品制备较为简单，将样品研磨至无颗粒感，取 $5\sim10$mg 样品用小勺倒入氧化铝坩埚中并压实。

4. 曲线分析

根据被测样品的差示扫描量热曲线变化趋势，分析和判断样品的化学组成、晶体结构等变化情况，如脱水、分解、物相转变等。

采用瑞士 Mettler Toledo 公司生产的 TGA/DSC 1/1600 HT 至尊型热分析仪，对样品在受热过程中的质量变化和热效应进行精确测试，并将样品受热过程中产生的气体通过热红连用附件导入到傅里叶红外光谱仪的气体池中，对样品在不同受热阶段产生的气体种类及相对含量进行实时监测。测试条件：温度为 $50\sim1000$℃，升温速度为 10℃/min，气体池温度为 200℃。

5.1.4　扫描电镜＋能谱分析（SEM＋EDX）

1. 扫描电镜分析（SEM）

扫描电子显微镜主要是用于观察被测样品的微观形貌，能够观察到被测物质的真实、自然的形态特征，这是由扫描电镜的特点所决定的。与其他类型显微镜相比，扫描

电镜具有如下特点：①图像景深大，立体感强；②放大倍数范围大且连续可调；③样品制备简单、耗样少、污染轻；④样品室大。

基于以上特点，采用扫描电镜对矿物尤其是黏土矿物（铵伊利石、高岭石等）的晶体形态、赋存状态等进行观察是十分有效的。

2. 能谱分析（EDX）

采用 SEM 与 EDX 分析配合使用的方法，可以在观察样品微观形貌的同时，进行化学组成的测定与分析。EDX 具有如下特点：①分析元素范围宽泛，质子数大于 6 的元素均可测定；②检测效率高；③谱图直观，便于进行定性和定量分析；④对于较粗糙的样品的测试较为理想；⑤检测灵敏度较电子探针低。

本书采用扫描电镜，对含煤地层中铵伊利石的微观形貌进行观察，并利用能谱方法分析距离有机质不同位置铵伊利石中的 $NH_4^+/(NH_4^+ + K^+)$。

5.1.5　拉曼光谱分析

1. 激光拉曼光谱原理

1）激光拉曼光谱的产生

显微激光拉曼光谱是一种测定物质分子成分的微观分析技术，是基于激光光子与物质分子发生非弹性碰撞后，改变了原有入射频率的一种分子联合散射光谱。当一束波数为 ν_0 的单色光照射到被研究的物质（固体、气体、液体）分子上时，一部分被透射，另一部分被反射，还有一部分向四周散射。当入射的光量子与分子相碰撞时，可以是弹性碰撞，也可以是非弹性碰撞。散射在弹性碰撞过程中，光量子和分子均没有能量交换，于是它的频率保持恒定，这叫瑞利散射（图 5.4）；在非弹性碰撞过程中，光量子与分子有能量交换，光量子转移一部分能量给散射分子，或者从散射分子中吸收一部分能量，从而使它的频率发生改变，它取自或给予散射分子的能量只能是分子两定态之间的差值。所以在散射光中，除了与入射光波数 ν_0 相同的光谱外，还包含有一系列波数为 $\nu_0 \pm \Delta\nu$ 的光谱成分，其中 $\Delta\nu$ 为拉曼位移（图 5.5）。

拉曼位移 $\Delta\nu$ 不受入射光 ν_0 的影响，直接决定于参与散射的物质分子内部的能级，即拉曼位移仅仅由物质分子结构之振动能级决定，与辐射光源无关，这就是拉曼效应的

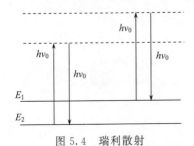

图 5.4　瑞利散射　　　　　　　　　　　　图 5.5　拉曼位移

基本内涵。不同物质由于分子基团结构不同,因而其拉曼谱特征也不同。据此可以获得许多有用信息,从而达到鉴定和研究物质分子基团结构的目的。

2) 矿物的激光拉曼光谱测试原理

矿物中的分子对称伸缩振动模式和频率决定了矿物拉曼光谱的特点,分子振动模式与分子基团的集合构型及其对称性有关,分子的振动频率则与化学键的强度密切相关。大多数矿物化学式可写成 $A_hB_i\cdots X_n$,其中 A、B 为阳离子,X 为阴离子。根据化学键强度,矿物可以分成两大类:第一类,B—X 键比 A—X 键强得多,也就是晶体结构中可以分出的络阴离子基团 $[BX_n]$,如硅酸盐、碳酸盐及硫酸盐等大多数矿物中的 CO_3^{2-},SO_4^{2-}、SiO_4^{4-} 等。这些基团 $[BX_n]$ 内部主要为共价键,有较强的拉曼伸缩振动谱(称为内振动谱),其外部阳离子 $[A—X]$ 主要为离子键(称外振动)。虽然 $[BX_n]$ 基团处在周围由阳离子所构成的晶体场中,振动频率会受周围环境影响,但是他的频率主要取决于内部坚固的共价键。对于拉曼振动谱而言,周围晶体场的影响是次要的,$[BX_n]$ 振动频率较稳定,成为矿物的拉曼特征,因而利用矿物的特征基团频率(拉曼特征)可以对不同矿物成分进行鉴别;第二类,A—X 键与 B—X 键强度相差不大,如氧化物、硫化物及卤化物,他们的晶体结构中分不出络阴离子,键性一般偏向离子键。通过前人对硫化物及卤化物的测试表明,A—X 键为主的矿物的拉曼光谱强度相对要弱一些。

3) 层状硅酸盐矿物谱学特点

一般地,层状硅酸盐的拉曼振动可大致分为下述单元:羟基基团、硅酸盐阴离子、八面体阳离子和层间阳离子。其中,因所在局部环境(结构)的差异会导致官能团振动波段加宽,如羟基的伸缩振动。某些官能团只具有红外活性或拉曼活性,而另外一些则两者兼有。这种关系模式经常体现在光谱信号的相对强度上,如 Si—O—Si 键的对称弯曲振动和非对称伸展振动。另外,层状硅酸盐中硅氧四面体的结构单元拥有四个基本振动波段(表 5.1)。

表 5.1　拉曼振动匹配关系

拉曼散射极值/cm^{-1}	振动匹配
1000～1100	Si—O—Si 键非对称性振动
450～550	Si—O—Si 键对称性振动
650～750	Al—O 键振动
750～830	SiO_4 结构单元的 ν_1 振动
300～400	SiO_4 结构单元的 ν_2 振动
800～1000	SiO_4 结构单元的 ν_3 振动
450～600	SiO_4 结构单元的 ν_4 振动

2. 拉曼光谱仪的构成

拉曼光谱仪的基本组成有激光光源、样品池、单色器和检测记录系统四部分，现代新型仪器具有计算机控制和数据处理功能，图 5.6 是激光拉曼光谱仪的结构示意图。由激光光源发出的光经反射镜和透镜照射在样品上，产生的散射光再经分光器后射至检测器上。激光光源多用连续式气体激光器，如 He-Ne 激光器、Ar 离子激光器和 Kr 离子激光器等，采用的单线输出功率一般为 $10 \sim 1000mW$。样品池常用微量毛细管池及常量的液体池、气体池和压片样品池。常用的单色器为两个光栅构成的双单色器，它具有成像质量好，分辨率高，杂散光小等特点。对于可见光区内的拉曼散射光，可用光电倍增管作为检测器，通常以光子计数进行检测，现代光子计数器的动态范围可达几个数量级。

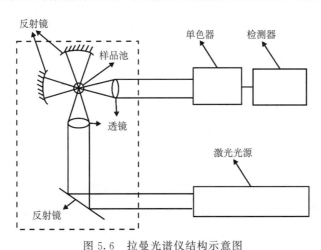

图 5.6　拉曼光谱仪结构示意图

3. 样品制备

样品使用机械磨样机进行自动研磨后，过 200m 筛。由于样品中含有非常多的有机质，必须进行除有机质处理。分别称取 5g 样品置于烧杯中，先用 20mL 的蒸馏水进行稀释，然后滴入 10mL 浓度为 18% 的过氧化氢，静止放置 12h 后，加入蒸馏水稀释至 800mL 搅拌，放置 24h 后，颗粒完全沉淀，倒出上层悬浮液（悬浮液中为反应后留下有机质残留物），反复进行稀释（约三次），40℃12h 烘干。处理后的样品直接进行拉曼谱测试。

5.2　铵伊利石矿物学研究

1982 年在日本的爱媛县砥部町的小涌谷瓷石沉积物中首次发现铵伊利石，并定名为 Tobelite（Higashi，1982）。Juster 等（1987）、Williams 等（1995）和 Wilson 等（1992）对沉积岩中铵伊利石的形成以及同位素组成等分别进行了论述。高振敏和罗泰义（1994，1995）、高振敏等（1997）、罗泰义和高振敏（1994，1995，1996）对岩石中的固定铵的测试及地球化学进行过研究，为国内最早。刘钦甫等（1996）和梁绍暹等（1996，2005）对含煤地层中铵伊利石进行了矿物学成因方面的研究。铵伊利石属于 2∶1 层型层状硅酸盐矿物，其层间阳离子为 NH_4^+（图 5.7），其理论化学式为（NH_4，K，Na）$_{<1}$（Al，Mg，Fe）$_2$（$Al_x Si_{4-x}$）O_{10}（OH）$_2$。通常所称的伊利石，其层间阳离子为 K^+，实际上可称为钾伊利石。本书中在没有特殊说明的情况下，伊利石即为层间阳离子为 K^+ 的伊利石。由于 NH_4^+ 半径稍大于 K^+，铵伊利石的基面间距 [$d_{(001)}=$ 1.033nm] 稍大于伊利石 [$d_{(001)}=1.006$nm]，导致二者在结构上存在一定差异。事实上，几乎没有纯铵伊利石的存在，自然界中大多数为伊利石-铵伊利石的固溶体，且随着 NH_4^+ 对 K^+ 替代逐渐增多，$d_{(001)}$ 逐渐增大，最大不超过 1.033nm。根据类质同象替代法则的晶体化学条件：

$\dfrac{r_1-r_2}{r_2}<10\%\sim15\%$，完全类质同象替代，可形成连续固溶体；

$\dfrac{r_1-r_2}{r_2}=（10\%\sim20\%）\sim40\%$，高温状态下完全类质同象替代，形成连续固溶体，温度下降，形成不连续固溶体；

$\dfrac{r_1-r_2}{r_2}>25\%\sim40\%$，高温状态下不完全类质同象替代，形成不连续固溶体，温度下降，固溶体分解。

NH_4^+ 半径 r_{NH_4} 为 0.148nm，K^+ 半径 r_K 为 0.133nm，$\dfrac{r_{NH_4}-r_K}{r_K}=11.3\%$，二者可形成连续固溶体。由于 r_K 比 r_{NH_4} 稍小，导致 K^+ 可优先进入矿物晶格，即 K^+ 被含 NH_4^+ 矿物所捕获。

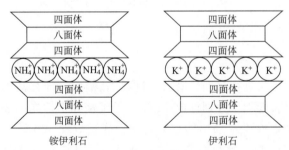

图 5.7　铵伊利石和伊利石晶体结构示意图

5.2.1　X 射线衍射分析

1. 全岩矿物组成

全岩矿物组成分析表明（表 5.2，图 5.8～图 5.12）：华北地区石炭-二叠纪山西组和太原组煤层黏土岩夹矸以及煤中矿物（少量样品除外）主要由黏土矿物和石英组成，其中黏土矿物含量为 40.6%～100%，石英含量低于 43.3%，其他少量矿物包括钾长石、斜长石、方解石、白云石、菱铁矿、黄铁矿、锐钛矿、金红石、勃姆石等，大部分含量低于 10%。其中，沁水煤田阳泉矿区国阳 2♯矿太原组 15♯煤上部夹矸主要由方解石和白云石组成（93.2%），黏土矿物含量较低；沁水煤田晋城地区太原组成庄矿 15♯煤夹矸，以及太行山东麓煤田邯邢矿区太原组显德汪矿 9♯煤底部夹矸和薛村 4♯煤夹矸中含有大量的黄铁矿结核（24.3%～96%），表明煤层形成过程中受海水影响较大。

2. 黏土矿物组成

黏土矿物组成分析表明（表 5.3，图 5.13、图 5.14）：华北地区山西组—太原组煤层黏土岩夹矸以及煤中黏土矿物包括铵伊利石、高岭石、绿泥石、伊利石、伊/蒙间层矿物、绿/蒙间层矿物、钠云母、珍珠云母以及叶蜡石。以高岭石、铵伊利石和伊/蒙间层矿物为主。大部分情况下，伊蒙间层矿物与铵伊利石不共生，二者含量变化较大，分别为 8%～96%和 7%～100%，铵伊利石与高岭石含量呈此消彼长的关系。其他少量黏土矿物大部分都低于 10%。

3. 铵伊利石 X 射线衍射特征

华北地区山西组—太原组煤层黏土岩夹矸以及煤中铵伊利石的 XRD 图谱表明（表 5.4，图 5.8～图 5.14）：①铵伊利石四级基面衍射峰 $d_{(001)}$、$d_{(002)}$、$d_{(003)}$、$d_{(004)}$ 均清晰可见，部分非基面衍射峰在铵伊利石含量较高、结晶程度较好的样品中也可见。部分样品因铵伊利石含量不高，衍射峰不完全，强度较弱。②华北地区铵伊利石的 $d_{(001)}$ 为 1.0173～1.0352nm，低于纯铵伊利石的 $d_{(001)}$ = 1.0358nm，而高于普通伊利石的 $d_{(001)}$ = 1.006nm，这也是鉴定铵伊利石的主要矿物学特征。其他基面衍射峰 $d_{(002)}$～$d_{(005)}$ 及其强度 $I\%$ 也在纯铵伊利石和伊利石之间变化。③铵伊利石衍射峰强度分布特点与伊利石不同。后者 $I_{(002)}$ 在 24.4%左右，约为 $I_{(003)}$ 的 1/3，而前者的（002）与（003）衍射峰强度大致相当，$I_{(002)}$：$I_{(003)}$ ≈1。华北地区铵伊利石（002）与（003）衍射峰强度相差不大，除少数样品外，二者均在 30%～50%波动，这也是区分普通伊利石和铵伊利石另一个重要衍射特征。④华北地区含煤地层中铵伊利石基面衍射峰值均高于普通伊利石，随着 $d_{(001)}$ 逐渐增大，衍射特征有逐渐向纯铵伊利石靠近而远离普通伊利石的趋势，这表明随着样品中 NH_4^+ 对 K^+ 替代增多，其衍射特征逐渐向纯铵伊利石靠近。

目前，铵伊利石主要有三种多型，包括 1M、2M 和 3T，其中，1M 型和 2M 型的铵伊利石多与变质程度较高的含煤地层有关。不同类型铵伊利石 X 射线衍射特征也存在一定差异，1M 型 $I_{(004)}$ 较低，一般低于 10%，而 2M 型 $I_{(004)}$ 相对较高，一般为 20%～25%。沁水煤田和太行山东麓煤田煤层夹矸中铵伊利石的 $I_{(004)}$ 均低于 10%（除 CP-3-g1），说明属于 1M 多型，而京西煤田夹矸中铵伊利石 $I_{(004)}$ 偏高，为 20.1%～23.4%（除 DT-3-g6），说明属于 2M 多型。华北地区各煤田具有不同种多型的铵伊利石，与各煤田含煤地层不同的成岩过程及构造条件有关。1M 铵伊利石（001）峰半高宽 [$FWHM_{(001)}$ = 0.209～0.608] 明显高于 2M 铵伊利石 [$FWHM_{(001)}$ = 0.243～0.303]，这表明后者的结晶程度明显高于前者，这与后者经受了较为强烈的成岩作用和煤化作用有关。

表 5.2　华北地区石炭-二叠纪煤层夹矸以及煤中矿物的全岩矿物组成

煤田	含煤地层	采样地区	采样地点	样品编号	矿物种类及含量/%						
					黏土矿物	石英	长石	碳酸盐矿物	黄铁矿	锐钛矿+金红石	铝氢氧化物
沁水煤田	山西组	阳泉地区	固阳 2 矿 3# 煤夹矸	YQ2-3-g	85.3	10.3	0.7	1.7		2	
			新景矿 3# 煤上部夹矸	XJ-3-g1	89.1	10.9					
			新景矿 3# 煤下部夹矸	XJ-3-g2	90.1	7.6		0.5		1.8	
		长治地区	南寨矿 3# 煤夹矸	NZ-3-g	98.0					2	
			上庄矿 3# 煤顶部夹矸	SZ-3-g1	73.1	26.9					
			上庄矿 3# 煤底部夹矸	SZ-3-g2	61.4	33.6			2.7	2.2	
			赵庄矿 3# 煤夹矸	ZZ-3-g	60.7	35.5	3.8				
			高河矿 3# 煤底部夹矸	GH-3-g4	59.4	35	1.6		2.2	1.8	
			屯留矿 3# 煤夹矸	YW-3-g	100						
			漳村矿 3# 煤顶部夹矸	ZC-3-g1	100						
			漳村矿 3# 煤中部夹矸	ZC-3-g2	98.4	1.6					
			漳村矿 3# 煤底部夹矸	ZC-3-g3	93.1			6.9			
		晋城地区	寺河矿 3# 煤中部夹矸	SH-3-g1	97.5					2.5	
			寺河矿 3# 煤中下部夹矸	SH-3-g2	100						
			寺河矿 3# 煤 (LTA)	SH-3-c (LTA)	85.9	11.4	2.7				
			成庄矿 3# 煤上部夹矸	CZ-3-g1	98					2	
			成庄矿 3# 煤下部夹矸	CZ-3-g2	84.1	13.9				2	
			长平矿 3# 煤上部夹矸	CP-3-g1	91.7		0.8			1.3	6.2
			长平矿 3# 煤中部夹矸	CP-3-g2	96.4		1.9			1.7	
			长平矿 3# 煤中部夹矸	CP-3-g3	94.2		4.6			1.2	
			长平矿 3# 煤下部夹矸	CP-3-g4	93.5		1.9		0.1	4.5	
			董家庄钻孔 3# 煤上部夹矸	DJZ-3-g1	96.1	1.4				2.5	
			董家庄钻孔 3# 煤下部夹矸	DJZ-3-g2	97.9	0.7				1.4	

续表

煤田	样品				矿物种类及含量/%						
	采样地区	含煤地层	采样地点	样品编号	黏土矿物	石英	长石	碳酸盐矿物	黄铁矿	锐钛矿+金红石	铝氢氧化物
沁水煤田	阳泉地区	太原组	国阳 1 矿 15# 煤上部夹矸	YQ1-15-g1	95.4	2.6				2.1	
			国阳 1 矿 15# 煤中部夹矸	YQ1-15-g2	98.2					0.8	1
			国阳 1 矿 15# 煤下部夹矸	YQ1-15-g3	97.9					0.6	1.5
			国阳 2 矿 8# 煤中部夹矸	YQ2-8-g1	99.3					0.7	
			国阳 2 矿 8# 煤底部夹矸	YQ2-8-g2	97.9					2.1	
			国阳 2 矿 8# 煤 (LTA)	YQ2-8-c (LTA)	100						
			国阳 2 矿 12# 煤	YQ2-12-g1	72.9	24.3				2.8	
			国阳 2 矿 12# 煤 (LTA)	YQ2-12-c (LTA)	72.9	11.9		13.6	1.6		
			国阳 2 矿 15# 煤顶部夹矸	YQ2-15-g1	68.7	29.7				1.6	
			国阳 2 矿 15# 煤中上部夹矸	YQ2-15-g2	4.6			93.2	2.2		
			国阳 2 矿 15# 煤底部夹矸	YQ2-15-g3	99.7		0.3				
			国阳 2 矿 15# 煤 (LTA)	YQ2-15-c (LTA)	54.7			26.3	16	0.6	2.4
			国阳 3 矿 15# 煤上部夹矸	YQ3-15-g1	87.6	8.9				3.5	
			国阳 3 矿 15# 煤下部夹矸	YQ3-15-g3	98.1		0.4				
			国阳 3 矿 15# 煤上部夹矸	YQ5-15-g1	99				1		
			国阳 3 矿 15# 煤下部夹矸	YQ5-15-g3	89.3				6	4.7	
			新景矿 8# 煤夹矸	XJ-8-g1	98.1					1.9	1.5
			新景矿 15# 煤夹矸	XJ-15-Lv	95.4				1.4	3.2	
	晋城地区		凤凰山矿 15# 煤中部夹矸	FHS-15-g	67.1	30.9	2				
			凤凰山矿 15# 煤 (LTA)	FHS-15-c (LTA)	83.7		0.4	14.3			
			古书院矿 15# 煤顶部夹矸	GSY-15-g2	88.7	2.2	1.9		7.2		
			古书院矿 15# 煤中部夹矸	GSY-15-g1	60.8	32.4	1.2		1.2	4.4	1.6

续表

煤田	采样地区	含煤地层	采样地点	样品编号	黏土矿物	石英	长石	碳酸盐矿物	黄铁矿	锐钛矿+金红石	铝氢氧化物
沁水煤田	晋城地区	太原组	古书院矿15#煤底部夹矸	GSY-15-g3	89.3				10.7		
			古书院矿15#煤 (LTA)	GSY-15-c (LTA)	86.1			6.9	5.6		1.4
			王台铺矿15#煤顶部夹矸	WTP-15-g3	96.1		0.5		1.1	2.3	
			王台铺矿15#煤中部夹矸	WTP-15-g2	88.5		4.4			7.1	
			王台铺矿15#煤底部夹矸	WTP-15-g1	96.7		0.8			2.5	
			王台铺矿15#煤 (LTA)	WTP-15-c (LTA)	16.1				83.9		
			成庄矿15#煤上部夹矸	CZ-15-g1	5				95		
			成庄矿15#煤上部夹矸	CZ-15-g2	40.6				56.5	1.3	1.6
			成庄矿15#煤中部夹矸	CZ-15-g3	94					0.8	5.2
			成庄矿15#煤中部夹矸	CZ-15-g4	96.1					3.9	
			成庄矿15#煤中部夹矸	CZ-15-g5	92.9		0.2	0.9			
			成庄矿15#煤下部夹矸	CZ-15-g6	5				96		6
			成庄矿15#煤下部夹矸	CZ-15-g7	18.9				74	0.9	6.2
			董家庄钻孔15#煤夹矸	DJZ-15-g1	54.2	43.3				2.5	
太行山东麓煤田	邯邢矿区	山西组	小屯矿2#煤夹矸	XT-2-g	95.5						4.5
			云驾岭矿2#煤上部夹矸	YJL-2-D3	71.9	24				4.1	
			云驾岭矿2#煤下部夹矸	YJL-2-G4	92.4		6.2			1.4	
			薛村矿2#煤夹矸	XC-2-g1	96.2						3.8
			羊东矿2#煤夹矸	YD-2-g1	64.5	34.1				1.4	
			中泰矿业2#煤夹矸	ZT-2-g1	96.6					2.5	0.9
	安鹤矿区		龙山矿2#煤夹矸	LS-2-R	73.1	23.8	1.6			1.5	
			赵固二矿二$_1$煤夹矸	ZG-2-D4	96.2	1.1				2.7	

续表

| 样品 | | | | | 矿物种类及含量/% | | | | | | |
煤田	采样地区	含煤地层	采样地点	样品编号	黏土矿物	石英	长石	碳酸盐矿物	黄铁矿	锐钛矿+金红石	铝氢氧化物
太行山	邯邢矿区	太原组	薛村矿 4# 煤夹矸	XC-4-g1	71	2.9			24.3	1.8	
东麓			显德汪矿 9# 煤上部夹矸	XDW-9-g1	55.8	33.6		0.9	6.8	2.9	
煤田			显德汪矿 9# 煤上部夹矸	XDW-9-g2	62.5	29.0			5.3	3.2	
			显德汪矿 9# 煤中部夹矸	XDW-9-g3	71.9	20.7			5.3	2.1	
			显德汪矿 9# 煤中部夹矸	XDW-9-g4	72.5	20.8			3.3	3.4	
			显德汪矿 9# 煤下部夹矸	XDW-9-g5	90.6					0.9	4.5
			显德汪矿 9# 煤下部夹矸	XDW-9-g6	29.3	4			67.6	1.5	1.6
京西煤田	京西矿区	太原组	木城涧矿 3# 煤上部夹矸	DT-3-g1	14.3					3.3	82.4
			木城涧矿 3# 煤上部夹矸	DT-3-g2	92.5			0.7		2.8	4
			木城涧矿 3# 煤中部夹矸	DT-3-g3	98.2					1.8	
			木城涧矿 3# 煤中部夹矸	DT-3-g4	90.8					9.2	
			木城涧矿 3# 煤下部夹矸	DT-3-g6	80.2			4.2		11	4.6
			木城涧矿 3# 煤下部夹矸	DT-3-g7	94.6			0.4		1.9	3.1

注：LTA 为煤样低温灰化样品。

表 5.3 华北地区石炭—二叠纪煤层夹矸以及煤中矿物的黏土矿物组成及相对含量

| 煤田 | 含煤地层 | 采样地区 | 样品 | | 黏土矿物种类及相对含量/% | | | | | | | | |
			采样地点	样品编号	I/S	NH$_4$-I	K	C	I	C/S	Py	Pa	Ma
沁水煤田	山西组	阳泉地区	固阳2矿3#煤夹矸	YQ2-3-g	14		84		2				
			新景矿3#煤上部夹矸	XJ-3-g1	27		73						
		长治地区	南寨矿3#煤夹矸	NZ-3-g		65	35						
			上庄矿3#煤顶部夹矸	SZ-3-g1			100						
			上庄矿3#煤底部夹矸	SZ-3-g2	36		61		3				
			赵庄矿3#煤夹矸	ZZ-3-g	61		39						
			高河矿3#煤底部夹矸	GH-3-g4	16		38		46				
			屯留矿3#煤夹矸	YW-3-g		97	3						
			漳村矿3#煤顶部夹矸	ZC-3-g1		97	3						
			漳村矿3#煤中部夹矸	ZC-3-g2		73	27						
			漳村矿3#煤底部夹矸	ZC-3-g3	8		92						
		晋城地区	寺河矿3#煤中部夹矸	SH-3-g1		9	91						
			寺河矿3#煤中下部夹矸	SH-3-g2		38	62						
			寺河矿3#煤(LTA)	SH-3-c (LTA)	30		55			15			
			成庄矿3#煤上部夹矸	CZ-3-g1		16	83					1	
			长平矿3#煤上部夹矸	CP-3-g1		100							
			长平矿3#煤中部夹矸	CP-3-g2		94	6						
			长平矿3#煤中部夹矸	CP-3-g3		93	7						
			长平矿3#煤下部夹矸	CP-3-g4		92	8						
			董家庄钻孔3#煤上部夹矸	DJZ-3-g1		98		2					
			董家庄钻孔3#煤下部夹矸	DJZ-3-g2		70		30					

续表

煤田	含煤地层	采样地区	样品		黏土矿物种类及相对含量/%								
			采样地点	样品编号	I/S	NH₄-I	K	C	I	C/S	Py	Pa	Ma
	太原组	阳泉地区	国阳 1 矿 15# 煤上部夹矸	YQ1-15-g1		97	3						
			国阳 1 矿 15# 煤中部夹矸	YQ1-15-g2		100							
			国阳 1 矿 15# 煤下部夹矸	YQ1-15-g3		99		1					
			国阳 2 矿 8# 煤中部夹矸	YQ2-8-g1			94		6				
			国阳 2 矿 8# 煤底部夹矸	YQ2-8-g2			100						
			国阳 2 矿 8# 煤 (LTA)	YQ2-8-c (LTA)		25	75						
			国阳 2 矿 12# 煤夹矸	YQ2-12-g1	29		71						
			国阳 2 矿 12# 煤 (LTA)	YQ2-12-c (LTA)	44		56						
			国阳 2 矿 15# 煤顶部夹矸	YQ2-15-g1		12	88						
			国阳 2 矿 15# 煤中上部夹矸	YQ2-15-g2		90	10						
			国阳 2 矿 15# 煤底部夹矸	YQ2-15-g3		74	23			3			
			国阳 2 矿 15# 煤 (LTA)	YQ2-15-c (LTA)		56	44						
			国阳 3 矿 15# 煤上部夹矸	YQ3-15-g1	12		88						
			国阳 3 矿 15# 煤下部夹矸	YQ3-15-g3		80	20						
			国阳 3 矿 15# 煤下部夹矸	YQ5-15-g3	25		75						
			新景矿 8# 煤夹矸	XJ-8-g1		95	3	2					
			新景矿 15# 煤夹矸	XJ-15-Lv	28		67	3				2	

续表

| 煤田 | 含煤地层 | 采样地区 | 样品 | | 黏土矿物种类及相对含量/% | | | | | | | | |
			采样地点	样品编号	I/S	NH₄-I	K	C	I	C/S	Py	Pa	Ma
		晋城地区	凤凰山矿 15#煤中部夹矸	FHS-15-g		66	34						
			凤凰山矿 15#煤 (LTA)	FHS-15-c (LTA)		72	25	3					
			古书院矿 15#煤顶部夹矸	GSY-15-g2		21	79						
			古书院矿 15#煤中部夹矸	GSY-15-g1		46	54						
			古书院矿 15#煤底部夹矸	GSY-15-g3		8	88			4			
			古书院矿 15#煤 (LTA)	GSY-15-c (LTA)		23	70	7					
			王台铺矿 15#煤顶部夹矸	WTP-15-g3		7	93						
			王台铺矿 15#煤中部夹矸	WTP-15-g2		8	87	5					
			王台铺矿 15#煤底部夹矸	WTP-15-g1		25	65	4	6				
			王台铺矿 15#煤 (LTA)	WTP-15-c (LTA)		59	41						
			成庄矿 15#煤上部夹矸	CZ-15-g1		96	2	2					
			成庄矿 15#煤上部夹矸	CZ-15-g2		97	2	1					
			成庄矿 15#煤中部夹矸	CZ-15-g3		99		1					
			成庄矿 15#煤中部夹矸	CZ-15-g4		11	89						
			成庄矿 15#煤中部夹矸	CZ-15-g5		99		1					
			成庄矿 15#煤下部夹矸	CZ-15-g6		94	2	4					
			成庄矿 15#煤下部夹矸	CZ-15-g7		97		3					
			董家庄钻孔 15#煤夹矸	DJZ-15-g1	36	64							

续表

样品			黏土矿物种类及相对含量/%								
煤田	含煤地层	采样地区	采样地点	样品编号	I/S	NH₄-I	K	C	I	C/S	Py	Pa	Ma

煤田	含煤地层	采样地区	采样地点	样品编号	I/S	NH$_4$-I	K	C	I	C/S	Py	Pa	Ma
太行山东麓煤田	山西组	邯邢矿区	小屯矿 2# 煤夹矸	XT-2-g	48		52						
			云驾岭矿 2# 煤上部夹矸	YJL-2-D3		98	2						
			云驾岭矿 2# 煤下部夹矸	YJL-2-G4		92	2	6					
			薛村矿 2# 煤夹矸	XC-2-g1		76	24						
			羊东矿 2# 煤夹矸	YD-2-g1		70	30						
			中泰矿业 2# 煤夹矸	ZT-2-g1	13		75		12				
		安鹤矿区	龙山矿 2# 煤夹矸	LS-2-R		100							
			赵固二矿二₁ 煤夹矸	ZG-2-D4	66	34							
	太原组	邯邢矿区	薛村矿 4# 煤夹矸	XC-4-g1	96		4						
			显德汪矿 9# 煤上部夹矸	XDW-9-g1	18		82						
			显德汪矿 9# 煤上部夹矸	XDW-9-g2	15		85						
			显德汪矿 9# 煤中部夹矸	XDW-9-g3	12		88						
			显德汪矿 9# 煤中部夹矸	XDW-9-g4	48		52						
			显德汪矿 9# 煤下部夹矸	XDW-9-g6		41	55	4					
京西煤田	太原组	京西矿区	木城涧矿 3# 煤上部夹矸	DT-3-g2		100							
			木城涧矿 3# 煤下部夹矸	DT-3-g6		92	1						7
			木城涧矿 3# 煤下部夹矸	DT-3-g7		100							

注：LTA. 煤样低温灰化样品，I/S. 伊/蒙同层矿物；NH$_4$-I. 铵伊利石；C. 绿泥石；K. 高岭石；I. 伊利石；C/S. 绿/蒙同层；Py. 叶蜡石；Pa. 纳云母；Ma. 珍珠云母。

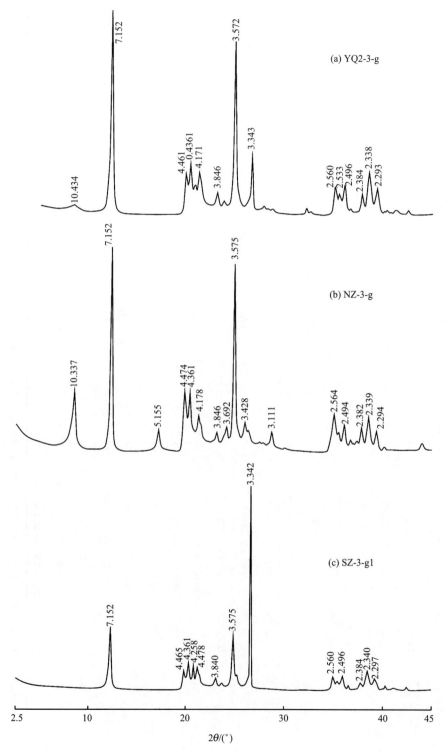

图 5.8　华北地区石炭–叠纪煤层夹矸全岩非定向 X 射线衍射谱图（峰值单位：10^{-1}mm）

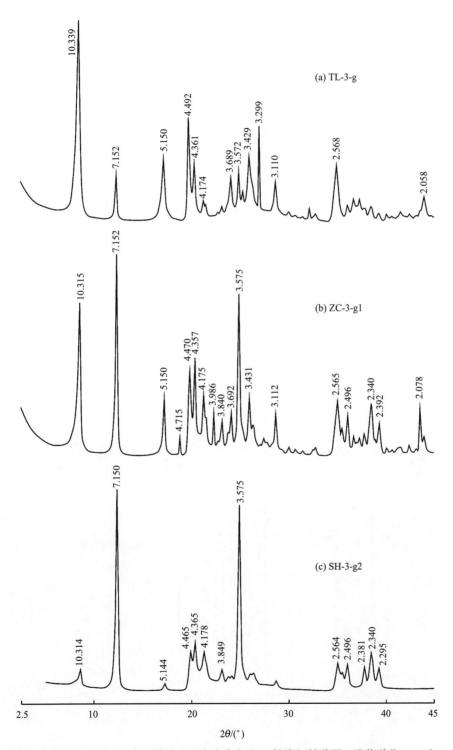

图 5.9　华北地区石炭–二叠纪煤层夹矸全岩非定向 X 射线衍射谱图（峰值单位：10^{-1} nm）

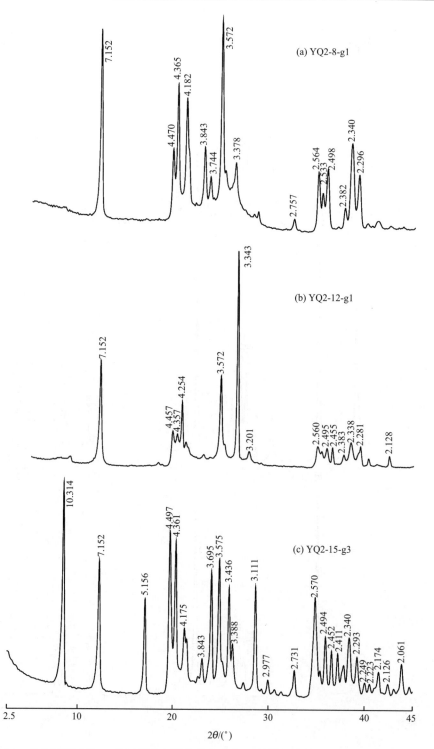

图 5.10　华北地区石炭-二叠纪煤层夹矸全岩非定向 X 射线衍射谱图（峰值单位：10^{-1}nm）

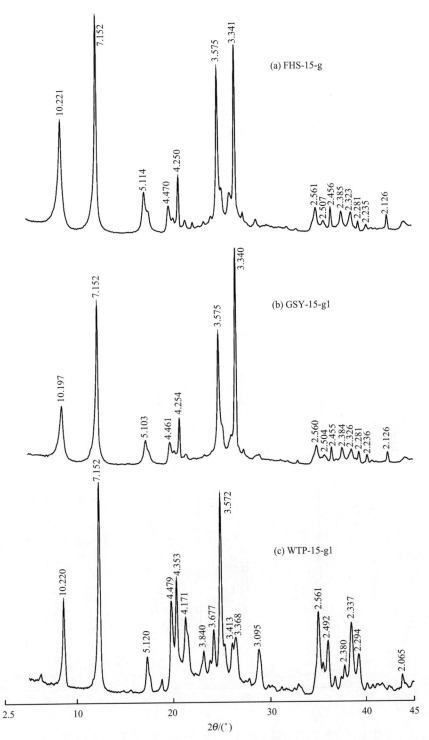

图 5.11　华北地区石炭-二叠纪煤层夹矸全岩非定向 X 射线衍射谱图（峰值单位：10^{-1}nm）

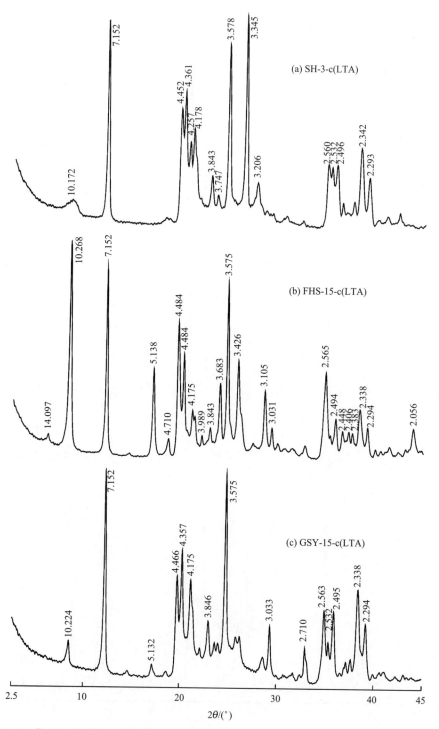

图 5.12　华北地区石炭-二叠纪煤中矿物全岩非定向 X 射线衍射谱图（峰值单位：10^{-1}nm）

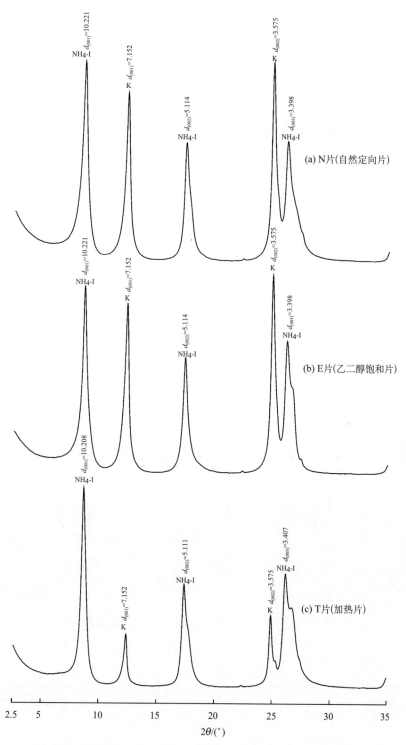

图 5.13　含铵伊利石夹钾定向 X 射线衍射图谱（FHS-15-g）（峰值单位：10^{-1} nm）

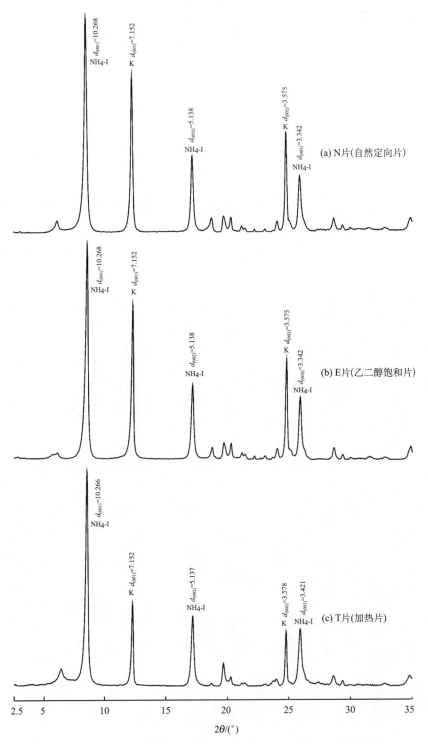

图 5.14　煤中铵伊利石定向 X 射线衍射图谱 ［FHS-15-g（LTA）］（峰值单位：10^{-1}nm）

表 5.4　华北地区含煤地层中铵伊利石衍射特征及对比

煤田	含煤地层	样品编号	铵伊利石基面衍射峰特征								
			$d_{(001)}$/nm	$I_{(001)}$/%	$d_{(002)}$/nm	$I_{(002)}$/%	$d_{(003)}$/nm	$I_{(003)}$/%	$d_{(004)}$/nm	$I_{(004)}$/%	$FWHM_{(001)}$
沁水	山西组	NZ-3-g	1.0337	100	0.5155	32.3	0.3428	36.3	0.2575	7.4	0.305
		SH-3-g2	1.0314	100	0.5144	36.3	0.3423	45.6	0.2571	6.0	0.209
		YW-3-g	1.0352	100	0.5159	33.9	0.3433	32.1	0.2585	3.1	0.377
		ZC-3-g1	1.0321	100	0.5152	37.3	0.3432	40.7	0.2569	3.6	0.268
		ZC-3-g2									
		CP-3-g1	1.0297	100	0.5145	34.7	0.3429	30.7	0.2570	9.1	0.342
		CP-3-g2	1.0327	100	0.5141	31.9	0.3428	32.7	0.2573	9.4	0.289
		CP-3-g3	1.0298	100	0.5145	32.6	0.3427	26.4	0.2573	10.9	0.312
		CP-3-g4	1.0322	100	0.5157	33.9	0.3435	36.5	0.2573	7.9	0.234
		DJZ-3-g1	1.0297	100	0.5133	37.7	0.3419	26.7	0.2567	6.9	0.422
		DJZ-3-g2	1.0298	100	0.5140	40.4	0.3427	30.0	0.2566	9.8	0.230
	太原组	YQ1-15-g1	1.0273	100	0.5133	37.2	0.3419	31.0	0.2567	7.2	0.453
		YQ1-15-g2	1.0332	100	0.5160	36.5	0.3436	25.8	0.2568	9.1	0.272
		YQ1-15-g3	1.0322	100	0.5157	34.2	0.3437	31.0	0.2570	6.5	0.245
		YQ2-8-c (LTA)	1.0313	100	0.5143	—	0.3416	—			
		YQ2-15-g3	1.0314	100	0.5156	44.9	0.3436	50	0.2581	4.7	0.261
		YQ2-15-c (LTA)	1.0314	100	0.5143	21.9	0.3444	42.9			
		YQ3-15-g3	1.0320	100	0.5157	33.8	0.3437	34.1	0.2570	8.2	0.225
		XJ-8-g1	1.0298	100	0.5145	37.4	0.3427	28.8	0.2569	6.1	0.390
		FHS-15-g	1.0221	100	0.5144	39.7	0.3411	49.1	0.2565	5.6	0.451
		FHS-15-c (LTA)	1.0268	100	0.5138	33.0	0.3426	29.7			
		GSY-15-g1	1.0197	100	0.5133	31.4	0.3407	43.1	0.2566	3.1	0.486

续表

煤田	含煤地层	样品编号	铵伊利石基面衍射峰特征								
			$d_{(001)}$/nm	$I_{(001)}$/%	$d_{(002)}$/nm	$I_{(002)}$/%	$d_{(003)}$/nm	$I_{(003)}$/%	$d_{(004)}$/nm	$I_{(004)}$/%	FWHM$_{(001)}$
		GSY-15-c (LTA)	1.0224	100	0.5132	50.9	0.3431	53.9			
		WTP-15-g1	1.0220	100	0.5120	40.4	0.3413	45.4	0.2570	3.6	0.432
		WTP-15-c (LTA)	1.0245	100	—	—	0.3405	33.0			
		CZ-15-g2	1.0297	100	0.5140	38.1	0.3422	36.9	0.2562	6.9	0.271
		CZ-15-g3	1.0320	100	0.5151	38.1	0.3690	39.7	0.2569	8.8	0.231
		CZ-15-g5	1.0322	100	0.5157	36.5	0.3435	40.3	0.2570	8.8	0.224
太行山	山西组	YJL-2-D3	1.0202	100	0.5064	29.3	—	—	0.2563	0.6	0.694
		YJL-2-G4	1.0297	100	0.5133	38.4	0.3419	40.6	0.2566	3.8	0.390
		XC-2-g1	1.0346	100	0.5157	36.8	0.3429	35.2	0.2564	4.4	0.378
		YD-2-g1	1.0245	100	0.5139	21.4	—	—	0.2562	7.0	0.577
		LS-2-R	1.0297	100	0.5128	37.4	0.3414		0.2564	4.0	0.608
		ZG-2-D4	1.0202	100	0.5086	33.7	0.3381	39.3	0.2564	8.2	0.339
京西	太原组	DT-3-g1	1.0250	100	0.5122	42.1	0.3414	26.8	0.2582	23.4	0.243
		DT-3-g2	1.0250	100	0.5122	42.5	0.3411	34.4	0.2579	18.7	0.276
		DT-3-g4	1.0226	100	0.5121	51.8	0.3414	45.5	0.2576	18.1	0.303
		DT-3-g6	1.0227	100	0.5121	52.5	0.3414	62.2	0.2560	10.5	0.217
		DT-3-g7	1.0227	100	0.5116	40.1	0.3411	42.5	0.2577	20.1	0.243
Jade5.0		Tobelite1M	1.033	100	0.517	27	0.345	27	0.258	11	
PDF 卡片		Illite1M	1.006	100	0.500	24.4	0.331	72.8			
		Muscovite 2M	1.000	56.2	0.500	20.9	0.333	100	0.2500	9.9	
Juster 等 (1987)		Tobelite2M	1.0179	80	0.5019	15	0.334	<40	0.2566	20~25	

5.2.2　红外光谱分析

傅里叶红外光谱分析结果表明（表 5.5，图 5.15）：华北地区含铵伊利石煤层夹矸的红外吸收峰主要包括 NH_4^+ 变形振动峰、OH 伸缩振动峰、OH 弯曲振动峰和 Si—O 伸缩振动峰。① 三个 OH 伸缩振动峰波数范围分别为 $3619.59 \sim 3622.20 cm^{-1}$，$3650.33 \sim 3653.02 cm^{-1}$，$3693.06 \sim 3703.42 cm^{-1}$。其中 $3620 cm^{-1}$ 附近的吸收带由高岭石和铵伊利石内部的 OH（位于黏土矿物八面体层和四面体层之间的 OH）伸缩振动引起；$3700 cm^{-1}$ 附近的吸收带由黏土矿物内表层 OH（八面体层的面向层间域的 OH）伸缩振动引起。铵伊利石属于 2 : 1 层型黏土矿物，八面体层两侧均有四面体层与之结合，不含有内表层 OH，因此该吸收带主要由高岭石内表面 OH 伸缩振动引起而与铵伊利石

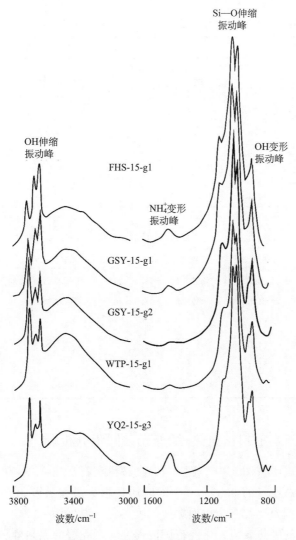

图 5.15　华北地区石炭-二叠纪煤层中含铵伊利石夹矸红外光谱图

无关。②两个 OH 弯曲振动峰波数范围分别为 935.32～937.25cm^{-1} 和 911.17～915.87cm^{-1}。其中，935cm^{-1} 附近的吸收带由高岭石和铵伊利石内部的 OH 弯曲振动引起；913cm^{-1} 附近的吸收带主要由高岭石内表面的 OH 弯曲振动引起，铵伊利石不含内表面 OH，对该吸收带没有贡献。③两个 Si—O 伸缩振动峰范围分别为 1033.12～1034.29cm^{-1} 和 1003.47～1011.41cm^{-1}。④铵伊利石中的 NH$_4^+$ 变形振动峰范围为 1428.37～1431.99cm^{-1}，是证明铵伊利石存在的重要标志。另外还有 3044～3088cm^{-1} 范围内的 NH$_4^+$ 伸缩振动吸收带，但吸光度较低。黏土矿物具有吸附性，其表面、四面体边缘及八面体边缘可吸附成岩流体中的阳离子，Petit 等（2006）在研究铵蒙皂石的红外光谱特征后指出，吸附于黏土矿物表面及片层边缘的 NH$_4^+$ 四面体变形振动吸收吸收带在 1400cm^{-1} 左右，位于黏土矿物层间域中的 NH$_4^+$ 因吸附作用而发生变形，其红外振动吸收带移动到 1430cm^{-1} 左右。

表 5.5　华北地区铵伊利石红外特征峰数据对比

时代	样品编号	研究区样品红外吸收峰种类及吸收带/cm^{-1}						
		NH$_4^+$ 变形振动峰	OH 伸缩振动峰			OH 弯曲振动峰		Si—O 伸缩振动峰
二叠纪	NZ-3-g	1429.05						
	GH-3-g2	1429.38						
	TL-3-g	1428.90						
	ZC-3-g1	1430.22						
	SH-3-g1	1430.23						
	SH-3-g2	1431.01						
石炭纪	YQ2-15-g1	1430.87						
	YQ2-15-g3	1431.56	3619.59	3650.65	3693.29	937.25	914.59 1033.12	1011.41
	FHS-15-g1	1431.99	3622.20	3653.02	3703.42	935.50	911.71 1033.51	1003.47
	GSY-15-g2	1428.37	3620.10	3651.55	3694.54	935.54	914.37 1034.29	1008.82
	GSY-15-g1	1430.79	3621.25	3651.93	3699.11	935.32	912.14 1033.28	1004.17
	GSY-15-g3	1429.99						
	WTP-15-g3	1430.45						
	WTP-15-g2	1431.00						
	WTP-15-g1	1430.66	3620.39	3650.33	3693.06	936.79	915.87 1034.07	1011.29

5.2.3　热重-差示扫描量热-红外光谱同步分析

热重曲线分析表明（图 5.16、图 5.17）：铵伊利石在 450～700℃有一个质量损失台阶，损失质量约占总质量的 9.5%，600℃时质量损失最快。差示扫描量热曲线分析表明：样品在低温范围内存在一个大而宽缓的吸热谷，温度为 132℃，为铵伊利石和高岭石排出吸附水引起的吸热效应；中温范围内存在一个秃缓的放热峰和一个深而尖锐的吸热谷，温度分别为 410℃和 559℃，前者为夹矸中有机质燃烧放热所致，后者为铵伊利石和高岭石脱羟基吸热所致；高温范围内存在一对较小的吸热谷和放热峰，为铵伊利石相变所致。

　　样品加热过程中产生气体的同步傅里叶红外分析谱图（图 5.18）表明：铵伊利石加热至 450℃时会产生少量的氨气，特征峰为 964.31cm^{-1} 和 929.18cm^{-1}，说明此时铵伊利石晶格开始破坏，层间域中的 NH$_4^+$ 不稳定并以 NH$_3$ 的形式释放出来；加热至 570℃时气体池中的氨气特征吸光度达到最大，说明此时铵伊利石晶格破坏速度以及释放氨气的速率达到最快，这也与铵伊利石的脱羟基吸热谷最低点 559℃基本对应；加热至 670℃时样品仍旧有少量氨气产生；加热至 700℃时样品几乎没有氨气产生，说明此时铵伊利石因受热而释放氨气的作用已经基本结束。

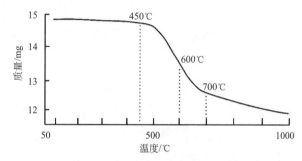

图 5.16　华北地区煤层中含铵伊利石夹矸 TG 曲线

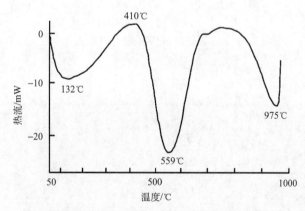

图 5.17　华北地区煤层中含铵伊利石夹矸 DSC 曲线（样品 YQZ-15-g3）

5.2.4　扫描电镜＋能谱分析

　　扫描电镜＋能谱分析结果表明（图 5.19，表 5.6），煤中铵伊利石晶体颗粒中（以凤凰山矿 15 号煤为例，FHS-15-c），不同部位 N 和 K 含量不同，N 含量为 8.79% ～ 13.26%，K 含量为 0.58% ～ 1.13%。NH$_4^+$/(NH$_4^+$＋K$^+$) ＝0.9667～0.9848，随与有机质距离（S，单位：μm）增大而逐渐减小，二者具有一定的线性关系，拟合曲线为（图 5.20）：NH$_4^+$/(NH$_4^+$＋K$^+$) ＝－0.003S＋0.9791，这在一定程度上也说明了铵伊

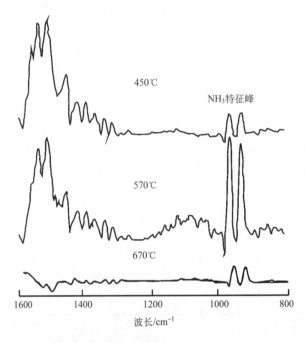

图 5.18　不同温度下铵伊利石产生气体的红外图谱

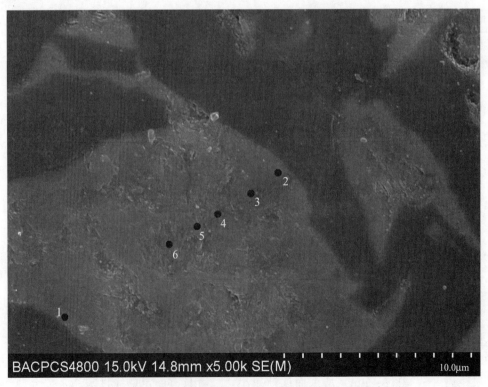

图 5.19　煤中细胞腔内铵伊利石 SEM 显微形貌及探针采样点位

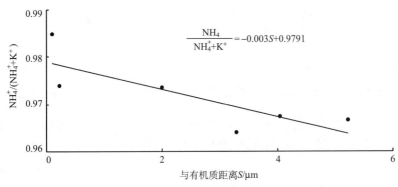

图 5.20　$NH_4^+/(NH_4^++K^+)$ 与 S（与有机质距离）拟合曲线

利石中的 NH_4^+ 主要来源于有机质，距离有机质越近，吸附固定的 NH_4^+ 越多，距离有机质越远，吸附固定的 NH_4^+ 越少。

表 5.6　煤中细胞腔内不同位置铵伊利石中 N 和 K 含量

采样点编号	与有机质距离 $S/\mu m$	元素质量分数/%		$NH_4^+/(NH_4^++K^+)$
		N	K	
1	0.11	13.26	0.58	0.9848
2	0.23	9.92	0.74	0.9739
3	2.00	9.76	0.73	0.9736
4	3.29	10.86	1.13	0.9640
5	4.05	11.42	1.07	0.9674
6	5.22	8.79	0.84	0.9667

5.2.5　拉曼光谱分析

选取三个华北地区煤层中铵伊利石含量大于 50% 的黏土岩夹矸用于拉曼光谱分析，分别为 YQ2-15-g3、YQ1-15-g2、XJ-8-g。样品的拉曼峰基本上分为三个区域：低波数区（0～1200cm^{-1}）、中波数区（1000～2000cm^{-1}）和高波数区（2600～3600cm^{-1}）。

1. 低波数区

受到暗色有机质的荧光散射的影响，研究区内样品在低波数区的特征峰被荧光散射覆盖，只有 YQ2-15-g3 样品显示了部分拉曼特征峰。图 5.21 为天然伊利石典型拉曼光谱图谱，图 5.22 为 YQ2-15-g3 拉曼光谱图谱。通过对比可以看出研究区内样品显示了部分伊利石的特征峰：SiO$_4$ 结构单元的振动峰 202.2cm^{-1}、392.8cm^{-1} 以及 518.93cm^{-1} 和 Al—O 振动峰 635.0cm^{-1}。样品含有 150cm^{-1} 的 Si—O 键振动的特征峰，可能为石英的拉曼特征峰。

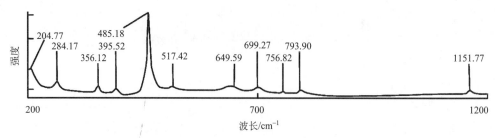

图 5.21　天然伊利石低波数区拉曼光谱图谱（刘新文和汤鸿霄，2001）

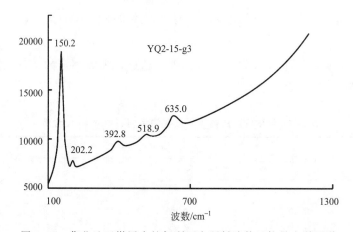

图 5.22　华北地区煤层含铵伊利石夹矸低波数区拉曼光谱图谱

2. 中波数区

实验所测的每一个样品中，都出现了两个明显的拉曼频率振动带（图 5.23），即 $1350\sim1380\text{cm}^{-1}$ 和 $1580\sim1600\text{cm}^{-1}$，将其分别称之为"D"峰和"G"峰。Nakamizo 等（1974）在研究天然石墨和碳物质的拉曼光谱时，发现了 G 峰谱带与分子结构的双碳原子键的振动有关。Cottinet 等（1988）在研究煤岩中有机组分和沥青的拉曼光谱中也发现了这两个谱带的存在，并且证明了 G 峰归属于石墨晶体对称结构振动峰；D 峰归属于非晶质石墨不规则六边形晶格结构的振动。煤层夹矸中除矿物外，还含有一定量的分散有机质，其化学组成与煤相同，具有稠环芳香烃结构，华北地区煤热演化程度普遍较高，多为高变质烟煤-无烟煤。因此，夹矸中的分散有机质无论是在化学组成还是在晶体结构上与石墨都非常接近。由此可以判断，G 峰为夹矸中分散有机质的六边形苯环振动引起的，D 峰为苯环中 C═C 键振动引起的。

3. 高波数区

图 5.24 为研究区内样品的高波数区拉曼光谱图。样品在此区域出现了三个拉曼谱带：即 $2800\sim3100\text{cm}^{-1}$、$3100\sim3250\text{cm}^{-1}$ 和 $3250\sim3330\text{cm}^{-1}$。笔者分别将这三

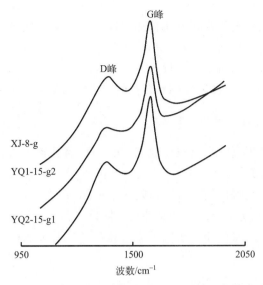

图 5.23 华北地区煤层含铵伊利石夹矸中波数区拉曼光谱图谱

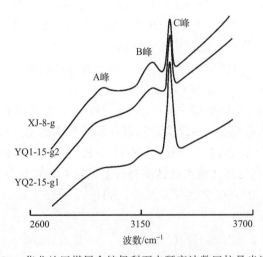

图 5.24 华北地区煤层含铵伊利石夹矸高波数区拉曼光谱图谱

个谱带称为"A"峰、"B"峰和"C"峰。其中 A 峰和 B 峰相对较为宽泛，C 峰较为尖锐。

Long（1973）统计了有机质中各类基团在拉曼谱中的强度时指出，C—H 和 C—H$_2$ 在高波数区分别体现在 2800～3000cm^{-1} 和 3000～3100cm^{-1}，而且其特征峰较强。而 N—H、C—N—H 基团则通常在 3000～3500 出现，强度较强或中等。闫永辉（2004）在研究碳氮薄膜的拉曼光谱中也发现了类似的特征峰，并认为是 N—H 基团振动引起的。

从图 5.24 可以看出，A 峰和 B 峰分别为样品中分散有机质稠环芳香烃结构边缘的

C—H 和甲基（CH₃）或亚甲基（CH₂）振动引起的，由于煤层夹矸中有机质含量有限，而且研究区热演化程度较高，有机质中 CH₃、CH₂ 和 CH 含量较低，导致 A 峰和 B 峰强度极低。C 峰强而尖锐，是 A、B 峰强的 10～15 倍，应为铵伊利石中 N—H 振动引起的。另外，分散有机质中 N—H 的振动也对 C 峰有一定贡献。因此，在有机质含量较低的情况下，强而尖锐的 3300cm⁻¹ 拉曼光谱特征峰可作为识别铵伊利石的标志。

5.2.6　$NH_4^+/(NH_4^++K^+)$

铵伊利石可看作是伊利石层间域中的 K⁺ 被 NH₄⁺ 替代而形成的类质同象。NH₄⁺ 半径（0.148nm）稍大于 K⁺（0.133nm），致使铵伊利石和伊利石在结构上也存在一定差异。自然界中很少存在纯铵伊利石（层间阳离子全部为 NH₄⁺），大多数为铵伊利石-伊利石的固溶体。Higashi（2000）在研究日本不同地区铵伊利石矿物学特征后指出，铵伊利石基面间距 $d_{(001)}$ 与 NH₄⁺ 所占层间域离子比例 $[NH_4^+/(NH_4^++K^+)]$ 线性相关，二者关系式为

$$d_{(001)}=0.0354\,NH_4^+/(NH_4^++K^+)+1.0004(R^2=0.98) \tag{5.6}$$

铵伊利石基面间距 $d_{(001)}$ 大于伊利石，且随着 NH₄⁺ 对 K⁺ 替代逐渐增多，$d_{(001)}$ 逐渐增大。铵伊利石的 $NH_4^+/(NH_4^++K^+)$ 在一定程度上反映了铵伊利石结晶时成岩流体的性质：铵伊利石 $NH_4^+/(NH_4^++K^+)$ 较高，则表明成岩流体富 NH₄⁺ 贫 K⁺，铵伊利石 $NH_4^+/(NH_4^++K^+)$ 较低，则表明成岩流体富 K⁺ 贫 NH₄⁺。

华北地区含煤地层中含铵伊利石黏土岩夹矸元素分析结果表明（表 5.7）：K₂O 含量为 0.280%～4.990%，(NH₄)₂O 含量为 0.453%～4.959%。X 射线衍射分析结果表明，华北地区煤层黏土岩夹矸和煤中矿物以铵伊利石、高岭石和石英为主，含有极少量斜长石（<2%），未见正长石，因此全岩元素分析结果中的 K₂O 和 (NH₄)₂O 主要来源于铵伊利石，因此全岩样品中 $NH_4^+/(NH_4^++K^+)$ 近似可视作铵伊利石的中的 $NH_4^+/(NH_4^++K^+)$。利用华北地区含铵伊利石黏土岩夹矸元素分析结果计算求得铵伊利石 $NH_4^+/(NH_4^++K^+)=0.3829～0.9528$，$NH_4^+/(NH_4^++K^+)$ 与 $d_{(001)}$ 线性拟合公式为（图 5.25）：

$$d_{(001)}=0.0225NH_4^+/(NH_4^++K^+)+1.0110(R^2=0.76) \tag{5.7}$$

与式（5.6）有一定相似性，说明 NH₄⁺ 和 K⁺ 主要赋存在铵伊利石或伊利石层间。

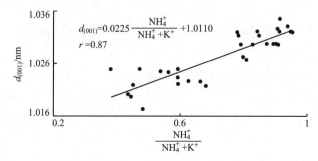

图 5.25　研究区铵伊利石 $NH_4^+/(NH_4^++K^+)$ 与 $d_{(001)}$ 拟合曲线

表 5.7　华北地区煤层夹矸中铵伊利石的 $NH_4^+/(NH_4^+ + K^+)$

| 煤田 | 含煤地层 | 样品编号 | $d_{(001)}$/nm | 全岩元素含量/% | | $NH_4^+/(NH_4^+ + K^+)$ | $NH_4^+/(NH_4^+ + K^+)$ (5.6) | $NH_4^+/(NH_4^+ + K^+)$ (5.7) |
				K_2O	$(NH_4)_2O$		根据式	根据式
沁水	山西组	NZ-3-g	1.0337				0.9407	1.0089
		SH-3-g1	1.0268	0.280	0.646	0.8066	0.7458	0.7022
		SH-3-g2	1.0314	0.304	0.605	0.7825	0.8757	0.9067
		YW-3-g	1.0352	0.443			0.9831	1.0756
		ZC-3-g1	1.0321	0.185			0.8955	0.9378
		ZC-3-g2						
		CP-3-g1	1.0297	0.781	4.197	0.9067	0.8277	0.8311
		CP-3-g2	1.0327	0.699	3.714	0.9057	0.9124	0.9644
		CP-3-g3	1.0298	0.679	3.417	0.9010	0.8305	0.8356
		CP-3-g4	1.0322	0.640	3.621	0.9109	0.8983	0.9422
		DJZ-3-g1	1.0297	1.820			0.8277	0.8311
		DJZ-3-g2	1.0298	0.472	2.191	0.8935	0.8305	0.8356
	太原组	YQ1-15-g1	1.0273	1.600	3.473	0.7969	0.7599	0.7244
		YQ1-15-g2	1.0332	0.577	4.810	0.9378	0.9266	0.9867
		YQ1-15-g3	1.0322	0.501	4.959	0.9471	0.8983	0.9422
		YQ2-8-c (LTA)	1.0313				0.8729	0.9022
		YQ2-15-g1	1.0244	0.945	0.672	0.5625	0.6780	0.5956
		YQ2-15-g3	1.0314	0.499	1.527	0.8469	0.8757	0.9067
		YQ2-15-c (LTA)	1.0314				0.8757	0.9067
		YQ3-15-g3	1.0320	0.331	3.696	0.9528	0.8927	0.9333
		XJ-8-g1	1.0298	1.060	3.993	0.8720	0.8305	0.8356
		FHS-15-g	1.0221	1.880	1.515	0.5930	0.6130	0.4933

续表

煤田	含煤地层	样品编号	$d_{(001)}$/nm	全岩元素含量/%		$NH_4^+/(NH_4^+ + K^+)$	$NH_4^+/(NH_4^+ + K^+)$ 根据式 (5.6)	$NH_4^+/(NH_4^+ + K^+)$ 根据式 (5.7)
				K_2O	$(NH_4)_2O$			
		FHS-15-c (LTA)	1.0268				0.7458	0.7022
		GSY-15-g1	1.0197	1.940	0.864	0.4460	0.5452	0.3867
		GSY-15-g2	1.0173	1.040	0.537	0.4828	0.4774	0.2800
		GSY-15-g3	1.0218	0.386	0.453	0.6796	0.6045	0.4800
	太原组	GSY-15-c (LTA)	1.0224				0.6215	0.5067
		WTP-15-g1	1.0220	1.720	0.782	0.4511	0.6102	0.4889
		WTP-15-g2	1.0234	0.956	0.767	0.5919	0.6497	0.5511
		WTP-15-g3	1.0250	0.792	0.635	0.5917	0.6949	0.6222
		WTP-15-c (LTA)	1.0245				0.6808	0.6000
		CZ-15-g2	1.0297	0.733	1.931	0.8265	0.8277	0.8311
		CZ-15-g3	1.0320	2.230	4.327	0.7782	0.8927	0.9333
		CZ-15-g5	1.0322	1.580	4.643	0.8416	0.8983	0.9422
太行山东麓	山西组	YJL-2-D3	1.0202	3.090	1.319	0.4355	0.5593	0.4089
		YJL-2-g4	1.0297	1.900	3.956	0.7901	0.8277	0.8311
		XC-2-g1	1.0346	0.308	1.783	0.9128	0.9661	1.0489
		YD-2-g1	1.0245	2.410	1.560	0.5392	0.6808	0.6000
		LS-2-R	1.0297	4.340			0.8277	0.8311
		ZG-2-D4	1.0202	2.600			0.5593	0.4089
京西	太原组	DT-3-g1	1.0250	3.170	1.088	0.3829	0.6949	0.6222
		DT-3-g2	1.0250	4.990	2.477	0.4729	0.6949	0.6222
		DT-3-g4	1.0226	1.740	1.892	0.6628	0.6271	0.5156
		DT-3-g6	1.0227	1.710	1.579	0.6254	0.6299	0.5200
		DT-3-g7	1.0227		1.892		0.6299	0.5200

5.2.7　NH_4^+ 来源

朱岳年和史卜庆（1998）、朱岳年（1999）认为有机氮在成岩作用过程中会以 NH_3 或 N_2 的形式释放出来。Williams 等（1989，1995）、Williams 和 Ferrll（1991）在研究含油气盆地成岩作用后指出，随着有机质成熟度逐渐增高和干酪根不断分解，有机氮通过热氨化作用以 NH_4^+ 的形式释放出来并参与黏土矿物的成岩作用，形成含铵黏土矿物，其含量与有机质的热演化过程及成熟度有关，因此可将其作为有机质成熟度和烃类运移的指示剂。Cooper 和 Abedin（1981）、Cooper 和 Raabe（1982）、Cooper 和 Evans（1983）在研究得克萨斯州墨西哥湾的固定铵含量的垂向分布规律后认为，NH_4^+ 主要来源于有机质，且随着有机质成熟度的增加，固定铵含量逐渐增大。Juster 和 Brown（1984）、Juster 等（1987）、刘钦甫和张鹏飞（1997）、刘钦甫等（1996）和梁绍暹等（1996，2005）在研究含煤地层中的含铵黏土矿物后指出，在高煤级阶段（贫煤-无烟煤）有机质释放出的 NH_4^+ 会替代 K^+ 进入黏土矿物晶格中形成含铵黏土矿物，NH_4^+ 主要来源于成煤植物蛋白质的降解作用。笔者认为华北地区石炭纪和二叠纪含煤地层中铵伊利石的 NH_4^+ 具有不同的来源，其中：

（1）华北地区含煤地层中铵伊利石的 NH_4^+ 主要来源于煤中有机氮在成岩作用中的释放（图 5.26），全岩分析结果表明，笔者采集的煤层夹矸中长石类矿物含量极低（<2%），煤中更是缺失，这可能导致地层处于一个贫 K^+ 的环境（梁绍暹等，1996，2005），笔者采样地区煤种以贫煤-无烟煤为主，煤化作用温度高达 150℃ 以上，煤中的有机氮如吡啶、吡咯、季氮等通过热氨化作用以 NH_3 形式释放出来，并以 NH_4^+ 的方式进入到孔隙流体中，导致地层处于一个富 NH_4^+ 贫 K^+ 的环境，NH_4^+ 替代 K^+ 参与成岩作用与高岭石反应最终形成铵伊利石。扫描电镜分析结果也证明含煤地层中铵伊利石中的 NH_4^+ 来源于有机质，距离有机质越近的铵伊利石，$NH_4^+/(NH_4^+ + K^+)$ 越高，距离有机质越远的铵伊利石，$NH_4^+/(NH_4^+ + K^+)$ 越低。

（2）京西煤田以及太行山东麓煤田邯峰矿区煤层在成岩过程中受到侵入体烘烤作用，导致煤变质程度较高。NH_4^+ 是岩浆热液重要的组成部分，因此，这两个地区的铵伊利石中 NH_4^+ 部分可能来源于岩浆热液，即在岩浆烘烤作用下，其热液中的 NH_4^+ 与煤层中（高岭石）发生交代反应最终形成铵伊利石。

5.2.8　铵伊利石成因

NH_4^+ 和 K^+ 具有相似的离子半径（NH_4^+ 半径为 0.148nm，K^+ 半径为 0.133nm）和相同的核电荷数，因此在成岩作用过程中，NH_4^+ 可以取代 K^+ 参与黏土矿物的结晶进而形成铵伊利石。铵伊利石属于 2：1 层状硅酸盐矿物，属于伊利石的类质同象矿物。NH_4^+ 半径大于 K^+ 半径，导致铵伊利石基面间距 [$d_{(001)}=1.033nm$] 稍大于伊利石 [$d_{(001)}=1.006nm$]。铵的端元矿物产出条件一般比较苛刻，纯铵伊利石的形成需要大量的铵离子存在，含煤地层中产出的铵伊利石一般属于铵伊利石-伊利石之间的固溶体，且随着 NH_4^+ 含量降低，基面间距 $d_{(001)}$ 逐渐减小，二者属于连续固溶体。

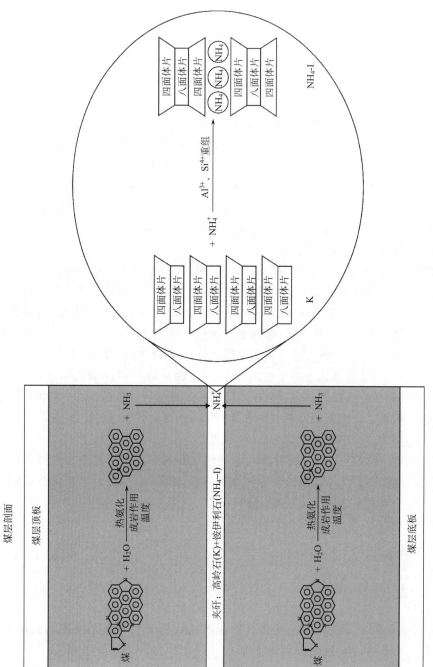

图 5.26　铵伊利石形成过程示意图

铵伊利石与普通伊利石形成过程完全不同，后者多为蒙皂石在成岩作用过程中先转变为蒙皂石层含量较高（S％＞35％）的无序伊蒙间层矿物，再转化为蒙皂石层含量较低（S％＜35％）的有序伊/蒙间层矿物，并最终转化为伊利石，即蒙皂石的伊利石化作用，是一个由蒙皂石经伊/蒙间层矿物逐渐转化为伊利石的一个渐变的过程。而铵伊利石（2：1 层型）则由高岭石（1：1 层型）在成岩作用过程中直接转化而来，是一个突变的过程，因此，华北地区铵伊利石的形成过程及形成条件（控制因素）与普通伊利石存在一定差异。在偏光显微镜下铵伊利石干涉色呈二级黄，根据其赋存状态，大致可分为三种类型。

（1）基质铵伊利石：主要为颗粒较为细小的陆源高岭石在成岩过程中转化而来，大都为细小鳞片状集合体，（图版 1～图版 3），在高倍显微镜下可见较模糊的鳞片状、条状、片状和纤维状晶体外形。

（2）裂隙铵伊利石：主要充填于夹矸裂隙中，干涉色较为明显，结晶颗粒较为干净和粗大（图版 3～图版 5），这种类型的铵伊利石是从热流体溶液中结晶而来。

（3）假象铵伊利石：主要包括长石假象和高岭石假象铵伊利石。其中，长石假象铵伊利石（图版 4、图版 8）保持板状，假象颗粒边缘一般较平直，不发生弯曲，内部则已蚀变成隐晶的铵伊利石，此种铵伊利石是由火山长石颗粒先在沉积过程中蚀变为高岭石，高岭石然后又蚀变为铵伊利石，抑或直接由长石蚀变为铵伊利石；高岭石假象的铵伊利石多具有书页状或蠕虫状，是由结晶颗粒比较粗大的高岭石转化而来（图版 6、图版 7）。

铵伊利石形成的控制因素有温度、高岭石的热稳定性、岩浆侵入、孔隙流体 NH_4^+ 浓度、压力、pH、Eh 以及 f_{O_2}，其中温度、高岭石的热稳定性、孔隙流体 NH_4^+ 浓度为主要控制因素。另外，原始沉积环境也是铵伊利石形成的重要控制因素之一，笔者将在后续章节中对其进行深入研究。

1. 铵伊利石形成温度

Sucha 等（1998）在 300℃的条件下用高岭石＋NH_4^+ 合成出铵伊利石。Shigorora 等（1981）则认为铵伊利石的形成温度在 450℃以上。Daniels 和 Altaner（1990，1993）、Daniels 等（1994）在研究美国无烟煤煤系黏土岩夹矸后指出，铵伊利石的形成温度为 200～250℃。梁绍暹等（1996，2005）则认为含煤地层中铵伊利石在 105～130℃时就已经开始出现了。作者统计了全国煤田不同变质程度煤层中铵伊利石出现情况，发现铵伊利石在焦煤阶段开始出现（表 5.8），并且随着热演化程度增高，铵伊利石占总黏土矿物相对含量逐渐增高，到达无烟煤阶段时，铵伊利石已经成为含煤地层中主要黏土矿物。对比煤有机质的挥发分和镜质组反射率，可推测出铵伊利石开始形成温度约为 150℃。

2. 高岭石向铵伊利石的转变

前述研究表明，华北地区含煤地层中铵伊利石主要由高岭石蚀变转化而来，因此高岭石在成岩作用过程中的稳定性也是控制铵伊利石形成的重要因素。赵杏媛（2003）在研究沉积地层中高岭石亚族形成条件时，认为高岭石稳定性主要取决于温度和 pH，当

表 5.8　不同热演化程度含煤地层中黏土矿物种类

省和地区	矿区	成煤时代	煤种	主要黏土矿物种类
黑龙江	双鸭山	侏罗纪	长焰煤-气煤	伊/蒙间层矿物和高岭石
	鹤岗	侏罗纪	气煤-1/3焦煤	伊/蒙间层矿物和高岭石
	七台河	侏罗纪	焦煤	伊/蒙间层矿物和高岭石
	鸡西	侏罗纪	1/3焦煤	伊/蒙间层矿物和高岭石
山西	平朔	侏罗纪	气煤	伊/蒙间层矿物和高岭石
	大同	侏罗纪	气煤	伊/蒙间层矿物和高岭石
	晋城	石炭-二叠纪	无烟煤	铵伊利石、高岭石和铵伊利石/蒙皂石间层矿物
	长治	石炭-二叠纪	瘦煤-贫煤	铵伊利石和高岭石
	阳泉	石炭-二叠纪	无烟煤	铵伊利石和高岭石
	太原	石炭-二叠纪	焦煤-瘦煤	伊/蒙间层矿物和高岭石
	保德	石炭-二叠纪	长焰煤-气煤	伊/蒙间层矿物和高岭石
	三交	石炭-二叠纪	肥-焦煤	伊/蒙间层矿物和高岭石
陕西	韩城	石炭-二叠纪	贫煤-瘦煤	高岭石和铵伊利石
京西		石炭纪	无烟煤	高岭石和铵伊利石
		侏罗纪	无烟煤	高岭石和伊利石
河北	邯郸	石炭-二叠纪	无烟煤	高岭石和铵伊利石
	邢台	石炭-二叠纪	无烟煤	高岭石和铵伊利石
河南	焦作	石炭-二叠纪	贫瘦煤-无烟煤	高岭石和铵伊利石
	平顶山	石炭-二叠纪	长焰煤-焦煤	高岭石和伊/蒙间层矿物
	义马	侏罗纪	长焰煤	高岭石和伊/蒙间层矿物
内蒙古	准格尔	石炭-二叠纪	长焰煤	高岭石和伊/蒙间层矿物
	包头	石炭-二叠纪	焦煤	高岭石和铵伊利石

温度小于 150℃，成岩流体偏酸性（pH＝5～6）时，高岭石比较稳定，当温度大于 150℃，成岩流体偏碱性时，高岭石逐渐向其他矿物转化，如铵伊利石、地开石和绿泥石。Hoffman 和 Hower（1979）认为沉积地层中在温度小于 140℃的条件下高岭石稳定存在，当温度超过 140℃时高岭石开始向其他矿物转化。黄思静等（2009）认为如果沉积地层中富含钾长石和高岭石，当古地温达到 120～140℃时，钾长石逐渐溶解，高岭石与钾长石溶解释放的 K^+ 反应形成伊利石。华北地区含煤地层中，高岭石在褐煤-瘦煤阶段（＜150℃）比较稳定，随着温度升高（＞150℃，贫煤-无烟煤阶段），热演化程度逐渐增高，煤中有机氮经热氨化作用以 NH_3 释放并以 NH_4^+ 形式进入到成岩流体中，致使成岩流体由偏酸性逐渐变为偏碱性，此时高岭石变得不稳定，Si^{4+}、Al^{3+} 发生重组，并与 NH_4^+ 反应形成铵伊利石，即高岭石的铵伊利石化作用。由此可见，高岭石发生转化的温度（140～150℃）与铵伊利石形成的温度（150℃左右）基本一致，这表明铵伊利石的形成温度取决于高岭石稳定性，高岭石的分解阶段即为铵伊利石的形成阶

段，前者的分解为后者的形成提供了充足的 Si^{4+} 和 Al^{3+}，由此可以推断，如果成岩流体中富含 Al^{3+} 和 Si^{4+}，铵伊利石的形成温度可能会低于 150℃，这也与梁绍暹等 (1996，2005) 认为的铵伊利石出现温度为 105～130℃相一致。另外，不同类型及赋存状态高岭石热稳定性也具有一定差异，基质高岭石以陆源成因为主，颗粒细小，在风化-搬运过程中，其晶体结构受到一定损害，导致其热稳定性较低，更容易在成岩过程中转化为基质铵伊利石；而蠕虫状高岭石多在成岩过程中形成，晶体结构比较完整，其热稳定性相对较高，不易转化为铵伊利石。因此，随着煤热演化程度逐渐增高，煤层夹矸中的基质高岭石首先转化为铵伊利石，变质程度相对较低的焦煤-贫瘦煤中以基质铵伊利石为主，而变质程度相对较高的无烟煤中基质铵伊利石和蠕虫状铵伊利石并存。

3. 岩浆侵入

岩浆侵入作用对含煤地层的影响主要包括两方面：①岩浆的烘烤作用导致煤变质程度在短时间内急剧升高，大量煤中有机氮以小分子 NH_3 等形式释放出来，导致流体富 NH_4^+ 贫 K^+，加之高温条件下高岭石等黏土矿物不稳定，与流体中的 NH_4^+ 反应最终转化为铵伊利石；②岩浆在冷凝过程中释放出含有大量离子的汽水热液，其中 NH_4^+ 也是铵伊利石中 NH_4^+ 的一个重要来源。

4. 压力

目前，尚不清楚压力对铵伊利石形成的影响机理。但根据高岭石和铵伊利石的化学组成和晶体结构可以判断，较高的压力更有利于高岭石向铵伊利石转化，因为高岭石属于 1:1 层型硅酸盐矿物，含有大量的—OH 等挥发分，密度较小，而铵伊利石为 2:1 层型，挥发分含量较低，密度相对较大（参照伊利石的密度）。另外，沁水煤田和太行山东麓煤田变质程度较高，但其构造活动较弱-中等，煤层中的铵伊利石以 1M 型为主；而京西地区煤变质程度较高，而且构造活动较为频繁，部分煤层在较大的挤压构造应力作用下，呈透镜体定向排列，煤层中的铵伊利石以 2M 型为主。由此可见，压力对铵伊利石的形成及多型的转化具有一定的促进作用。

5. NH_4^+ 的浓度

前述研究表明，沉积地层中的有机氮在成岩作用过程中经热氨化作用以 NH_3 的形式释放出来，并参与成岩作用形成铵伊利石。国内外学者利用各种人工或者天然矿物材料合成含铵矿物的模拟实验表明，NH_4^+ 浓度是影响含铵矿物是否会形成的重要控制因素。因此，成岩流体中 NH_4^+ 浓度，尤其是 $NH_4^+/(NH_4^+ + K^+)$ 是决定是否会形成铵伊利石的条件。当地层处于一个富 NH_4^+ 贫 K^+ 的环境，高岭石逐渐向铵伊利石转化，NH_4^+ 浓度越高，形成的铵伊利石基面间距 $d_{(001)}$ 越大；当地层处于一个富 K^+ 贫 NH_4^+ 的环境，高岭石则会逐渐转化为伊利石；当地层中 K^+ 和 NH_4^+ 浓度均较低时，高岭石则可能向地开石或绿泥石转化。煤层处于一个相对比较封闭的成岩环境，黏土岩夹矸及煤中矿物组成分析结果表明，斜长石含量小于 2%，钾长石缺失，同时煤中有机氮在热氨化作用过程中不断地以 NH_3 释放出来并以 NH_4^+ 进入到成岩流体中，致使地层处于一个

富 NH_4^+ 贫 K^+ 的环境，最终导致高岭石铵伊利石化。

5.3　其他类型黏土矿物

华北地区含煤地层中与铵伊利石共生的黏土矿物包括铵伊利石/蒙皂石间层矿物、高岭石、钠云母、绿泥石、珍珠云母、绿蒙间层矿物、累托石以及柯绿泥石。

5.3.1　铵伊利石/蒙皂石间层矿物

铵伊利石是伊利石层间域中的 K^+ 被 NH_4^+ 替代而形成的类质同象，铵伊利石/蒙皂石间层矿物是由铵伊利石晶层和蒙脱石晶层按一定方式堆叠而成，其矿物学特征与普通的伊/蒙间层矿物存在一定的差别。1999 年 Bobos 和 Ghergari（1999）详细论述了地下热液系统中蒙脱石向铵伊利石的转化过程。Sucha 和 Siranova（1991）、Sucha 等（1994，1998）对铵伊利石/蒙皂石间层矿物的粒径效应研究后发现，不同粒径的铵伊利石/蒙皂石间层矿物 XRD 图谱具有一定的区别。国内对铵伊利石/蒙皂石间层矿物尚无报道。笔者在华北地区沁水煤田晋城地区石炭纪 9♯煤夹矸和煤样中发现了一定数量的铵伊利石/蒙皂石间层矿物。

1. X 射线衍射分析

1）全岩矿物组成

全岩样品矿物组成分析表明（表 5.9，图 5.27～图 5.29）：晋城地区 9♯煤夹矸和煤中矿物主要由黏土矿物、黄铁矿、石英和碳酸盐类矿物组成。其中，中上部夹矸含有大量的黄铁矿，其含量为 74.5%～92.5%，表明其形成于还原-强还原环境中，受海水影响较大；其余夹矸及煤中矿物以黏土矿物和石英为主，黏土矿物含量为 54.5%～99.3%，石英含量低于 23.2%，其他少量矿物包括长石、锐钛矿和碳酸盐矿物，含量低于 4.8%；晋城地区凤凰山矿 9 号煤中碳酸盐矿物含量占总矿物含量的 30.5%，表明其在形成和聚集过程中受海水影响较大。

2）黏土矿物组成

黏土矿物组成分析结果表明（表 5.10，图 5.30）：晋城地区 9♯煤中黏土矿物包括高岭石、累托石、铵伊利石、伊/蒙间层以及柯绿泥石，其中高岭石含量为 28%～65%；晋城地区 9 号煤夹矸中黏土矿物以铵伊利石/蒙皂石间层矿物、伊/蒙间层矿物、高岭石为主，其中高岭石含量为 3%～94%，变化范围较大。铵伊利石/蒙皂石间层矿物主要赋存在中部夹矸中，含量为 51%～97%，伊/蒙间层矿物主要赋存在靠近顶底板的夹矸中，含量低于 20%，其他少量矿物包括伊利石、铵伊利石和绿/蒙间层矿物，含量均低于 3%。

表 5.9　沁水煤田晋城地区 9 号煤夹矸以及煤中全岩矿物组成及含量

含煤地层	采样地区	采样地点	样品编号	矿物种类及含量/%					
				黏土矿物	石英	长石	碳酸盐矿物	黄铁矿	锐钛矿
太原组	晋城地区	凤凰山矿 9# 煤顶部夹矸	FHS-9-g1	54.5	18	0.4		23.2	
		凤凰山矿 9# 煤中上部夹矸	FHS-9-g2	6.1	1.4			92.5	
		凤凰山矿 9# 煤 (LTA)	FHS-9-c (LTA)	63			30.5	6.5	
		古书院矿 9# 煤顶部夹矸	GSY-9-g3	90.4	5.4	0.2	0.7		3.3
		古书院矿 9# 煤中上部夹矸	GSY-9-g2	10	3.8			86.2	
		古书院矿 9# 煤底部夹矸	GSY-9-g1	85.3	10.2			4.5	
		古书院矿 9# 煤 (LTA)	GSY-9-c (LTA)	68.6	23.2	1.4		2	4.8
		王台铺矿 9# 煤顶部夹矸	WTP-9-g1	84.9	7		0.4	4.2	3.5
		王台铺矿 9# 煤中的上部夹矸	WTP-9-g2	19.3	6.2			74.5	
		王台铺矿 9# 煤 (LTA)	WTP-9-c (LTA)	99.3		0.7			

表 5.10　沁水煤田晋城地区 9 号煤夹矸以及煤中黏土矿物组成及含量

含煤地层	采样地区	采样地点	样品编号	矿物种类及含量/%								S/% (NH₄-I/S)
				NH₄-I/S	I/S	K	I	R	NH₄-I	C/S	Co	
太原组	晋城地区	凤凰山矿 9# 煤顶部夹矸	FHS-9-g1		6	94						
		凤凰山矿 9# 煤中上部夹矸	FHS-9-g2	51		18		31				15
		凤凰山矿 9# 煤 (LTA)	FHS-9-c (LTA)			32		68				
		古书院矿 9# 煤顶部夹矸	GSY-9-g3	88	9	90	1					
		古书院矿 9# 煤中上部夹矸	GSY-9-g2			9						
		古书院矿 9# 煤底部夹矸	GSY-9-g1		20	77			3	3		17
		古书院矿 9# 煤 (LTA)	GSY-9-c (LTA)		34	65						
		王台铺矿 9# 煤顶部夹矸	WTP-9-g1		16	81	3					
		王台铺矿 9# 煤中的上部夹矸	WTP-9-g2	97		3						
		王台铺矿 9# 煤 (LTA)	WTP-9-c (LTA)		28	28		13	50		9	15

注: NH₄-I/S. 铵伊利石/蒙皂石间层矿物; I/S. 伊利石/蒙皂石间层矿物; K. 高岭石; I. 伊利石; R. 累托石; NH₄-I. 铵伊利石; C/S. 绿泥石/蒙皂石间层矿物; Co. 柯绿泥石。

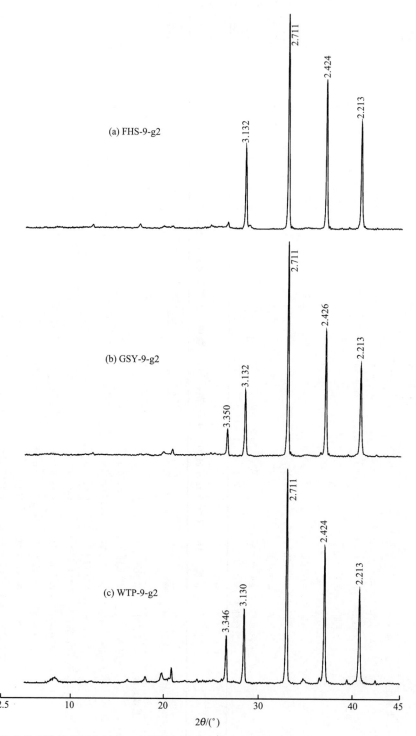

图 5.27　沁水煤田晋城地区太原组 9♯煤层夹矸全岩非定向 X 射线衍射谱图（峰值单位：10^{-1}nm）

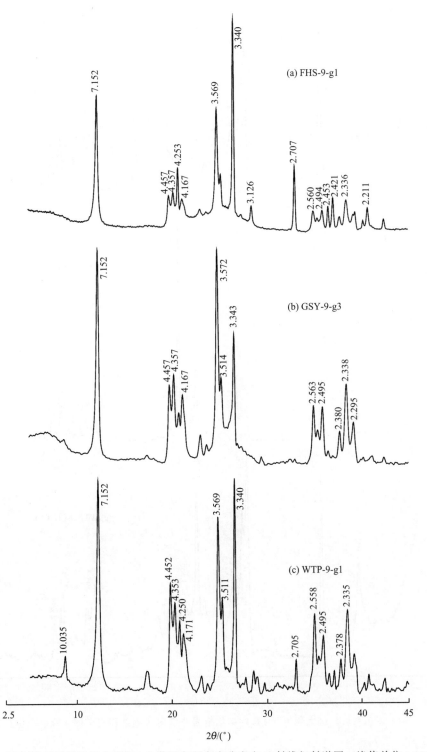

图 5.28　沁水煤田晋城地区太原组 9♯煤层夹矸全岩非定向 X 射线衍射谱图（峰值单位：10^{-1} nm）

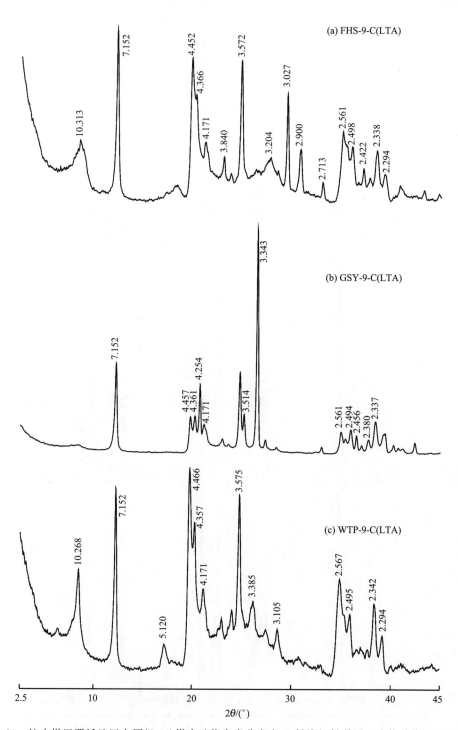

图 5.29　沁水煤田晋城地区太原组 9♯煤中矿物全岩非定向 X 射线衍射谱图（峰值单位：10^{-1}nm）

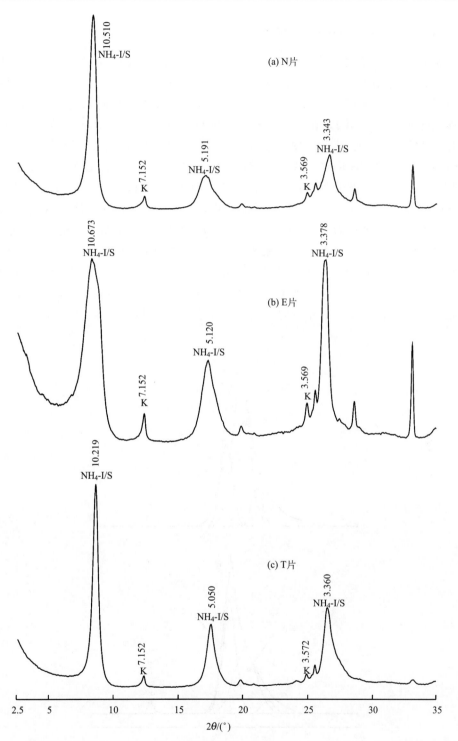

图 5.30 含铵伊利石/蒙皂石间层矿物夹矸定向 X 射线衍射图谱（WTP-9-g2）（峰值单位：10^{-1}nm）

N 片. 自然定向片；E 片. 乙二醇饱和片；T 片. 加热片

3）铵伊利石/蒙皂石间层矿物衍射特征

晋城地区 9♯煤含铵伊利石/蒙皂石间层矿物夹矸定向 X 射线衍射谱图分析结果表明（图 5.31）：①铵伊利石/蒙皂石间层矿物的自然定向片（N 片）X 射线衍射特征与普通伊/蒙间层矿物相似，在 1.02～1.50nm 存在一个较为宽缓的基面衍射峰；②经乙二醇饱和处理后（EG 片），在 1.033nm［铵伊利石的 $d_{(001)}$］两侧各出现一个特征峰，即子峰 A 和子峰 B，分别为 1.033～1.073nm 和 0.995～1.008nm，子峰 A 高度明显高于子峰 B，而普通伊/蒙间层矿物（间层比 S％＜20％）经乙二醇处理后，在 1.006nm［伊利石的 $d_{(001)}$］两侧也各出现一个特征峰，即子峰 A′和子峰 B′，分别为 1.016～1.056nm 和 0.960～1.000nm，子峰 A′高度明显低于子峰 B′，这可能是 NH_4^+ 与 K^+ 半径不同所致（NH_4^+ 半径为 0.148nm，K^+ 半径为 0.133nm），也是区别铵伊利石/蒙皂石间层矿物与伊/蒙间层矿物的主要特征之一；③经加热处理（450℃）3h 后（T 片），铵伊利石/蒙皂石间层矿物宽缓的基面衍射峰收缩成为一个 1.026nm 左右的尖锐的衍射峰，与铵伊利石的 $d_{(001)}$接近，普通伊/蒙间层矿物经同样的加热处理后，宽缓的基面衍射峰收缩成为一个 1.006nm 左右的尖锐的衍射峰，与伊利石的 $d_{(001)}$接近，这也是区别

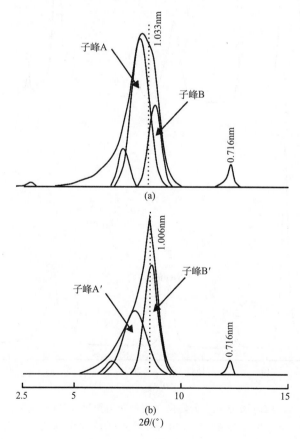

图 5.31　铵伊利石/蒙皂石间层矿物（a）与普通伊/蒙间层矿物（b）乙二醇饱和定向 X 射线衍射谱图对比

铵伊利石/蒙皂石间层与伊/蒙间层的另一个重要特征。

铵伊利石/蒙皂石间层矿物的红外光谱特征以及热重-热流曲线特征与铵伊利石相似，在此不再赘述。

2. 铵伊利石/蒙皂石间层矿物成因

Sucha 等 (2007) 对地下热水系统中的铵伊利石/蒙皂石间层矿物的粒径效应研究后发现其 XRD 衍射特征随粒径变化而不同，铵伊利石层中的 NH_4^+ 稳定性较低，具有一定的可交换性。Bobos 等 (1995)、Borbs 和 Ghergari (1999) 研究蒙脱石向铵伊利石转化的过程后发现 $S\%$ （蒙脱石层含量）是其微观形貌的主要控制因素。Sucha 等 (1998) 将伊/蒙间层矿物＋氯化铵溶液在 300℃ 加热四天后发现，反应物没有发生任何反应，表明铵伊利石/蒙皂石间层矿物可能在相对较高的温度下形成。

沁水煤田晋城地区 9♯煤夹矸中含有铵伊利石/蒙皂石间层矿物，其含量为 51%～97%，笔者认为，含煤地层中铵伊利石/蒙皂石间层矿物形成机制与普通伊/蒙间层矿物相同，即蒙皂石在成岩作用过程中排除 Mg^{2+}、Ca^{2+}、Na^+，吸收 NH_4^+、Al^{3+}，逐渐向铵伊利石转化，是一个渐变的过程。铵伊利石/蒙皂石间层矿物的形成控制因素包括温度、高孔隙流体 NH_4^+ 浓度、压力、pH、Eh 及 f_{O_2}，其中温度和 NH_4^+ 浓度是主要控制因素。

与蒙皂石的伊利石化作用类似，蒙皂石在向铵伊利石转化过程中，要经历一系列不同混层比 （$S\%$） 的铵伊利石/蒙皂石间层矿物，这个转化是一个渐变的过程，温度对铵伊利石/蒙皂石间层矿物形成的控制作用主要体现在混层比上，即随着成岩作用增强，温度逐渐升高，有机质热演化程度增加，伊/蒙间层矿物在吸收有机质释放的 NH_4^+ 后逐渐向铵伊利石转化，而 $S\%$ 则逐渐降低。晋城地区铵伊利石/蒙皂石间层矿物 $S\%$ 含量为 15%～17%，镜质组反射率 $R_{max}^o > 2.50\%$，对照石油系统《碎屑岩成岩阶段划分》标准 （表 5.11），属于中成岩-晚成岩阶段，温度为 140～175℃。

表 5.11　成岩作用划分标准

成岩阶段		温度/℃	R_{max}^o/%	伊蒙间层比 （S/%）
早成岩阶段	A	<65	<0.35	>70
	B	65～85	0.35～0.5	50～70
中成岩阶段	A	85～140	0.5～1.3	15～50
	B	140～175	1.3～2.0	<15
晚成岩阶段		>175	2.0～4.0	伊蒙间层矿物消失

3. 铵伊利石与铵伊利石/蒙皂石间层矿物成因差别

上述研究表明，铵伊利石主要由高岭石转化而来，是一个突变的过程，而铵伊利石/蒙皂石间层矿物主要是 NH_4^+ 替代 K^+ 参与伊/蒙间层矿物伊利石化作用的结果，是一个渐变的过程。当含煤地层中同时赋存有一定量的伊/蒙间层矿物和高岭石时，成岩作用过程中有机质释放的 NH_4^+ 会替代 K^+ 优先参与伊/蒙间层矿物的伊利石化作用进而形成铵伊利石/蒙皂石间层矿物：

$$I/S + NH_4^+ \xrightarrow[\text{富 } NH_4^+ \text{ 贫 } K^+]{\text{温度}} NH_4 - I/S \tag{5.8}$$

当含煤地层中赋存的黏土矿物仅为高岭石时，成岩作用过程中有机质释放的 NH_4^+ 就会与高岭石发生反应，Al^{3+} 和 Si^{4+} 发生重组，最终转化为铵伊利石：

$$K + NH_4^+ \xrightarrow[\text{富 } NH_4^+ \text{ 贫 } K^+]{\text{温度}} NH_4 - I \tag{5.9}$$

5.3.2　高岭石

高岭石理论化学式为 $Al_2Si_4O_{10}(OH)_8$，是华北地区煤层夹矸中主要黏土矿物，黏土矿物组成分析结果表明高岭石含量变化很大，占黏土矿物总量的 3%～93%，与铵伊利石、伊/蒙间层矿物以及铵伊利石/蒙皂石间层矿物呈此消彼长的关系。张慧（1992）根据煤系高岭石形态将其分为四种成因类型：沉积成因、胶体成因、火山蚀变成因和成岩变质成因。刘钦甫和张鹏飞（1997）在研究煤系高岭石成因模式后指出，不同形态高岭石因成因不同，结晶程度也明显不同，并利用结晶度指数（Hinkley 指数）将煤系高岭石划分了四个等级：高度有序，HI>1.3；有序，HI=1.1～1.3；较无序，HI=0.8～1.1；无序，HI<0.8。其中，胶体化学成因的高岭石有序度较高，多为有序-高度有序，成岩重结晶成因的高岭石有序度中等，多为较无序-有序，搬运沉积成因的高岭石最低，多为无序。利用沁水煤田煤层黏土岩夹矸全岩 X 射线衍射谱图（图 5.32），对高岭石的 HI 进行计算，结果表明高岭石 HI=0.38～1.41（表 5.12），主要为较无序-有序类型之间。偏光显微镜下，一些呈现长石、黑云母假象的高岭石晶体表明，晶粒状高岭石由火山灰蚀变而来，而隐晶质的高岭石则可能由于搬运沉积或胶体化学所形成。

5.3.3　累托石

伊/蒙间层矿物是由蒙脱石和伊利石晶层沿 c 轴以一定方式堆积而成，且可以按其堆积方式分为两种类型：当蒙脱石和伊利石晶层严格按照 1:1 的规律堆积时形成规则伊/蒙间层矿物——累托石，其理论化学式为 $[(Ca, 2Na)_{0.15}Al_2(Si_{3.7}Al_{0.3}O_{10})(OH)_2]_{0.5}[(K, Na)_{<1}(Al, Mg, Fe)_2(Al_xSi_{4-x})O_{10}(OH)_2]_{0.5}$；以随机的方式进行堆积时则形成不规则伊/蒙间层矿物，通常所说的伊/蒙间层主要指不规则伊/蒙间层矿物。

华北地区累托石发现于沁水煤田晋城地区 9♯ 煤和夹矸中，含量占黏土矿物总量的 13%～68%，乙二醇饱和定向片 X 射线衍射特征为（图 5.33，表 5.13）：① (001) 峰为累托石的最强基面衍射峰，基面间距为 2.6694～2.6945nm；② $d_{(001)}$=2.6694～2.6945nm 与其他各基面衍射峰 $d_{(002)}$=1.3278～1.3330nm，$d_{(003)}$=0.8939～0.9037nm 呈整数倍关系；③ (001)，(002) 和 (003) 等基面衍射峰半高宽大致相等。

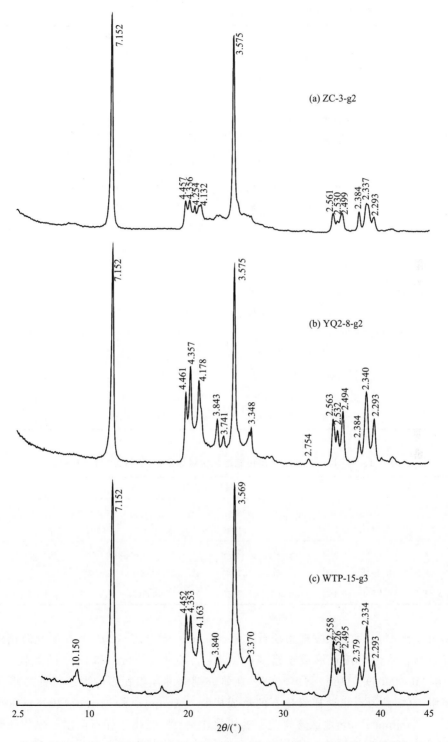

图 5.32　华北地区石炭-二叠纪煤层含高岭石夹矸全岩非定向 X 射线衍射谱图（峰值单位：10^{-1}nm）

表 5.12　华北地区石炭-二叠纪含煤地层中高岭石结晶度统计表

| 时代 | 采样地区 | 样品采样地点 | 样品编号 | 高岭石有序度参数 | | | 结晶度 |
				A	B	At	HI
二叠纪	阳泉地区	国阳 2 矿 3♯ 煤夹矸	YQ2-3-g	2784	2969	6171	0.93
	长治地区	章村矿 3♯ 煤中部夹矸	ZC-3-g2	1312	1331	4118	0.64
		上庄矿 3♯ 煤顶部夹矸	SZ-3-g1	3625	3368	6177	1.13
		上庄矿 3♯ 煤底部夹矸	SZ-3-g2	550	424	2363	0.41
	晋城地区	寺河矿 3♯ 煤中部夹矸	SH-3-g1	4564	4201	7924	1.11
		寺河矿 3♯ 煤中下部夹矸	SH-3-g2	2926	3075	6503	0.92
石炭纪	阳泉地区	国阳 2 矿 8♯ 煤中部夹矸	YQ2-8-g1	7521	7563	10706	1.41
		国阳 2 矿 8♯ 煤底部夹矸	YQ2-8-g2	3463	3517	6248	1.12
		国阳 2 矿 12♯ 煤夹矸	YQ2-12-g1	1446	1174	4247	0.62
		国阳 2 矿 15♯ 煤顶部夹矸	YQ2-15-g1	984	944	2809	0.67
	晋城地区	凤凰山矿 9♯ 煤顶部夹矸	FHS-9-g1	1063	1021	3016	0.69
		古书院矿 9♯ 煤顶部夹矸	GSY-9-g3	2574	2576	6166	0.84
		古书院矿 9♯ 煤底部夹矸	GSY-9-g1	1758	1623	4491	0.75
		古书院矿 15♯ 煤底部夹矸	GSY-15-g3	4587	4500	6923	1.31
		王台铺矿 9♯ 煤顶部夹矸	WTP-9-g1	1758	1623	4491	0.75
		王台铺矿 15♯ 煤顶部夹矸	WTP-15-g3	2120	2076	5516	0.76
		王台铺矿 15♯ 煤中部夹矸	WTP-15-g2	277	396	1754	0.38

表 5.13　华北地区沁水煤田晋城地区含煤地层累托石衍射特征及对比

| 样品编号 | 累托石 X 射线衍射参数 | | | | | | | | |
	$d_{(001)}$ /nm	$I_{(001)}$ /%	$FWHM_{(001)}$	$d_{(002)}$ /nm	$I_{(002)}$ /%	$FWHM_{(002)}$	$d_{(003)}$ /nm	$I_{(003)}$ /%	$FWHM_{(003)}$
FHS-9-g2	2.6694	100	0.326	1.3278	40.8	0.437	0.8939	6.6	0.306
FHS-9-c（LTA）	2.6945	100	0.569	1.3300	42.1	0.597	0.9037	7.7	0.504
WTP-9-c（LTA）	2.6862	100	0.253	1.3330	35.3	0.285	0.8958	7.5	0.309

　　Rector 于 1891 年首次发现累托石（Rectorite）。黄学等（2010）在研究海拉尔盆地的累托石后，认为累托石形成于富 Al^{3+}、Na^+、Fe^{2+}、Mg^{2+} 和 Ca^{2+} 的碱性环境中。Hong 和 Mi（2006）、Hong 等（2008）在研究湖北钟祥累托石的形态特征后指出多阶段的溶解-重结晶为湖北钟祥累托石的形成机制。Amijaya 和 Littke（2006）在研究印度尼西亚 Tanjung Enim 地区含煤地层的煤化作用后，指出累托石产出于煤化程度较高的半无烟煤-无烟煤地层中，而煤化程度较低的地层中的黏土矿物则以高岭石为主。Susilawati 和 Ward（2006）在研究 Bukit Asam 地区含煤地层中的累托石后，认为岩浆岩侵入体引起的热液蚀变作用使高岭石转化为累托石，如果成岩流体中富 Na^+，则高

岭石转变为 Na-累托石，如果富 K^+，则使高岭石转变为 K-累托石。梁绍暹等（1995）在研究山北京西山平村矿含煤地层中的累托石后，认为累托石分布于超无烟煤的高压异常区，出现的位置并不介于无序伊/蒙间层和有序伊/蒙间层矿物之间。江涛和刘源骏（1989）提出累托石成因类型主要包括沉积-成岩作用和热液作用两种类型，其中，黄学等，Hong 和 Mi（2006）、Hong 等（2008），Susilawati 和 Ward（2006）所研究的累托石属于热液成因，而 Amijaya 和 Littke（2006）、梁绍暹等（1995）所研究的累托石属沉积-成岩类型。Pevear 等（1980）认为累托石形成温度为 $145\sim160$℃，Eslinger 和 Savin（1976）认为累托石形成温度为 $220\sim270$℃，Steiner（1968）则认为累托石形成温度在 200℃左右。晋城地区 9 号煤属于无烟煤，镜质组反射率在 $R^{\circ}_{max}>2.50\%$，成岩阶段为中成岩-晚成岩阶段，此时煤中有机质在热氨化作用下大量释放 NH_4^+ 致使成岩流体偏碱性，并参与伊/蒙间层矿物的伊利石化作用而形成铵伊利石/蒙皂石间层矿物，而对比镜质组反射率晋城地区累托石形成温度在 175℃左右，该累托石因在富 NH_4^+ 贫 K^+ 的成岩流体中形成，蒙脱石晶层中的 Ca^{2+} 可能会与 NH_4^+ 发生离子交换而形成 NH_4-累托石。

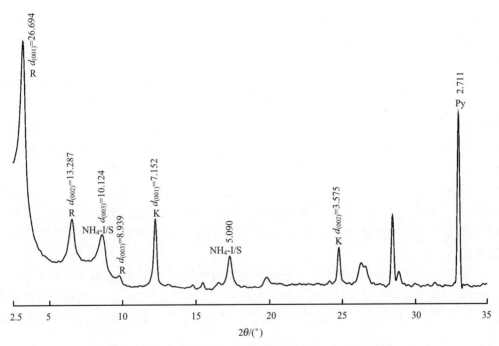

图 5.33　晋城地区凤凰山矿 9♯煤中上部夹矸（FHS-9-g2）

中累托石乙二醇饱和定向 X 射线衍射谱图（峰值单位：10^{-1}nm）

R. 累托石；NH_4-I/S. 铵伊利石/蒙皂石向层矿物；K. 高岭石；Py. 叶蜡石

5.3.4　钠云母

钠云母是二八面体白云母层间 K^+ 被 Na^+ 替代而形成的类质同象，其理论化学式为

$(Na,K) Al_2 (Si_3Al) O_{10} (OH)_2$。钠云母有三种多型变体，分别是 1M、$2M_1$ 和 3T。由于 Na^+ 比 K^+ 半径小的多，占据钠云母结构单元层间位置的 Na^+ 总是力图使周围的 O^{2-} 的包围趋于更紧密，这样层间距就会沿垂直（001）晶面方向收缩［由白云母的 $d_{(001)}$ = 1.00nm 收缩到钠云母的 $d_{(001)}$ = 0.96nm］，导致钠云母和白云母结构上存在很大的差异。天然样品中很少存在 100% 的钠云母，大多数以钠云母–白云母固溶体的形式存在，但由于二者结构上的差异，钠云母中 K^+ 对 Na^+ 的替代程度有限，$K^+/(Na^+ + K^+) \leqslant$ 25% ［或 $Na^+/(Na^+ + K^+) \geqslant 75\%$］，形成不连续的固溶体系列，$d_{(001)}$ 在 0.96～1.0nm 变化，而且随着 K^+ 对 Na^+ 的替代逐渐减少，$d_{(001)}$ 逐渐向 0.96nm 靠近。

钠云母发现于华北晋城地区 9# 煤底板中。X 射线衍射分析结果表明（表 5.14、表 5.15，图 5.34）：9# 煤底板主要由黏土矿物和石英组成，前者含量为 63.1%～72.7%，后者含量为 25.6%～33.8%，其他少量矿物包括锐钛矿和石膏，含量低于 1.8%；黏土矿物主要由伊/蒙间层矿物、高岭石和钠云母组成，伊/蒙间层矿物含量为 33%～47%，高岭石含量为 45%～53%，钠云母含量为 8%～18%，含有少量伊利石，含量低于 4%。其中，伊利石 $d_{(001)}$ 特征峰偏高，在 1.013nm 左右，可能是伊利石层间域中的一部分 K^+ 被 NH_4^+ 替代所致。

晋城地区 9# 煤底板中钠云母 X 射线衍射特征为（图 5.34，表 5.16）：①三级基面衍射峰（001）、（002）、（003）均清晰可见；②钠云母 $d_{(001)}$ = 0.9578～0.9621nm，低于白云母的 $d_{(001)}$ = 1.00～1.01nm，这也是钠云母的主要特征，证明了主要层间离子是 Na^+ 而不是 K^+；③研究区钠云母最强衍射峰为（003），而（001）衍射峰积分强度 $I_{(001)}$ = 72.5%～89.2%，（002）衍射峰积分强度 $I_{(002)}$ = 45.5%～48.1%；④随着 $d_{(001)}$ 逐渐增大，（001）衍射峰的积分强度 $I_{(001)}$ 有逐渐增大的趋势；⑤1M 型钠云母基面衍射峰强度分布特点与白云母不同，白云母最强基面衍射峰是（001），而 1M 型钠云母最强基面衍射峰是（003），（001）积分强度为 80% 左右，（002）积分强度为 50% 左右，非基面衍射峰（020）［$d_{(020)}$ = 0.444nm］和（112）［$d_{(112)}$ = 0.306nm］积分强度也较高，分别为 35% 和 30%，其他衍射峰强度较低，均低于 30%。研究区样品中的钠云母基面衍射峰数据及衍射图谱特征与 1M 型钠云母基本对应，表明研究区中的钠云母可能是 1M 型。

钠云母多出现于各种变质岩中，沉积岩中较为少见。1971 年 Stadler 在超无烟煤地层中首次发现 1M 型钠云母与伊利石和绿泥石共生。梁绍暹等（1995）在研究山西阳泉地区 12 号煤层黏土岩夹矸物质组成后认为，在高煤级阶段（温度大于 250℃），随着成

表 5.14　华北地区沁水煤田晋城地区 9# 煤底板的全岩矿物组成及含量

时代	样品编号	采样地点	矿物种类及含量/%			
			黏土矿物	石英	锐钛矿	石膏
石炭纪	FHS-9-F	凤凰山矿 9# 煤底板	63.1	33.8	1.8	1.3
	GSY-9-F	古书院矿 9# 煤底板	72.7	25.6	0.8	0.9
	WTP-9-F	王台铺矿 9# 煤底板	69.9	29.4	0.7	

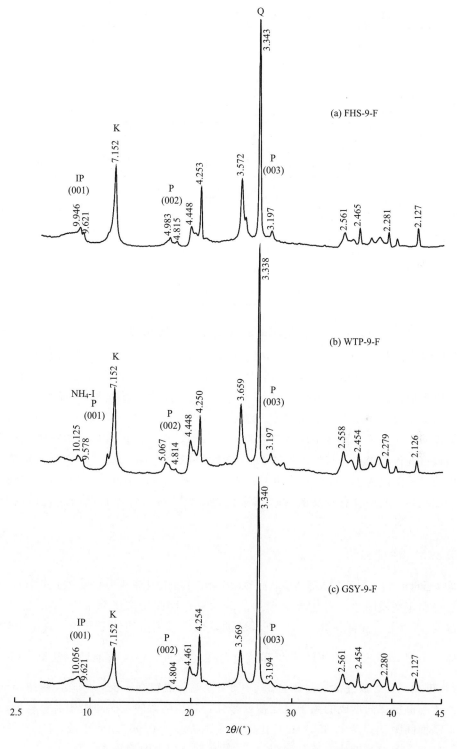

图 5.34　华北地区沁水煤田晋城地区太原组 9♯煤底板全岩非定向 X 射线衍射谱图（峰值单位：10^{-1}nm）
P. 钠云母；I. 伊利石；NH₄-I. 铵伊利石；Q. 石英

表 5.15　华北地区沁水煤田晋城地区 9♯煤底板的黏土矿物组成及含量

时代	样品采集地点	样品编号	黏土矿物种类及相对含量/%				间层比
			I/S	K	I	P	(S%)
石炭纪	凤凰山矿 9 煤底板	FHS-9-F	33	45	4	18	20
	古书院矿 9 煤底板	GSY-9-F	37	53	2	8	17
	王台铺矿 9 煤底板	WTP-9-F	41	47	2	10	22

注：P 为钠云母。

表 5.16　华北地区沁水煤田晋城地区太原组 9♯煤底板钠云母衍射特征及对比

样品编号	钠云母 X 射线衍射参数								
	$d_{(001)}$ /nm	$I_{(001)}$ /%	$FWHM_{(001)}$	$d_{(002)}$ /nm	$I_{(002)}$ /%	$FWHM_{(002)}$	$d_{(003)}$ /nm	$I_{(003)}$ /%	$FWHM_{(003)}$
FHS-9-F	0.9621	80.2	0.177	0.4815	45.5	0.210	0.3197	100	0.258
WTP-9-F	0.9578	72.5	0.266	0.4814	47.1	0.215	0.3197	100	0.217
GSY-9-F	0.9621	89.2	0.348	0.4804	48.1	0.339	0.3194	100	0.321

岩作用不断增强，高岭石与成岩流体中的 Na^+ 反应形成钠云母，其中 Na^+ 主要来源于同沉积酸性火山灰。Susilawati 和 Ward（2006）在研究印度尼西亚苏门答腊南部的含煤地层中的钠云母后指出，在岩浆岩侵入体的烘烤作用下，高岭石与富 Na^+ 流体可以发生反应形成钠云母。刘嘉陵和王福民（1988）在研究钠云母地质特征后指出，钠云母的形成取决于温度和压力，形成温度为 300～350℃，分解温度为 500～600℃。晋城地区 9 号煤属于无烟煤，镜质组反射率 $R°_{max} > 2.50\%$，成岩阶段为中成岩—晚成岩阶段，此时高岭石变得不稳定，与流体中的 Na^+ 发生反应转化为钠云母，对比镜质组反射率，钠云母的形成温度为 175℃。从其共生的少量矿物石膏可以推断，成岩流体的盐碱度和卤化程度较高，其中含有较高的 Na^+ 离子，因而高岭石在富含 Na^+ 的成岩环境中形成了钠云母。

5.3.5　珍珠云母

珍珠云母是 2∶1 层型二八面体层状硅酸盐矿物，其理论化学式为 $CaAl_2(Si_2Al_2)O_{10}(OH)_2$，与白云母属于类质同象，自然界中天然的珍珠云母层间阳离子并非全部由 Ca^{2+} 组成，而是以 Ca^{2+} 为主、含有少量 Na^+，即天然的珍珠云母是由纯钠云母和珍珠云母组成的固溶体，由于 Ca^{2+} 和 Na^+ 离子半径和核电荷数相接近，根据类质同象法则 $\frac{r_{Na} - r_{Ca}}{r_{Na}} = 2.0\%$，推测二者形成连续固溶体。由于 Ca^{2+} 核电荷数较 Na^+ 高，因此，珍珠云母的层间阳离子与晶层之间形成的离子键比钠云母强，导致前者的基面间距比后者稍小，纯珍珠云母基面间距 $d_{(001)} = 0.9560nm$，比钠云母的 $d_{(001)} = 0.9600nm$ 稍低，随着层间域中 $Ca^{2+}/(Ca^{2+} + Na^+)$ 减小，珍珠云母 $d_{(001)}$ 具有逐渐变大的趋势。

珍珠云母被公认为是一种低级-中级变质作用的标志矿物，沉积岩中极为少见，常与白云母、黑云母、石英、石墨、石榴子石等变质矿物共生。华北地区京西煤田石炭纪煤层中发现一定量的珍珠云母（图 5.35），其含量为 7%～35%，其形成可能与京西地区较为强烈的岩浆活动以及构造运动有关。

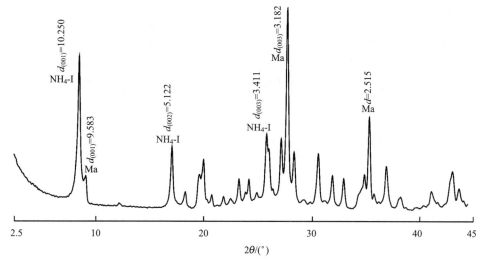

图 5.35　华北地区京西煤田石炭纪煤层夹矸 X 射线衍射谱图（峰值单位：10^{-1}nm）

Ma. 珍珠云母；NH_4-I. 铵伊利石

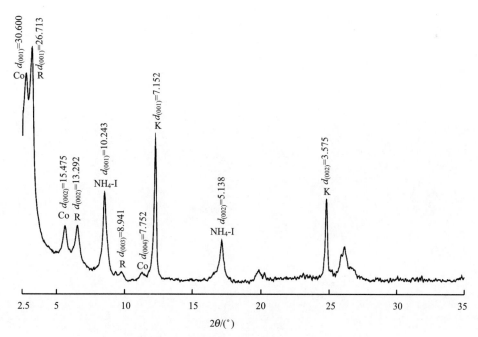

图 5.36　晋城地区王台铺矿 9♯煤中［WTP-9-c（LTA）］

柯绿泥石乙二醇饱和定向 X 射线衍射谱图（峰值单位：10^{-1}nm）

Co. 柯绿泥石；R. 累托石；NH_4-I. 铵伊利石；K. 高岭石

5.3.6　绿泥石、绿/蒙间层以及柯绿泥石

华北地区部分黏土岩夹矸及煤中含有少量绿泥石和绿/蒙间层矿物，前者含量低于 7%，后者含量低于 15%。柯绿泥石是由蒙脱石和绿泥石晶层沿 c 轴严格按照 1：1 的规律堆积时形成规则绿/蒙间层矿物，仅在晋城地区王台铺矿 9♯煤中发现（图 5.36），其含量在 9% 左右。绿泥石、绿/蒙间层矿物以及柯绿泥石形成环境偏碱性，9♯煤及夹矸中含有较高的碳酸盐矿物和黄铁矿表明，该煤层形成过程中受海水影响较大。

第6章　华北地区煤层黏土岩夹矸地球化学研究

6.1　研　究　方　法

6.1.1　X 射线荧光分析（XRF）

X 射线是一种电磁辐射，其波长介于紫外线和 γ 射线之间。它的波长没有一个严格的界线，一般来说，是指波长为 $0.001\sim50\mathrm{nm}$ 的电磁辐射。对分析化学家来说，最感兴趣的波段是 $0.01\sim24\mathrm{nm}$，$0.01\mathrm{nm}$ 左右是超铀元素的 K 系谱线，$24\mathrm{nm}$ 则是最轻元素 Li 的 K 系谱线。1923 年赫维西（Hevesy）提出了应用 X 射线荧光光谱进行定量分析，但由于受到当时探测技术水平的限制，该方法并未得到实际应用，直到 20 世纪 40 年代后期，随着 X 射线管、分光技术和半导体探测器技术的改进，X 荧光分析才开始进入蓬勃发展的时期，成为一种极为重要的分析手段。

1. 基本原理

当能量高于原子内层电子结合能的高能 X 射线与原子发生碰撞时，驱逐一个内层电子而出现一个空穴，使整个原子体系处于不稳定的激发态，激发态原子寿命为 $10^{-12}\sim10^{-14}\mathrm{s}$，然后自发地由能量高的状态跃迁到能量低的状态。这个过程称为弛豫过程。弛豫过程既可以是非辐射跃迁，也可以是辐射跃迁。当较外层的电子跃迁到空穴时，所释放的能量随即在原子内部被吸收而逐出较外层的另一个次级光电子，此称为俄歇效应，亦称次级光电效应或无辐射效应，所逐出的次级光电子称为俄歇电子。它的能量是特征的，与入射辐射的能量无关。当较外层的电子跃入内层空穴所释放的能量不在原子内被吸收，而是以辐射形式放出，便产生 X 射线荧光，其能量等于两能级之间的能量差。因此，X 射线荧光的能量或波长是特征性的，与元素有一一对应的关系。图 6.1 为 X 射线荧光和俄歇电子产生过程示意图。

K 层电子被逐出后，其空穴可以被外层中任一电子所填充，从而可产生一系列的谱线，称为 K 系谱线：由 L 层跃迁到 K 层辐射的 X 射线叫 $K\alpha$ 射线，由 M 层跃迁到 K 层辐射的 X 射线叫 K_{β} 射线……同样，L 层电子被逐出可以产生 L 系辐射（图 6.2）。

如果入射的 X 射线使某元素的 K 层电子激发成光电子后 L 层电子跃迁到 K 层，此时就有能量 ΔE 释放出来，且 $\Delta E = EK-EL$，这个能量是以 X 射线形式释放，产生的就是 $K\alpha$ 射线，同样还可以产生 K_{β} 射线、L 系射线等。莫斯莱（Moseley）发现，荧光 X 射线的波长 λ 与元素的原子序数 Z 有关，其数学关系如下：

$$\lambda = K(Z-s)^{-2} \tag{6.1}$$

这就是莫斯莱定律，式中，K 和 S 为常数。

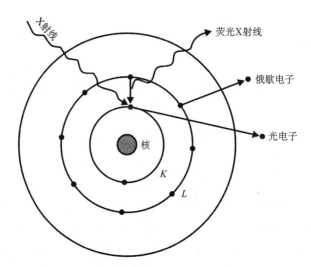

图 6.1　X 射线荧光和俄歇电子产生过程示意图

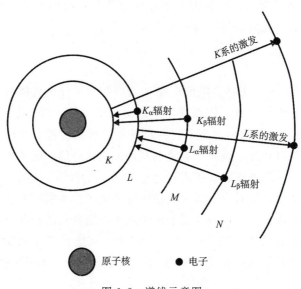

图 6.2　谱线示意图

　　而根据量子理论，X 射线可以看成由一种量子或光子组成的粒子流，每个光具有的能量为

$$E = h\nu = hC/\lambda \tag{6.2}$$

式中，E 为 X 射线光子的能量，keV；h 为普朗克常数；ν 为光波的频率；C 为光速。

　　因此，只要测出荧光 X 射线的波长或者能量，就可以知道元素的种类，这就是荧光 X 射线定性分析的基础。此外，荧光 X 射线的强度与相应元素的含量有一定的关系，据此可以进行元素定量分析。

2. 仪器结构

用 X 射线照射试样时，试样可以被激发出各种波长的荧光 X 射线，需要把混合的 X 射线按波长（或能量）分开，分别测量不同波长（或能量）的 X 射线的强度，以进行定性和定量分析，为此使用的仪器叫 X 射线荧光光谱仪。由于 X 光具有一定波长，同时又有一定能量，因此，X 射线荧光光谱仪有两种基本类型：波长色散型和能量色散型，前者主要由 X 射线管、分光系统（准直器和分光晶体）和检测记录系统（检测器、计算机、脉高分析器和多道脉冲分析器）组成，后者主要由 X 光管、检测器、放大镜及记录系统组成。图 6.3 是这两类仪器的结构图，其具体工作原理在此不再详述。

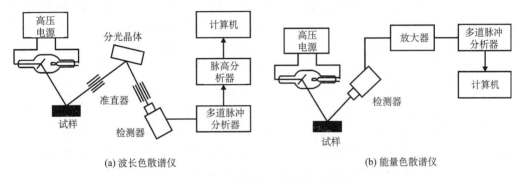

(a) 波长色散谱仪　　　　　　　　　　　　　(b) 能量色散谱仪

图 6.3　X 射线荧光仪结构示意图

3. 样品制备

进行 X 射线荧光光谱分析的样品，可以是固态，也可以是水溶液。本书主要利用 XRF 分析方法对华北地区煤层夹矸中的常量元素含量进行定量分析。首先，将煤层夹矸破碎、研磨至 200 目以下，用小勺将样品铺成圆形的薄层，直径约 3cm，用硼酸覆盖，利用油压机将其迅速压成圆片，压好的圆片直接放入样品槽中进行测定。

4. 定性及定量分析

不同元素的荧光 X 射线具有各自的特定波长或能量，因此根据荧光 X 射线的波长或能量可以确定元素的组成。如果是波长色散型光谱仪，对于一定晶面间距的晶体，由检测器转动的 2θ 角可以求出 X 射线的波长 λ，从而确定元素成分。对于能量色散型光谱仪，可以由通道来判别能量，从而确定是何种元素及成分。X 射线荧光光谱法进行定量分析的依据是元素的荧光 X 射线强度 I_i 与试样中该元素的含量 C_i 成正比：

$$I_i = I_s * C_i \tag{6.3}$$

式中，I_s 为 $C_i = 100\%$ 时，该元素的荧光 X 射线的强度。

6.1.2　电感耦合等离子质谱分析（ICP-MS）

电感耦合等离子质谱分析是一种灵敏度非常高的元素分析仪器，可以测量溶液中含量在 ppb 或 ppb 以下的微量元素，广泛应用于半导体、地质、环境以及生物制药等行业中。

1. 基本原理

ICP-MS 是以电感耦合等离子体为离子源，以质谱计进行检测的无机多元素分析技术。被分析样品通常以水溶液的气溶胶形式引入氩气流中，然后进入由射频能量激发的处于大气压下的氩等离子体中心区，等离子体的高温使样品去溶剂化、汽化解离和电离。部分等离子体经过不同的压力区进入真空系统，在真空系统内，正离子被拉出并按照其质荷比分离。检测器将离子转换成电子脉冲，然后由积分测量线路计数。电子脉冲的大小与样品中分析离子的浓度有关。通过与已知的标准或参考物质比较，实现未知样品的痕量元素定量分析。自然界出现的每种元素都有一个简单的或几个同位素，每个特定同位素离子给出的信号与该元素在样品中的浓度呈线性关系。

ICP 中心通道温度高达约 7000K，引入的样品完全解离，具有高的单电荷分析物离子产率、低的双电荷离子、氧化物及其他分子复合离子产率，是比较理想的离子源。样品随载气进入高温 ICP 中被蒸发、解离、原子化和离子化。等离子体的中心部分进入接口部分。等离子体质谱的接口由采样锥和截取锥组成，两锥之间为第一级真空。离子束以超音速通过采样锥孔并迅速膨胀，形成超声射流通过截取锥。中性粒子和光子在此被分离掉，而离子进入第二级真空的离子透镜系统被聚焦。聚焦后的离子束传输至第三级真空质谱分析器。这级真空的压力必须保证四极杆分析器和倍增器在施加高压的操作过程中不致产生电弧，同时使由于离子束与真空中存在的气体分子的碰撞而产生的散射不致过于严重。离子进入加有直流和射频电压的四极杆过滤器的一端，杆上施加的射频电压使所有离子偏转进入一个振荡路径而通过极棒。

2. 仪器结构

电感耦合等离子体质谱仪由以下几部分组成：①样品引入系统；②离子源；③接口部分；④离子聚焦系统；⑤质量分析器；⑥检测系统。此外，仪器中还配置真空系统、供电系统，以及用于仪器控制和数据处理的计算机系统。典型的 ICP-MS 仪器的基本结构见图 6.4。仪器的各部分及其基本工作原理详见李冰和杨红霞（2005）编著的《电感耦合等离子体质谱原理和应用》，在此不再详述。

3. 样品制备

目前，样品分解主要有两种方法，即酸溶法和熔融法。酸溶法又分为敞开酸溶法和封闭酸溶法。不同酸的适当组合已经成功地用于大多数类型样品的分解，包括土壤、岩石、沉积物、矿物、植物等地质和环境样品，以及临床、生物、半导体、合金等样品。封闭酸溶通过增加溶样温度和压力极大地提高了分解效率。熔融法又分为碱熔融、酸熔融和还原熔融。熔融法对于难熔矿物和岩石的分解尤为有效。岩矿样品适用于敞开酸溶法，本书着重对该方法进行介绍，其具体步骤如下：

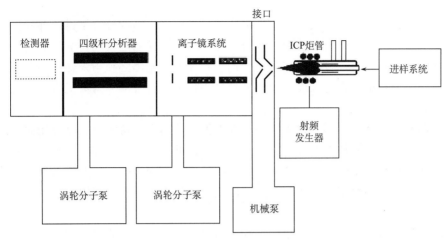

图 6.4　典型电感耦合等离子体质谱仪示意图

1）测定通常元素的样品

（1）称取 0.25g 样品（样品在 105℃ 下干燥）于 50mL 聚四氟乙（PTFE）烯烧杯中，用少量水润湿，加入 5mL HCl，盖上 PTFE 表面皿。在电热板上，加热煮沸 20～30min。

（2）在烧杯中加入 15mL HNO_3，盖上盖子，加热煮沸 1h。用水吹洗并取去表面皿，继续加热，蒸发至 10mL 左右。

（3）在烧杯中加入 15mL HF、1mL $HClO_4$，盖上 PTFE 表面皿，加热分解 1～2h，用水吹洗并取下表面皿继续加热两小时，蒸至白烟冒尽。用水吹洗杯壁，再加五滴 $HClO_4$，蒸至白烟冒尽。

（4）在烧杯中加入 7mL（1+1）HCl，加热浸取。冷却，移入 50mL 容量瓶中，加水至刻度，摇匀（此溶液为 7% 的盐酸溶液）。

（5）立即将容量瓶中的试液移入干燥的有盖塑料瓶中备用，以免试液中残留的 HF 溶蚀容量瓶。

2）测定 Hg、As、Sb、Bi、Se 等元素的样品

这类元素在分解过程中易成氯化物挥发，主要用王水来分解。

（1）称取 0.5～1.0g 样品于 50mL 比色管中（样品为自然空气风干）。

（2）加入 20mL 新配制的逆王水（$3HNO_3 + 1HCl$）。

（3）放入沸水浴中摇碎样品，加热煮沸 1h，在此过程中，需要经常摇动。

（4）取下冷却，用水加至刻度，备用。

4. 定量分析

定量分析常用的校准方法有外标法、标准加入法和同位素稀释法。其中外标法应用

最为广泛。

测定未知样品元素浓度大多采用外标法。对于溶液样品的校准来讲，外标法需要配制一组能覆盖被测物浓度范围的标准溶液。一般采用和样品溶液同样酸度的水溶液标准即可。对于固体样品直接分析，如激光烧蚀法，标准的基体必须与未知样品匹配。在溶液分析或固体分析中，也有人以标准参考物质为标准进行校准。与人工合成多元素标准溶液相比，

采用同类型天然标准参考物质制备标准溶液虽然具有制备简单、流程相同、可扣除同一本底、有效减少系统偏差等优点，但其不足之处是元素的推荐值与真值之间的偏差将被未知样品继承。实际上，有些标准物质的不确定度变化较大，有些结果在使用过程中又依赖后来积累的数据来修改参考值。所以，一般来讲，不推荐用标准参考物质进行原始校准。

标准数据通常采用最小二乘法拟合校准曲线。可通过校准曲线的相关系数判断曲线对于测得数据的拟合性。校准曲线最好采用多点标准拟合。校准曲线可以储存，但在每次分析前必须重新确定校准曲线。因为响应曲线的形状以及灵敏度与仪器的最佳化方式关系很大，会随每次的参数设置而不同。

6.2　常量元素含量反赋存特征

采用 XRF 分析方法对华北地区煤层夹矸中常量元素进行测定，结果表明夹矸中常量元素主要包括 SiO_2、Al_2O_3、Na_2O、MgO、CaO、K_2O、Fe_2O_3、MnO 以及 TiO_2，含量见表 6.1。

表 6.1　华北地区煤层夹矸常量元素含量

地区		常量元素含量/%										SiO_2/Al_2O_3	TiO_2/Al_2O_3
		SiO_2	Al_2O_3	Na_2O	K_2O	CaO	MgO	Fe_2O_3	TiO_2	MnO	P_2O_5		
山西 阳泉	YQ1-15-g1	56.72	34.64	0.75	1.60	0.19	0.49	0.74	2.37	0.00	0.07	1.64	0.07
	YQ1-15-g2	56.84	40.07	0.30	0.58	0.08	0.09	0.08	1.20	0.00	0.02	1.42	0.03
	YQ1-15-g3	56.19	40.72	0.34	0.50	0.06	0.08	0.28	1.12	0.00	0.02	1.38	0.03
	YQ2-8-g1	53.30	42.61	0.40	0.08	0.10	0.11	0.94	2.10	0.00	0.13	1.25	0.05
	YQ2-15-g1	62.24	32.97	0.43	0.95	0.07	0.28	0.51	2.29	0.00	0.07	1.89	0.07
	YQ2-15-g3	56.49	42.08	0.13	0.18	0.03	0.05	0.14	0.78	0.00	0.03	1.34	0.02
	YQ3-15-g1	57.30	37.72	0.20	0.44	0.07	0.04	0.56	1.53	0.00	0.10	1.52	0.04
	YQ3-15-g3	56.69	41.26	0.13	0.33	0.04	0.09	0.70	1.11	0.00	0.02	1.37	0.03
	YQ5-15-g2	52.57	36.35	0.18	0.44	0.83	0.15	3.46	1.94	0.00	0.47	1.45	0.05
	XJ-8-g1	55.04	38.53	0.65	1.06	0.17	0.73	1.50	1.63	0.00	0.08	1.43	0.04
	YQ5-15-g1	55.37	36.59	0.22	1.01	0.12	0.21	1.71	2.20	0.00	0.09	1.51	0.06
	XJ-3-g1	58.56	38.30	0.69	0.58	0.26	0.18	0.57	0.58	0.00	0.03	1.53	0.02
	XJ-15-v	53.65	37.96	0.53	1.98	0.12	0.41	1.57	2.15	0.00	0.04	1.41	0.06
	YQ2-3-g	53.57	42.97	0.82	0.23	0.11	0.14	1.25	0.74	0.00	0.04	1.25	0.02
	YQ2-8-g2	56.07	41.54	0.31	0.29	0.12	0.09	0.29	1.00	0.00	0.06	1.35	0.02

续表

地区		常量元素含量/%										$SiO_2/$ Al_2O_3	$TiO_2/$ Al_2O_3
		SiO_2	Al_2O_3	Na_2O	K_2O	CaO	MgO	Fe_2O_3	TiO_2	MnO	P_2O_5		
山西 晋城	SH-3-g1	52.53	45.00	0.49	0.28	0.96	0.68	0.39	0.90	0.00	0.56	1.17	0.02
	SH-3-g2	52.65	44.72	0.62	0.30	0.13	0.08	0.35	0.98	0.00	0.04	1.18	0.02
	FHS-15-g1	59.33	33.93	0.34	1.88	0.14	0.63	0.89	2.10	0.00	0.05	1.75	0.06
	GSY-15-g1	59.62	32.97	0.30	1.94	0.09	0.53	1.97	2.10	0.00	0.04	1.81	0.06
	GSY-15-g2	54.67	38.91	0.19	1.04	0.12	0.45	2.58	1.57	0.00	0.06	1.41	0.04
	GSY-15-g3	50.66	40.55	0.09	0.39	0.26	0.00	5.78	1.30	0.00	0.04	1.25	0.03
	WTP-15-g1	53.75	41.11	0.06	1.72	0.12	0.00	1.43	1.30	0.00	0.03	1.31	0.03
	WTP-15-g2	53.75	38.89	0.00	0.97	0.13	0.49	2.08	2.71	0.00	0.06	1.38	0.07
	WTP-15-g3	54.98	40.49	0.08	0.79	0.13	0.31	1.07	1.58	0.00	0.08	1.36	0.04
	CZ-3-g1	55.48	40.69	0.40	0.33	0.15	0.17	0.94	1.27	0.00	0.05	1.36	0.03
	CZ-3-g2	58.66	37.43	1.13	0.53	0.19	0.17	0.74	0.79	0.00	0.06	1.57	0.02
	CZ-15-g1	1.82	1.56	0.00	0.03	0.16	0.05	58.32	0.03	0.01	0.02	1.17	0.02
	CZ-15-g2	22.80	19.02	0.02	0.73	0.07	0.13	33.79	1.29	0.00	0.04	1.20	0.07
	CZ-15-g3	53.44	39.94	0.02	2.23	0.09	0.29	0.51	1.47	0.00	0.04	1.34	0.04
	CZ-15-g4	54.96	39.46	0.02	0.41	0.10	0.05	0.33	1.92	0.00	0.03	1.39	0.05
	CZ-15-g5	53.79	41.07	0.02	1.58	0.06	0.17	0.60	0.87	0.00	0.03	1.31	0.02
	CZ-15-g6	2.38	2.11	0.00	0.04	0.08	0.05	57.76	0.07	0.00	0.02	1.13	0.03
	CZ-15-g7	10.86	9.76	0.00	0.25	0.07	0.08	47.75	0.25	0.00	0.02	1.11	0.03
	CP-3-g1	54.96	39.55	0.86	0.78	0.19	0.26	0.64	2.17	0.00	0.03	1.39	0.05
	CP-3-g2	56.90	38.32	1.35	0.70	0.34	0.37	1.02	0.69	0.00	0.02	1.48	0.02
	CP-3-g3	57.11	38.39	1.28	0.68	0.34	0.36	0.83	0.74	0.00	0.02	1.49	0.02
	CP-3-g4	49.89	33.48	0.80	0.64	0.23	0.26	1.61	11.53	0.00	0.11	1.49	0.34
	DJZ-3-g1	54.69	37.03	0.87	1.82	0.22	0.63	2.17	2.11	0.00	0.59	1.48	0.06
	DJZ-3-g2	57.40	39.09	0.97	0.47	0.28	0.28	0.63	0.66	0.00	0.02	1.47	0.02
	DJZ-15-g1	63.64	30.30	0.35	2.46	0.01	0.45	1.26	1.20	0.00	0.03	2.10	0.04
	FHS-9-g2	10.09	6.63	0.35	0.25	0.32	0.08	77.04	0.02	0.00	0.00	1.52	0.00
	GSY-9-g2	16.61	8.66	0.62	0.21	0.09	0.14	66.94	0.24	0.00	0.01	1.92	0.03
	WTP-9-g2	20.17	8.96	0.09	0.45	0.10	0.21	53.86	0.35	0.00	0.03	2.25	0.04
	FHS-9-g1	54.09	30.25	0.51	0.34	0.15	0.13	11.43	2.66	0.00	0.04	1.79	0.09
	GSY-9-g1	55.03	39.53	0.35	0.68	0.14	0.20	2.88	0.73	0.00	0.07	1.39	0.02
	GSY-9-g3	56.04	37.36	0.48	0.49	0.51	0.16	0.54	3.80	0.00	0.03	1.50	0.10
	WTP-9-g1	55.99	35.56	0.27	0.98	0.07	0.19	3.51	3.01	0.00	0.04	1.57	0.08

续表

地区		常量元素含量/%										$SiO_2/$ Al_2O_3	$TiO_2/$ Al_2O_3
		SiO_2	Al_2O_3	Na_2O	K_2O	CaO	MgO	Fe_2O_3	TiO_2	MnO	P_2O_5		
山西 长治	NZ-3-g	28.97	36.60	0.42	0.14	0.23	0.06	0.51	0.62			1.26	0.02
	GH-3-g2	56.49	39.51	0.73	0.22	0.18	0.12	1.23	0.82	0.00	0.03	1.43	0.02
	YW-3-g1	52.86	34.39	0.53	0.44	0.60	0.23	3.90	2.96	0.00	0.08	1.54	0.09
	ZC-3-g1	56.35	41.05	0.71	0.19	0.13	0.11	0.53	0.74	0.00	0.02	1.37	0.02
	SZ-3-g1	53.92	40.92	0.40	0.24	0.09	0.17	0.98	2.87	0.00	0.11	1.32	0.07
	SZ-3-g2	61.95	29.87	0.46	2.63	0.12	0.57	2.77	1.01	0.00	0.07	2.07	0.03
河北 邯郸	XT-2-g	56.44	41.56	0.41	0.24	0.06	0.07	0.43	0.56	0.00	0.02	1.36	0.01
	YJL-2-D3	62.68	28.66	0.60	3.09	0.37	0.44	2.06	1.02	0.05	0.09	2.19	0.04
	YJL-2-g4	55.40	39.16	0.78	1.90	0.56	0.13	0.64	0.73	0.10	0.45	1.41	0.02
	XC-2-g1	56.79	40.69	0.54	0.31	0.09	0.10	0.47	0.69	0.00	0.04	1.40	0.02
	XC-4-g1	35.73	35.42	0.71	0.63	0.11	0.27	26.42	0.69	0.00	0.04	1.01	0.02
	YD-2-g1	66.82	26.67	0.64	2.41	0.24	0.46	1.20	1.17	0.00	0.05	2.51	0.04
	ZT-2-g1	53.32	36.56	0.67	3.17	0.29	0.59	2.68	2.17	0.10	0.06	1.46	0.06
邢台	XDW-9-g5	55.56	38.23	1.20	2.44	0.54	0.20	0.57	0.85	0.00	0.03	1.45	0.02
	XDW-9-g6	27.61	23.09	0.44	0.44	0.16	0.28	29.51	0.35	0.00	0.03	1.20	0.01
	ZC-9-g1	52.39	35.66	1.04	5.69	0.89	0.25	0.64	2.25	0.00	0.04	1.47	0.06
	XDW-9-g1	62.77	24.65	0.17	1.80	0.89	0.46	5.26	1.04	0.04	0.12	2.55	0.04
	XDW-9-g2	61.66	28.40	0.11	1.50	0.58	0.44	3.53	0.97	0.01	0.26	2.17	0.03
	XDW-9-g3	59.45	32.12	0.14	1.18	0.25	0.39	3.44	1.40	0.00	0.08	1.85	0.04
	XDW-9-g4	58.04	32.83	0.14	1.62	0.20	0.49	3.36	1.56	0.01	0.07	1.77	0.05
河南 焦作	LS-2-R1	65.28	25.20	0.94	4.34	0.10	0.63	2.12	1.04	0.01	0.05	2.59	0.04
	ZG-2-D4	64.58	27.62	0.57	2.60	0.39	0.45	1.54	1.50	0.00	0.07	2.34	0.05
北京 京西	DT-3-g1	76.70	14.00	1.89	3.17	0.69	0.62	1.79	0.41	0.04	0.11	5.48	0.03
	DT-3-g2	64.90	20.61	1.67	4.99	0.43	1.65	4.58	0.93	0.03	0.03	3.15	0.04
	DT-3-g3	45.88	43.57	1.01	1.08	6.87	0.11	0.33	0.67	0.00	0.01	1.05	0.02
	DT-3-g4	52.13	37.53	0.58	1.74	2.86	0.37	1.36	1.95	0.01	0.22	1.39	0.05
	DT-3-g6	53.63	39.53	0.90	1.71	1.65	0.28	0.59	1.11	0.00	0.02	1.36	0.03
	MCJ-6-g	60.00	25.84	0.60	6.65	0.26	1.31	4.18	0.91	0.03	0.00	2.32	0.04
	CGY-4-g	52.54	27.49	3.52	5.35	5.25	0.59	3.47	1.22	0.06	0.04	1.91	0.04
	DAS-9-g2	64.17	20.33	1.39	4.56	2.10	1.47	4.86	0.73	0.07	0.03	3.16	0.04
	DAS-10-g1	63.51	23.42	0.53	4.94	1.76	1.30	3.32	0.88	0.04	0.07	2.71	0.04
平均		52.33	33.21	0.57	1.40	0.48	0.34	7.29	1.43	0.01	0.08	1.66	0.04
最大		76.70	45.00	3.52	6.65	6.87	1.65	77.04	11.53	0.07	0.59	5.48	0.34
最小		1.82	1.56	0.00	0.03	0.03	0.05	0.08	0.02	0.00	0.00	1.01	0.00
华北沉积盖层		49.48	10.80	1.50	2.41	13.10	4.02	2.69	0.50	0.08	0.14	4.58	0.05
华北大陆地壳		60.14	14.31	3.46	2.33	5.93	3.50	2.83	0.62	0.10	0.16	4.20	0.04
物源区		72.89	13.97	4.07	4.00	1.10	0.44	0.88	0.20	0.04	0.07	5.22	0.01

注：华北沉积盖层、华北大陆地壳以及物源区常量元素组成引自迟清华和鄢明才，2007。

6.2.1　常量元素含量

1. Si

煤层夹矸中的 Si 主要以石英、铵伊利石、高岭石、伊/蒙间层矿物等硅酸盐、硅铝酸盐的形式存在，主要来源于泥炭聚集时期陆源碎屑的供给，少量来源于同沉积火山灰。中国华北地区煤层夹矸中的石英主要为陆源成因，自生石英较为少见。山西晋城地区 9♯煤底板以及阳泉地区 12♯煤底板中发现棱角状-次棱角状石英以及钠云母，二者形成可能与同沉积火山灰有关。华北地区煤层夹矸 SiO_2 含量为 1.8%～76.7%，平均为 52.3%，与华北地区地台及盖层的丰度接近，与物源区丰度相比偏低。物源区以酸性花岗岩为主，富含大量的石英，为 Si 的主要载体，在迁移过程中以机械搬运方式为主，搬运能力较差，导致沉积区较物源区 SiO_2 丰度偏低。

2. Al

煤层夹矸中常见含 Al 矿物包括高岭石、伊/蒙间层矿物等铝硅酸盐，以及勃姆石、一水硬铝石等铝的氢氧化物，另外，还有少量的 Al 以蜜蜡石等有机结合态存在（代世峰等，2005）。其中，高岭石以及伊/蒙间层矿物是 Al 最常见的载体。华北地区煤层夹矸中，除高岭石以及伊/蒙间层外，铵伊利石、铵伊利石/蒙皂石间层矿物、绿泥石、柯绿泥石、累托石、珍珠云母、钠云母等黏土矿物也是 Al 的重要载体。另外作者在山西以及京西煤层夹矸中以及 Dai 等（2006，2012a，2012b，2012c）在研究准格尔和大青山煤田煤中矿物时发现大量的勃姆石以及一水硬铝石。华北地区煤层夹矸 Al_2O_3 含量为 1.6%～45.0%，平均为 33.2%，明显比华北地区地台及沉积盖层丰度偏高，与物源区相比 Al_2O_3 发生了明显富集。物源区的酸性斜长石以及钾长石为 Al 主要载体，在风化过程中，Al 以氢氧化物胶体或细粒黏土矿物颗粒进入水体中，导致 Al_2O_3 在沉积区发生富集。

3. Fe

煤层夹矸中 Fe 主要赋存于黄铁矿、白铁矿、磁黄铁矿等硫化物中，白云石、菱铁矿等碳酸盐中，针铁矿、赤铁矿等氧化物-氢氧化物中，以及绿泥石、柯绿泥石、绿/蒙间层矿物、伊/蒙间层矿物等黏土矿物中。另外，少量 Fe 也可赋存于硫酸盐以及有机物中（如草酸铁矿；Bouska *et al.*，2000）。其中，黄铁矿以及白铁矿是煤层夹矸中铁最常见的存在形式，是泥炭聚集时海侵的主要产物，另外，少量黄铁矿的形成也与成岩过程中的富铁硅质或富铁钙质低温热液活动有关。代世峰（2002）和代世峰等（2005）指出，其他在煤中发现的含铁矿物有磁铁矿、铬铁矿、纤铁矾、黄钾铁矾、叶绿矾、铁明矾、板铁矿、蓝铁矿、黄磷铁矿、紫硫镍矿、水绿石、臭葱石、褐帘石等，但它们在煤层中极为少见，有些铁的氧化物、氢氧化物以及硫酸盐是黄铁矿、白铁矿的风化氧化的产物。华北地区煤层夹矸中 Fe 主要赋存在黄铁矿以及白铁矿中，以黄铁矿结核的形式产出。少量的 Fe 以类质同象替代的形式（Fe^{2+} 替代 Mg^{2+}）赋存在白云石等碳酸盐中，抑或进入绿泥石等黏土矿物的八面体（Fe^{2+}、Fe^{3+}）或四面体（Fe^{3+}）中。华北地区煤层夹矸 Fe_2O_3 含量为 0.1%～77.0%，平均 7.3%，去除富含黄铁矿的样品，Fe_2O_3 平均含量为 2.20%，与华北地区地台及盖层的丰度接近，与物源区丰度相比明显富集。物源区 Fe 的主要载体为黑云母等暗色矿物，在风化过程中，Fe 氧化为 Fe^{3+}，以氢氧化物胶体的形式进入水体，抑或进入细粒黏土矿物的晶格中，导致沉积区 Fe 发生明显富集，当沉积区受海水影响较大时，在还原环境环境下，Fe^{3+} 将与海水中的 S 形成大量的黄铁矿结核，导致部分煤层及夹矸富含黄铁矿。

4. Mg

煤层夹矸中含 Mg 矿物包括白云石、菱镁矿等碳酸盐，以及绿泥石、柯绿泥石等黏土矿物。其中，白云石是煤层中 MgO 主要载体。白云石多与方解石共生，其形成可能与海水侵入有关，少量白云石属于低温热液的产物。其他少量含 Mg 矿物包括水氯镁石、硫酸镁石、泻利盐、镁明矾、叶绿矾等，大多属于碳酸盐的风化产物。华北地区大部分煤层夹矸中的 Mg 赋存于黏土矿物中，少部分赋存于碳酸盐中。华北地区煤层夹矸 MgO 含量为 0.1%～1.7%，平均为 0.4%。

5. Ca

煤层夹矸中含 Ca 的矿物较多，包括方解石、白云石以及黏土矿物。方解石和白云石是煤层夹矸 Ca 的主要载体。其中，方解石以及白云石的形成多与局部海侵有关，少量方解石和白云石来源于低温热液作用（Dai *et al.*，2012c）；黏土矿物中的 Ca 主要以层间域中的阳离子形式存在，如蒙皂石、珍珠云母等。除此之外，少量的 Ca 以石膏、磷灰石和有机态形式存在，其中，石膏是黄铁矿等风氧化作用的产物。华北地区大部分煤层夹矸中的 Ca 赋存在黏土矿物中，少量夹矸中（如阳泉地区 15♯煤中部夹矸）Ca 主要赋存在方解石和白云石中。华北地区煤层夹矸 CaO 含量为 0.1%～6.9%，平均为 0.5%。

6. Na

煤层夹矸中 Na 主要赋存于黏土矿物、酸性斜长石等硅酸盐和芒硝等岩盐中，有时也以吸附态离子或者有机态存在。其中，煤层夹矸中的伊利石以及伊/蒙间层矿物层间域中的钠离子是 Na 最主要的赋存方式。华北地区煤层夹矸中酸性斜长石含量较低，Na 主要赋存于铵伊利石、伊/蒙间层、铵伊利石/蒙皂石间层矿物、绿/蒙间层矿物、柯绿泥石等黏土矿物中，其中，间层矿物中的蒙皂石晶层层间域中的 Na^+ 具有一定的可交换性。华北地区煤层夹矸 Na_2O 含量为 0～3.5%，平均为 0.6%。

7. K

煤层夹矸中 K 主要赋存于黏土矿物和正长石中，有时也以吸附态离子或者有机态存在。华北地区煤层夹矸中钾长石含量较低，铵伊利石、伊/蒙间层矿物以及铵伊利石/蒙皂石间层矿物含量较高，这些黏土矿物层间域阳离子是华北地区煤层夹矸 K 的主要赋存方式。华北地区煤层夹矸 K_2O 含量为 $0\sim6.7\%$，平均为 1.4%。

与华北地区地台及沉积盖层丰度相比，华北地区煤层夹矸中 K_2O、Na_2O、CaO 以及 MgO 含量明显偏低，与物源区相比四者发生了明显贫化。四者均属于碱金属或碱土金属元素，迁移能力较强，在沉积区夹矸遭受淋滤作用情况下，碱金属及碱土金属元素极易流失，导致 K_2O、Na_2O、CaO 以及 MgO 含量偏低。

8. Ti

煤层夹矸中 Ti 赋存方式包括锐钛矿、金红石以及板钛矿，有时也以类质同象替代的形式（Ti^{4+} 替代 Si^{4+}）赋存在硅酸盐中。锐钛矿、金红石以及板钛矿来自陆源，少量为自生成因。华北地区煤层夹矸中的锐钛矿是 Ti 主要的赋存方式，京西地区煤层夹矸还含有一定量的金红石和板钛矿，其形成可能与岩浆侵入作用有关。华北地区煤层夹矸 TiO_2 含量为 $0\sim11.5\%$，平均 1.4%，比华北地区地台及沉积盖层丰度偏高，与物源区相近。锐钛矿、金红石等含 Ti 重矿物颗粒较细，易被黏土矿物或胶体吸附。

9. P

煤层中 P 的主要载体为磷酸盐矿物，如磷灰石、独居石、磷铝锶石、磷铝钡石等（Dai *et al.*，2012c），少量 P 以有机态存在。华北地区夹矸 P_2O_5 含量较低，为 $0\%\sim0.6\%$，平均为 0.1%，比华北地区地台及沉积盖层丰度偏低，与物源区相近。

10. Mn

煤层夹矸中 Mn 的主要载体为菱锰矿、软锰矿、硬锰矿以及含铁矿物。华北地区夹矸中除黄铁矿、白铁矿外，未发现以 Mn 为主要元素的矿物，MnO 含量较低，为 $0\sim0.07\%$，平均 0.01%，比华北地区地台及沉积盖层丰度偏低，与物源区相比明显贫化，这是因为表生条件下 Mn 主要以 Mn^{4+} 的形式存在，迁移能力较强，导致夹矸中 Mn 含量偏低。

11. SiO_2/Al_2O_3 和 TiO_2/Al_2O_3

华北地区煤层夹矸 SiO_2/Al_2O_3 为 $1.01\sim5.48$，平均为 1.66，与物源区和华北地区地台以及沉积盖层相比，明显偏低，这表明在风化—搬运—沉积过程中 SiO_2 相对贫化而 Al_2O_3 发生富集。煤层夹矸 SiO_2/Al_2O_3 比高岭石（1.18）相比偏高，与伊/蒙间层矿物、伊利石、蒙皂石、绿泥石等 2∶1 层型黏土矿物（$1.73\sim2.14$）相比偏低，这说明高岭石、伊利石、伊/蒙间层等黏土矿物均为 SiO_2 和 Al_2O_3 的重要载体。华北地区煤层夹矸 TiO_2/Al_2O_3 为 $0\sim0.34$，平均 0.04，与华北地区地台及沉积盖层相近，说明煤层夹矸物源供给以陆源碎屑为主。

6.2.2 常量元素赋存特征

依据 Dai 等（2012a，2012b，2012c）和 Ward 等（1999）提出的矿物组成与化学组成对比分析方法，可进一步判断和确定煤层夹矸中常量元素的赋存状态。该方法根据XRD 定量分析得到的矿物组成，推断出各常量元素氧化物的含量，去除黏土矿物以及氢氧化物中羟基水以及碳酸盐中的 CO_2 等挥发分，将推断所得的常量元素氧化物含量与 XRF 数据进行对比，进而判断各常量元素的赋存状态。

华北地区煤层夹矸主要由黏土矿物以及石英组成，大部分夹矸及煤中矿物都含有少量锐钛矿，少部分夹矸含有一定量的碳酸盐（方解石、白云石以及菱铁矿）、黄铁矿以及长石。依据华北地区煤层夹矸的矿物组成，可推断出的常量元素氧化物包括 SiO_2、Al_2O_3、Fe_2O_3、CaO、MgO、Na_2O 以及 K_2O，而并未检测出含有 MnO 以及 P_2O_5 的矿物。以 XRD 矿物组成推断所得的各常量元素氧化物含量为纵坐标、XRF 实测所得相应常量元素氧化物含量为横坐标，绘制 X-Y 散点图，根据各散点与对角线的关系，判断各煤层夹矸矿物组成与化学组成的差异，进而推断出各常量元素的赋存状态（图 6.5）。

本书在利用夹矸矿物组成推断化学组成的过程中，各矿物所采用的化学式见表 6.2。其中：

（1）间层矿物的化学式按照间层比以及各晶层的化学式来确定；

（2）伊/蒙间层矿物在成岩作用过程中逐渐向伊利石转化，最终在变质作用阶段转化为二八面体白云母，因此，伊/蒙间层矿物中蒙皂石晶层采用二八面体蒙脱石和贝得石的化学式，参照赵杏媛等（1995）的探讨和分析结果，本书采用的化学式为 $Ca_{0.15}(Al_{1.85}Mg_{0.15})(Si_{3.85}Al_{0.15})O_{10}(OH)_2$；

（3）绿/蒙间层矿物在成岩作用过程中逐渐向绿泥石转化，最终转化为三八面体的绿泥石，因此，绿/蒙间层矿物中蒙皂石晶层采用三八面体皂石的化学式，根据文献赵杏媛等（1995），本书采用的化学式为 $Ca_{0.15}Mg_3(Si_{3.7}Al_{0.3})O_{10}(OH)_2$；

（4）伊利石在成岩作用过程中，逐渐去除八面体中的 Mg、Fe 以及四面体中的 Si，同时 Al 逐渐进入八面体和四面体，最终在变质作用阶段转化为白云母 $[KAl_2(Si_3Al)O_{10}(OH)_2]$，因此，与白云母相比，伊利石含有一定量 Mg^{VI} 和 Fe^{VI}、较多的 Si 以及较少的 Al^{IV} 和 Al^{VI}，层间域电荷数小于 1，参照赵杏媛等（1995）对伊利石的探讨和分析，本书采用的伊利石化学式为 $K_{0.75}(Al_{1.75}Mg_{0.5}Fe_{0.5})(Si_{3.5}Al_{0.5}O_{10})(OH)_2$；

（5）绿泥石族矿物种类较多，其中，含煤地层中以鲕绿泥石 $[(Fe,Mg)_3(Fe,Fe)_3(Si_3AlO_{10})(OH)_8]$ 和斜绿泥石 $[(Mg,Fe)_3(Al_{1.25}Mg_{1.75}Fe_{1.75})(Si_{2.75}Al_{1.25}O_{10})(OH)_8]$ 最为常见，本书采用的绿泥石化学组成鲕绿泥石和斜绿泥石各占 50%，化学式为 $(Fe_{1.5}Mg_{1.5})(Fe_{2.375}Al_{0.625}Mg_{0.875})(Si_{2.875}Al_{1.125}O_{10})(OH)_8$。

（6）其他矿物化学组成相对较为简单。

在 SiO_2 和 TiO_2 的 X-Y 散点图中，各点较为集中，均位于对角线附近，这表明矿物组成与化学组成分析结果一致。山西和河北地区煤层夹矸中 Si 主要赋存在黏土矿物、石英等铝硅酸盐中，Ti 主要以锐钛矿形式存在；京西地区 Si 主要赋存于黏土矿物、珍珠云母等铝硅酸盐中，Ti 主要以金红石和瑞钛矿形式存在。

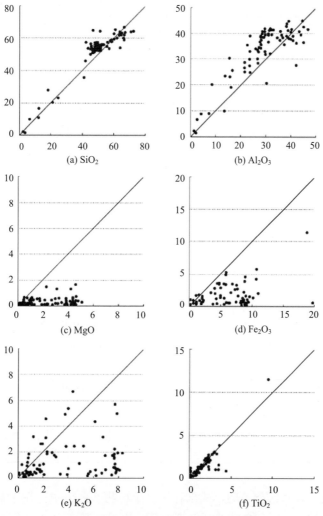

图 6.5　煤层夹矸 XRD-XRF 对比图

横坐标为根据煤层夹矸矿物组成推断所得的各
常量元素含量。纵坐标为煤层夹矸实测的各常量元素含量

Al^{3+} 主要赋存于黏土矿物八面体（四次配位）和四面体（六次配位）中。在 Al_2O_3 散点图中，各点虽有一定程度的离散，但大多位于对角线之上，说明 Al_2O_3 的 XRF 实测含量普遍较 XRD 推测含量偏高。这是因为煤层夹矸中富含伊利石以及伊/蒙间层矿物，推测各常量元素含量时伊利石所采用的化学式为 $K_{0.75}(Al_{1.75}Mg_{0.5}Fe_{0.5})$ $(Si_{3.5}Al_{0.5}O_{10})(OH)_2$，而事实上，华北地区煤变质程度及含煤地层的成岩程度较高，夹矸中的伊利石相对富 Al 贫 Mg 和 Fe，其化学组成更接近于白云母 $KAl_2(Si_3AlO_{10})(OH)_2$，导致 XRF 实测值比 XRD 推测值偏高。另外，部分 Al 赋存在氢氧化物中，如勃姆石、一水硬铝石等。

表 6.2 华北地区煤层夹矸各矿物化学组成

矿物名称		化学式
黏土矿物	高岭石	$Al_4Si_4O_{10}(OH)_8$
	伊利石	$K_{0.75}(Al_{1.75}Mg_{0.5}Fe_{0.5})(Si_{3.5}Al_{0.5}O_{10})(OH)_2$
	蒙脱石-贝得石	$Ca_{0.15}(Al_{1.85}Mg_{0.15})(Si_{3.85}Al_{0.15})O_{10}(OH)_2$
	皂石	$Ca_{0.15}Mg_3(Si_{3.7}Al_{0.3})O_{10}(OH)_2$
	绿泥石	$(Fe_{1.5}Mg_{1.5})(Fe_{2.375}Al_{0.625}Mg_{0.875})(Si_{2.875}Al_{1.125}O_{10})(OH)_8$
	叶蜡石	$Al_2Si_4O_{10}(OH)_2$
	钠云母	$NaAl_2(Si_3Al)O_{10}(OH)_2$
	珍珠云母	$CaAl_2(Si_2Al_2O_{10})(OH)_2$
碳酸盐矿物	方解石	$CaCO_3$
	白云石	$(Ca,Mg)(CO_3)_2$
	菱铁矿	$FeCO_3$
其他矿物	石英	SiO_2
	勃姆石	$AlO(OH)$
	一水硬铝石	$AlO(OH)$
	三水铝石	$Al(OH)_3$
	锐钛矿、金红石	TiO_2
	钾长石	$KAlSi_3O_8$
	钠长石	$NaAlSi_3O_8$
	磁黄铁矿	Fe_7S_8
	黄铁矿	FeS_2

Mg 和 Fe 主要以六次配位的形式赋存于黏土矿物八面体中。在 MgO 和 Fe_2O_3 的散点图中,各点较为离散,大多位于对角线之下,说明实测值明显较推测值偏低。这也是推测各常量元素含量时采用的伊利石化学组成比实际伊利石富 Al 贫 Mg 和 Fe 所致。山西和河北地区 Fe 主要赋存于黄铁矿中,Mg 主要赋存于绿泥石中,而京西地区 Fe 和 Mg 主要赋存于铁白云石,少量赋存于绿泥石中。

K 主要以十二次配位的形式赋存于黏土矿物层间域内。在 K_2O 的散点图中,大多数散点位于对角线之下,实测值明显较推测值偏低。这与煤层夹矸矿物组成分析相一致。华北地区煤层夹矸中,伊利石多以铵伊利石为主,属于自生矿物,形成于富 NH_4^+ 贫 K^+ 的成岩环境,导致层间域 12 次配位阳离子以 NH_4^+ 为主,XRF 实测值明显较 XRD 推测值偏低。

山西和河北地区并未发现含 Ca 以及 Na 的矿物大量产出,推测 Ca 可能赋存在痕量碳酸盐矿物或黏土矿物层间域中。Na 可能以层间阳离子的形式赋存在黏土矿物中,抑或以游离态或有机态赋存。京西地区发现一定量的钠云母、方解石、白云石以及珍珠云母,为 Ca、Na 的主要载体。

华北地区煤层夹矸并未发现含 P 矿物，推测 P 可能以磷灰石 $[Ca_5(PO_4)_3(F, Cl, OH)]$ 的形式存在，但含量较低，未达 XRD 检测下限。

6.3　微量元素含量及赋存特征

1. Li

Li 属于典型的亲石元素，煤层中主要赋存在黏土矿物、白云母或电气石中，一定量的 Li 也可以有机态形式存在。自然界中，Li 主要以类质同象替代的形式赋存在晶格中，很难形成独立矿物。Li^+ 半径和 Mg^{2+} 半径相近，前者可替代后者进入铝硅酸盐矿物晶格，如：

(1) $[Li(OH)_6]^{5-} + K^+ \rightarrow [Mg(OH)_6]^{4-}$，一个 Li^+ 进入八面体，并和一个 K^+ 共同替代八面体中的 Mg^{2+}；

(2) $[Li(OH)_6]^{5-} + [Mg(OH)_6]^{4-} \rightarrow [Al(OH)_6]^{3-} + [(OH)_6]^{6-}$，一个 Li^+ 和一个 Mg^{2+} 分别进入八面体晶格替代八面体 Al^{3+}；

(3) $[Li(OH)_6]^{5-} + [SiO_4]^{4-} \rightarrow [Mg(OH)_6]^{4-} + [AlO_4]^{5-}$，$Li^+$ 和 Si^{4+} 分别进入八面体和四面体，并替代八面体中的 Mg^{2+} 和四面体中的 Al^{3+}；

(4) $[Li(OH)_6]^{5-} + [Al(OH)_6]^{3-} \rightarrow 2[Mg(OH)_6]^{4-}$，一个 Li^+ 和一个 Al^{3+} 进入八面体晶格替代两个八面体 Mg^{2+}。

由于 Li^+ 核电荷数较 Mg^{2+} 偏小，后者较前者更容易进入矿物晶格，Li 被含 Mg 矿物所容纳。铁镁质岩石中 Li 丰度和 Li/Mg 最低，分别为 $11\mu g/g$ 和 $1.5\mu g/g$，中性岩中等，为 $13\mu g/g$ 和 $3.6\mu g/g$，酸性岩最高，分别为 $19\mu g/g$ 和 $20.2\mu g/g$。随着岩浆演化，Li^+ 丰度逐渐增高，替代 Mg^{2+} 程度逐渐增大。

华北地区煤层夹矸中 Li 的含量为 $7.08 \sim 1037\mu g/g$，平均为 $154.29\mu g/g$，明显比华北地区大陆地壳及沉积盖层、各类岩浆岩中 Li 丰度偏高，与物源区相比（$17.9\mu g/g$），Li 发生了明显的富集。表生条件下，Li 以 Li^+ 的形式进入到水体中，除部分 Li^+ 以真溶液迁移之外，大部分 Li^+ 因与 Mg^{2+} 具有相近的离子半径，极易被表生条件形成的黏土矿物吸附并固定，因此，物源区的 Li^+ 只有一部分进入沉积区。煤层夹矸 Li 相对物源发生富集，表明 Li 不仅来自物源区，还有相当数量的 Li 可能来自沉积有机质以及海水。现有研究已证实，煤高温灰中 Li 含量较高，可能是古植物在生命活动过程中对 Li 的吸收所致（刘英俊等，1984）。华北地区大部分煤层在聚集过程中均受到不同程度海水的影响，黏土矿物对海水中的 Li 的吸附和固定也是导致夹矸中 Li 富集的另一个重要原因。山西阳泉以及长治-晋城地区和河北邯郸-邢台地区 Li 与 SiO_2 和 Al_2O_3 相关性较弱（山西，$r_{Li-SiO_2} = 0.37$，$r_{Li-Al_2O_3} = 0.46$；河北，$r_{Li-SiO_2} = 0.06$，$r_{Li-Al_2O_3} = 0.30$），表明除部分 Li 主要赋存在黏土矿物中外，一定量的 Li 可能赋存于有机质中。京西地区 Li 与 Al_2O_3 和 CaO 呈明显正相关关系，而与 SiO_2 呈负相关关系（$r_{Li-SiO_2} = -0.59$，$r_{Li-Al_2O_3} = 0.60$，$r_{Li-CaO} = 0.73$），表明 Li 主要赋存于含 Al 氢氧化物（如硬水铝石），或珍珠云母中。

2. Be

Be 属于典型的亲石元素，具有两性特征，受地质作用环境的酸碱性影响较大。酸性条件下，铍以简单金属阳离子形式 Be^{2+} 存在，因其与常量元素离子半径相差较大，很难以类质同象替代的形式进入矿物晶格。因此，酸性条件下，Be 往往独立形成矿物，如绿柱石 $[Be_3Al_2(SiO_3)_6]$、硅铍石（Be_2SiO_4）等；在碱性条件下，Be 往往形成络阴离子 $[BeO_4]^{6-}$，并与 $[SiO_4]^{4-}$ 发生类质同象替代进入铝硅酸盐矿物晶格，例如：

（1）$[BeO_4]^{6-} + [Mg(OH)_6]^{4-} \rightarrow [SiO_4]^{4-} + [(OH)_6]^{6-}$，一个 Be^{2+} 和一个 Mg^{2+} 分别进入四面体和八面体晶格，并替代一个四面体中的 Si^{4+}；

（2）$[BeO_4]^{6-} + K^+ \rightarrow [AlO_4]^{5-}$，一个 Be^{2+} 和一个 K^+ 分别进入四面体和层间域中，替代一个四面体 Al^{3+}；

（3）$[BeO_4]^{6-} + [SiO_4]^{4-} \rightarrow 2[AlO_4]^{5-}$，一个 Be^{2+} 和一个 Si^{4+} 分别进入四面体晶格替代两个四面体 Al^{3+}。

因此，碱性条件下，Be 往往进入铝硅酸盐矿物晶格。铁镁质岩石以及中性岩中，Be 丰度较低，分别为 $0.50\mu g/g$ 和 $0.91\mu g/g$，主要以类质同象替代的形式赋存；酸性岩中，Be 丰度偏高，为 $2.7\mu g/g$，主要以独立矿物存在。华北地区煤层夹矸中 Be 的含量为 $0.055\sim6.01\mu g/g$，平均为 $2.39\mu g/g$，明显比华北地区大陆地壳及沉积盖层 Be 含量偏高，比铁镁质-中性岩偏高而低于酸性岩，与物源区相比（$3.6\mu g/g$），Be 明显贫化。表生条件下，Be 的独立矿物比较稳定，主要以机械搬运或胶体吸附的形式迁移，而以类质同象替代进入矿物晶格的 Be 则在硅酸盐风化溶解后以 Be^{2+} 的形式进入水体中。因此，转入流体中的 Be 大多来源于造岩矿物。华北地区含煤地层物源区为阴山古陆的酸性花岗岩，Be 主要以独立矿物形式赋存，其迁移能力较差，导致沉积区煤层夹矸中 Be 贫化。海水中 Be 含量偏低，因此海水对夹矸中 Be 含量的影响贡献不大。山西阳泉以及晋城-长治地区和河北邯郸-邢台地区煤层夹矸中富含大量的自生铵伊利石，表明富 NH_4^+ 贫 K^+ 的成岩环境，成岩流体偏碱性，Be 更趋向于形成络阴离子 $[BeO_4]^{6-}$ 而进入黏土矿物晶格，Be 与 SiO_2 和 Al_2O_3 具有较强的相关性（山西，$r_{Be-SiO_2}=0.70$，$r_{Be-Al_2O_3}=0.70$；河北，$r_{Be-SiO_2}=0.52$，$r_{Be-Al_2O_3}=0.12$）也表明 Be 主要赋存在黏土矿物中；京西地区 Be 与 Al_2O_3 呈明显正相关关系，而与 SiO_2 呈负相关关系（$r_{Li-SiO_2}=-0.68$，$r_{Li-Al_2O_3}=0.66$），表明 Be 可能主要赋存在 Al 的氢氧化物中。

3. Ga

Ga 是一种典型的稀散元素，趋向于以类质同象替代的形式赋存于常量元素组成的矿物中，而不形成独立的矿物，因此，Ga 也很难形成高品位的矿床。Ga^{3+} 与 Al^{3+} 具有相似的离子半径，前者趋向于以类质同象替代的形式赋存在 Al 的氢氧化物或铝硅酸盐中（如勃姆石、一水硬铝石、高岭石等），如研究区内蒙古准格尔煤田煤中 Ga 已达到工业品位，主要以类质同象替代的形式赋存在勃姆石、一水硬铝石等 Al 的氢氧化物中；而在华南松藻煤田火山蚀变黏土岩夹矸中，Ga 主要赋存在高岭石中（Dai *et al.*，2010a，2012a）。虽然 Ga^{3+} 离子半径较 Al^{3+} 稍大，二者进入矿物晶格的能力接近，Ga

被铝硅酸盐所隐蔽。因此，岩浆在铁镁质岩石—中性岩—酸性岩的演化过程中，Ga 丰度以及 Ga/Al 变化不大，分别为 $19.9\mu g/g$—$20.0\mu g/g$—$18.0\mu g/g$ 和 1.3—1.2—1.3。除此之外，Ga^{3+} 也可与 Fe^{3+}、Cr^{3+}、Ti^{4+} 等发生一定程度的类质同象替代。

华北地区煤层夹矸中的 Ga 含量为 $1.83\sim49.2\mu g/g$，平均为 $23.83\mu g/g$，比华北地区大陆地壳及沉积盖层、各类岩浆岩丰度稍高，与物源区相比（$17.9\mu g/g$），夹矸中 Ga 有一定程度的富集。表生条件下，Al 主要以胶体形式搬运，而 Ga 与 Al 关系密切，主要赋存在胶体中进行搬运，迁移能力较强，导致 Ga 发生一定程度的富集。华北地区煤层夹矸中发现大量的高岭石、铵伊利石等黏土矿物，部分夹矸中有一定量的 Al 的氢氧化物矿物产出，这些含 Al 矿物均可作为 Ga 的载体。山西阳泉以及长治-晋城地区和河北邯郸-邢台地区煤层夹矸 Ga 与 SiO_2 和 Al_2O_3 的相关性均较强（山西，$r_{Ga-SiO_2}=0.68$，$r_{Ga-Al_2O_3}=0.64$；河北，$r_{Ga-SiO_2}=0.54$，$r_{Ga-Al_2O_3}=0.09$），表明 Ga 主要赋存在黏土矿物中；京西地区煤层夹矸 Ga 与 SiO_2 相关性较强，而与 Al_2O_3 呈明显负相关关系（$r_{Ga-SiO_2}=0.74$，$r_{Ga-Al_2O_3}=-0.55$），表明 Ga 趋向于赋存在黏土矿物、珍珠云母等硅酸盐矿物中而非 Al 的氢氧化物中。

4. Sc

Sc 化学活性较低，属于难迁移的元素。因此，它可以在一定程度上反映出沉积岩（煤层夹矸）物源区的地球化学性质。Sc 属于相容元素，岩浆演化过程中趋向于在早期进入矿物晶格，因此铁镁质岩石中 Sc 丰度较高，平均 $29\mu g/g$，中性岩中等，平均 $19\mu g/g$，酸性岩最低，平均 $5.3\mu g/g$，碱性岩中丰度最低，平均 $2\sim3\mu g/g$。Sc 以 $+3$ 价形式存在，与 Fe^{2+} 离子半径相近，但电荷比 Fe^{2+} 高，因此，Sc^{3+} 常在岩浆结晶早期被捕获在铁镁矿物中，如橄榄石、辉石等。

华北地区煤层夹矸中 Sc 含量为 $0.858\sim28.7\mu g/g$，平均 $9.90\mu g/g$，低于中性岩和华北大陆地壳的丰度而稍高于酸性岩和华北地区沉积盖层的丰度。华北地区物源区为阴山古陆，其岩性为中元古代花岗岩，这也说明了华北地区煤层夹矸中 Sc 含量与酸性岩 Sc 丰度相接近的原因。华北地区煤层夹矸中 Sc 与 SiO_2 和 Al_2O_3 的相关性均较弱（山西，$r_{Sc-SiO_2}=0.51$，$r_{Sc-Al_2O_3}=0.40$；河北，$r_{Sc-SiO_2}=0.32$，$r_{Sc-Al_2O_3}=-0.48$；京西，$r_{Ga-SiO_2}=0.47$，$r_{Sc-Al_2O_3}=-0.28$），说明除部分 Sc 以八面体阳离子的形式赋存在黏土矿物、珍珠云母等硅酸盐矿物中以外，一定数量的 Sc 可能赋存于有机质中。

5. Zr 和 Hf

Zr 以 Zr^{4+} 形式存在，离子半径较大，核电荷数较高，很难取代 Al、Si 等常量元素进入矿物晶格，属于高场强不相容元素，常在岩浆演化晚期富集，形成独立的副矿物，如锆石。Hf 在自然体系中丰度较低，与 Zr 核电荷数相同，离子半径接近，常以类质同象替代的形式赋存在含 Zr 矿物中。Zr 和 Hf 地球化学性质极为相似，二者在各种地质作用过程中，包括岩浆演化，很难发生分异，二者含量比 Zr/Hf 几乎不变，因此，Zr/Hf 一定程度上反映了母岩的地球化学性质。铁镁质岩石中 Zr 和 Hf 丰度最低，分别为 $150\mu g/g$ 和 $3.5\mu g/g$，Zr/Hf$=42.9$；中性岩中 Zr 和 Hf 丰度分别为 $180\mu g/g$ 和 $4.6\mu g/g$，

$Zr/Hf = 39.1$；酸性岩中 Zr 和 Hf 丰度分别为 $160\mu g/g$ 和 $5.0\mu g/g$，$Zr/Hf = 32.0$。从铁镁质岩石—中性岩—酸性岩，Zr 和 Hf 的丰度大致具有逐渐升高的趋势，而 Zr/Hf 具有逐渐减小的趋势。

山西地区煤层夹矸中 Zr 含量为 $17.3\sim530\mu g/g$，平均为 $271.6\mu g/g$，Hf 含量为 $6.83\sim21.4\mu g/g$，平均为 $10.63\mu g/g$，明显比华北大陆地壳和华北沉积盖层以及各类岩浆岩丰度偏高。$Zr/Hf = 25.6$，与酸性岩相接近，这也说明山西地区煤层夹矸物源以阴山古陆的酸性花岗岩为主。Zr 和 Hf 具有较强的相关性（$r_{Zr-Hf} = 0.96$），表明二者紧密共生。Zr 和 Hf 与 SiO_2 和 Al_2O_3 具有较强的相关性（$r_{Zr-SiO_2} = 0.68$，$r_{Zr-Al_2O_3} = 0.66$；$r_{Hf-SiO_2} = 0.73$，$r_{Hf-Al_2O_3} = 0.75$），表明 Zr 和 Hf 与富硅和铝黏土矿物，如高岭石呈正相关。这与母岩风化过程中，稳定矿物，如三水铝石和高岭石逐渐富集有关。

6. Nb 和 Ta

Nb 和 Ta 具有极为相似的地球化学性质，导致二者在各种地质过程中紧密的共生在一起。Nb/Ta 因在大多地质系统中保持不变而常被作为确定岩浆来源的重要指标。但是，在岩浆演化过程中，Nb 和 Ta 会发生一定程度的分异。在铁镁质岩石中，Nb 和 Ta 的丰度分别为 $19\mu g/g$ 和 $1.1\mu g/g$，$Nb/Ta = 17.2$；在中性岩中，Nb 和 Ta 的丰度分别为 $10.4\mu g/g$ 和 $0.56\mu g/g$，$Nb/Ta = 18.6$；在酸性岩中，Nb 和 Ta 的丰度分别为 $15\mu g/g$ 和 $1.2\mu g/g$，$Nb/Ta = 12.5$。从铁镁质岩石—中性岩—酸性岩，Nb/Ta 具有逐渐减小的趋势。不同类型岩浆岩具有不同的 Nb/Ta，因此，根据沉积岩（物）的 Nb/Ta 可确定母岩的类型。

Nb 和 Ta 价态较多，包括：-1、$+2$、$+3$、$+4$ 以及 $+5$ 价，其中，以 $+5$ 价最为稳定和常见。因 Nb 和 Ta 离子半径较大、核电荷数较高，属于高场强不相容元素，但二者具有与 Ti^{4+} 相近的离子半径和核电荷数，可以类质同象替代的形式进入含 Ti 矿物晶格，因 Nb^{5+} 和 Ta^{5+} 核电荷数比 Ti^{4+} 高，二者更容易进入矿物晶格，因此，Nb^{5+} 和 Ta^{5+} 被含 Ti 矿物所隐蔽。但是，在贫 Ti 的岩浆演化过程中，Nb 和 Ta 很难与除 Ti 以外的常量元素发生类质同象替代而进入矿物晶格，常在岩浆演化晚期发生富集而形成独立的矿物，如铌铁矿、钽铁矿以及铌钽铁矿〔$(Fe, Mn)(Nb, Ta)_2O_6$〕。

山西地区煤层夹矸中 Nb 含量为 $0.614\sim41.4\mu g/g$，平均为 $26.05\mu g/g$，Ta 含量为 $0.115\sim4.83\mu g/g$，平均为 $1.967\mu g/g$，明显比华北大陆地壳和华北沉积盖层以及各类岩浆岩丰度偏高。$Nb/Ta = 13.2$，与酸性岩相接近，这也说明华北地区煤层夹矸的原始沉积物来自以酸性花岗岩为主的阴山古陆。华北地区煤层夹矸 XRD 分析过程中，并未发现含 Nb、Ta 的独立矿物产出，可能其含量低于检测下限；而 Nb 和 Ta 与 SiO_2、Al_2O_3 以及 TiO_2 均具有较强的相关性（$r_{SiO_2-Nb} = 0.82$，$r_{Al_2O_3-Nb} = 0.72$，$r_{TiO_2-Nb} = 0.52$；$r_{SiO_2-Ta} = 0.63$，$r_{Al_2O_3-Ta} = 0.63$，$r_{TiO_2-Ta} = 0.05$），表明二者极可能以类质同象替代的形式赋存在锐钛矿中，并与黏土矿物伴生。

7. U 和 Th

Th 和 U 主要以 $+4$ 价形式存在，因二者具有较高的核电荷数和较大的离子半径，导致二者相容性很差，很难在岩浆演化早期进入矿物晶格，而逐渐在岩浆演化晚期发生富集。镁铁质岩石中 Th 和 U 丰度最低，分别为 $2.8\mu g/g$ 和 $0.7\mu g/g$，Th/U=4.0；中性岩 Th 和 U 丰度中等，分别为 $4.9\mu g/g$ 和 $1.15\mu g/g$，Th/U=4.3；酸性岩 Th 和 U 丰度最高，分别为 $14.5\mu g/g$ 和 $2.5\mu g/g$，Th/U=5.8。随着岩浆的铁镁质岩石—中性岩—酸性岩的演化过程，结晶相中 Th 和 U 丰度逐渐升高，表明二者趋向于晚期富集；Th/U 也逐渐升高，表明 U 的不相容性较 Th 更强。煤层中 Th 趋向于赋存在独居石、锆石、稀土矿、锐钛矿等重矿物，以及 Al 的氢氧化物和铝硅酸盐等含铝矿物中，亦可赋存在有机物中。

华北地区煤层夹矸中 Th 含量为 $1.05\sim78.4\mu g/g$，平均为 $24.07\mu g/g$，U 含量为 $0.353\sim23.6\mu g/g$，平均为 $5.29\mu g/g$，明显比华北大陆地壳、华北沉积盖层以及各类岩浆岩丰度偏高。Th/U=4.1，与铁镁质岩石相接近，而明显低于酸性岩。华北地区沉积物源以阴山古陆的酸性花岗岩为主，U 在搬运过程中，明显比 Th 活动能力强，导致在碎屑物沉积区 U 相对 Th 发生一定程度的富集，Th/U 降低。山西和河北地区煤层夹矸 Th 和 U 与 TiO_2 具有较强的相关性（山西，$r_{Th-TiO_2}=0.49$，$r_{U-TiO_2}=0.47$；河北，$r_{Th-TiO_2}=0.80$，$r_{U-TiO_2}=0.74$），表明其主要赋存在锐钛矿中，与黏土矿物伴生；京西地区 U 和 Th 与 SiO_2 相关性较强，而与 Al_2O_3 和 TiO_2 呈明显负相关关系（$r_{Th-SiO_2}=0.62$，$r_{Th-Al_2O_3}=-0.46$，$r_{Th-TiO_2}=-0.37$，$r_{U-SiO_2}=0.77$，$r_{U-Al_2O_3}=-0.74$，$r_{U-TiO_2}=-0.47$），表明 Th 和 U 主要赋存于铵伊利石、珍珠云母等硅酸盐矿物中，而非 Al 的氢氧化物及含 Ti 重矿物。

8. V

V 属于变价的亲铁元素，价态较多，包括+2、+3、+4 以及+5 价。通常，在还原条件下以 V^{3+} 形式存在，在氧化条件下以 V^{5+} 形式存在。岩浆演化过程中（内生条件下），V 以 V^{3+} 形式存在，与 Fe^{3+} 含铁矿物晶格，如磁铁矿，部分 V^{3+} 也可与 Al^{3+} 发生类质同象替代进入铝硅酸盐矿物。一般，铁镁质岩石中，V 的丰度最高，为 $210\mu g/g$，中性岩中等，为 $135\mu g/g$，酸性岩最低，为 $33\mu g/g$。这是因为 V^{3+} 的晶体场稳定能较 Fe^{3+} 高，前者较后者更容易进入矿物晶格，即 V^{3+} 被含 Fe^{3+} 矿物所捕获。导致从铁镁质岩石—中性岩—酸性岩，V 丰度具有逐渐降低的趋势。在表生条件下，V^{3+} 通常被氧化为 V^{5+} 并转变为 VO_4^{3-}，VO_4^{3-} 极易被黏土矿物所吸附而发生富集，搬运能力较差。

华北地区煤层夹矸 V 含量为 $3.64\sim224\mu g/g$，平均为 $48.67\mu g/g$，低于华北大陆地壳及沉积盖层和铁镁质—中性岩的丰度，高于酸性岩丰度。中国西南部煤层中 V 一定程度的富集与碎屑母岩（康滇古陆）较高的 V 含量有关（Dai et al.，2010a，2010b）。而华北地区物源区为阴山古陆的酸性花岗岩，V 丰度较低（$17\mu g/g$），明显低于煤层夹矸中的含量，且 V 在表生条件下搬运能力较差，因此，碎屑物质不是 V 的主要来源。V 不仅具有亲铁性，与有机质也具有一定的亲和性，是陆生及海生生物重要的组成部分，其生命活动可使 V 发生一定程度的富集，一般生物有机体中 V 含量的量级为 10^{-6}，与岩石相当（刘英俊等，1984）。因此，与物源区相比，华北地区煤层夹矸中 V 的富集可能来源于成煤植物。华北地区煤层夹矸中 V 与 SiO_2 和 Al_2O_3 相关性较弱

（山西，$r_{V\text{-}SiO_2}=0.32$，$r_{V\text{-}Al_2O_3}=0.22$；河北，$r_{V\text{-}SiO_2}=0.42$，$r_{V\text{-}Al_2O_3}=-0.36$；京西，$r_{V\text{-}SiO_2}=0.29$，$r_{V\text{-}Al_2O_3}=0.02$），表明 V 主要类质同象替代（$V^{3+}$ 替代 Al^{3+} 或 VO^{2+} 替代 Al^{3+}）的形式赋存在铝硅酸盐中，或者赋存在有机质中。另外，山西阳泉与河北邯郸-邢台地区 V 与 TiO_2 相关性中等（山西阳泉，$r_{V\text{-}TiO_2}=0.56$；河北邯郸-邢台，$r_{V\text{-}TiO_2}=0.56$）表明部分 V 可能以类质同象替换的形式赋存在锐钛矿中，这部分 V 主要来源于物源区。

9. Cr

Cr 与 V 一样，属于变价的亲铁元素，价态较多，如 +2、+3、+4、+5 以及 +6 价。通常在内生还原条件下，Cr 以 Cr^{3+} 形式存在，赋存在尖晶石族矿物中。一般，尖晶石族矿物比较稳定，在表生条件下不易发生分解和迁移，但在强氧化条件下，Cr^{3+} 被氧化为 Cr^{6+} 并以 CrO_4^{2-} 形式赋存，后者溶解度较大，迁移能力较强。因离子半径相似，Cr^{3+} 常与 Al^{3+}、Fe^{3+} 发生类质同象替代，赋存在铝硅酸盐以及含铁矿物中。Cr^{3+} 晶体场稳定能较 Fe^{3+} 偏高，因此在岩浆演化过程中，前者较后者更容易进入矿物晶格，Cr^{3+} 常被含 Fe^{3+} 矿物所捕获，当岩浆中 Cr^{3+} 丰度较高时，可形成独立矿物，如铬铁矿。一般，铁镁质岩石中 Cr 丰度最高，为 $190\mu g/g$，中性岩中等，为 $83\mu g/g$，酸性岩最低，为 $12\mu g/g$。

华北地区煤层夹矸中 Cr 含量为 $2.21\sim282\mu g/g$，平均为 $43.11\mu g/g$。明显较酸性岩和华北地区沉积盖层丰度偏高，比中性岩—铁镁质岩石和华北大陆地壳丰度偏低。煤层中的 Cr 主要来源于母岩，与华北地区物源区酸性花岗岩（$4.8\mu g/g$）相比，煤层夹矸中 Cr 明显发生了富集，这是因为在表生氧化条件下，Cr^{3+} 被氧化为溶解度较大的 CrO_4^{2-} 随水迁移，在沉积区的还原条件下，CrO_4^{2-} 再次被还原为 Cr^{3+}，并被 $Al_2O_3 \cdot nH_2O$、$SiO_2 \cdot nH_2O$、腐殖酸等胶体吸附，并在成岩作用过程中，替代 Al^{3+} 进入硅铝酸盐矿物晶格，抑或进入沉积有机质中。山西和河北地区煤层夹矸中 Cr 与 SiO_2 和 Al_2O_3 的相关性较弱（山西，$r_{Cr\text{-}SiO_2}=0.16$，$r_{Cr\text{-}Al_2O_3}=0.06$；河北，$r_{Cr\text{-}SiO_2}=0.34$，$r_{Cr\text{-}Al_2O_3}=-0.36$），说明 Cr 具有一定的有机亲和性，另外，河北邯郸-邢台地区和山西阳泉地区 Cr 与 TiO_2 具有一定的相关性（河北，$r_{Cr\text{-}TiO_2}=0.54$；山西阳泉，$r_{Cr\text{-}TiO_2}=0.82$），说明可能有部分 Cr 赋存在锐钛矿中；京西地区 Cr 与 SiO_2 的相关性较强而与 Al_2O_3 和 TiO_2 呈负相关（$r_{Cr\text{-}SiO_2}=0.53$，$r_{Cr\text{-}Al_2O_3}=-0.31$，$r_{Cr\text{-}TiO_2}=-0.21$），说明 Cr 主要赋存于铵伊利石、珍珠云母等硅酸盐矿物中，而非 Al 的氢氧化物及含 Ti 重矿物。

10. Sr

Sr 为碱土金属元素，以 +2 价形式存在。由于 Sr^{2+} 与 Ca^{2+} 和 K^+ 具有相似的离子半径和核电荷数，因此，前者在各种地质作用过程中经常与后两者发生类质同象替代。Sr^{2+} 半径较 Ca^{2+} 大，后者较前者更容易进入矿物晶格，因此，Sr^{2+} 常被含 Ca 矿物所隐蔽；Sr^{2+} 半径较 K^+ 小，核电荷数比 K^+ 高，前者较后者更容易进入矿物晶格，因此，Sr^{2+} 常被含 K 矿物所捕获。Sr 属于稀散元素，主要以类质同象替代的形式赋存，很难形成独立的矿物，Sr 在自然界中独立的矿物包括菱锶矿（$SrCO_3$）、董青石（$SrSO_4$）

等。在岩浆演化过程中，Sr^{2+} 常以类质同象替代的形式进入正长石和斜长石晶格，一般，酸性斜长石中 Sr/Ca 比中-基性斜长石偏高。但是，云母类矿物（白云母、黑云母等）Sr 含量较低，这是因为云母类矿物中 K^+ 为 12 次配位，而 Sr^{2+} 离子半径较小，更适合于八次配位，因此，云母类矿物中的 K^+ 很难与 Sr^{2+} 发生类质同象替换，导致 Sr 含量偏低。一般，酸性岩中 Sr 丰度最低，为 $250\mu g/g$，铁镁质岩石和中性岩中 Sr 丰度较高，分别为 $510\mu g/g$ 和 $565\mu g/g$。

华北地区煤层夹矸中 Sr 含量为 $14.6\sim1930\mu g/g$，平均为 $212.97\mu g/g$。明显较各类岩浆岩以及华北地区沉积盖层及地壳丰度偏低。与物源区相比（$180\mu g/g$），山西和河北地区煤层夹矸中 Sr 含量分别为 $129.25\mu g/g$ 和 $169.26\mu g/g$，明显贫化，这是因为 Sr^{2+} 溶解度较高、迁移能力较强，在风化—搬运—沉积以及之后的成岩作用过程中，Sr 严重流失，导致其含量偏低；京西地区 Sr 含量为 $590.6\mu g/g$，明显富集，这可能是夹矸中部分 Sr 来源于岩浆热液流体所致。华北地区煤层夹矸中 Ca 和 K 主要以层间域 12 次配位阳离子的形式赋存在黏土矿物层间域中，因此 Sr^{2+} 很难与 Ca^{2+} 和 K^+ 发生类质同象替换。山西和河北地区煤层夹矸 Sr 与 SiO_2 和 Al_2O_3 相关性较弱（山西，$r_{Sr\text{-}SiO_2}=0.48$，$r_{Sr\text{-}Al_2O_3}=0.37$；河北，$r_{Sr\text{-}SiO_2}=0.45$，$r_{Sr\text{-}Al_2O_3}=0.33$），说明 Sr^{2+} 可能以离子吸附态赋存于黏土矿物或有机质中；京西地区煤层夹矸 Sr 与 CaO 和 Al_2O_3 具有较强的相关性，而与 SiO_2 呈负相关关系（$r_{Sr\text{-}CaO}=-0.94$，$r_{Sr\text{-}SiO_2}=-0.68$，$r_{Sr\text{-}Al_2O_3}=0.55$），表明 Sr 趋向于赋存在珍珠云母和 Al 的氢氧化物中。

11. Rb 和 Cs

Rb 和 Cs 均属于亲石、稀散的碱金属元素，以 +1 价形式存在。由于 Rb^+ 和 Cs^+ 均与 K^+ 具有相似的离子半径和相同的核电荷数，因此，前两者与后者常发生类质同象替换。Rb^+ 与 K^+ 的离子半径相近，二者进入矿物晶格的能力相差不大，因此，Rb 常被含 K 矿物所隐蔽，目前自然界中尚未发现独立的含 Rb 矿物；Cs^+ 比 K^+ 离子半径稍大，后者较前者更容易进入矿物晶格，因此，Cs 常被含 K 矿物所容纳，自然界中含 Cs 的独立矿物较少，如铯榴石 [Cs（$AlSi_2O_6$）· H_2O]。在岩浆演化过程中，由于受含 K 矿物结晶的控制以及离子半径差异的影响，在基性岩中，Rb 和 Cs 丰度较低，为 $31\mu g/g$ 和 $1.4\mu g/g$，中性岩中等，为 $58\mu g/g$ 和 $1.9\mu g/g$，酸性岩中最高，为 $140\mu g/g$ 和 $3.5\mu g/g$。另外，Rb^+ 和 Tl^+ 离子半径相近，二者可能发生一定程度的类质同象替换。因 K^+、Rb^+、Cs^+ 以及 Tl^+ 具有相似的离子半径和相同的核电荷数，地球化学中常以 K/Rb、K/Cs、Rb/Cs、Rb/Tl 作为某些地质作用的指示剂。

华北地区煤层夹矸中 Rb 含量为 $0.542\sim190\mu g/g$，平均为 $35.24\mu g/g$，明显比中性-酸性岩浆岩及华北地区沉积盖层和地壳丰度偏低，与铁镁质岩石相当；Cs 含量为 $0.077\sim57.3\mu g/g$，平均为 $5.75\mu g/g$，明显比各类岩浆岩及华北地区沉积盖层和地壳丰度偏高。与物源区相比（Rb 为 $130\mu g/g$，Cs 为 $4.0\mu g/g$），华北地区煤层夹矸 Rb 明显贫化，尤其山西地区较为明显，而京西地区煤层夹矸 Rb 含量明显较山西、河北地区偏高；山西和河北地区煤层夹矸 Cs 明显贫化或与物源区丰度相当，而京西地区煤层夹矸 Cs 明显富集。Rb^+ 和 Cs^+ 溶解度较高、迁移能力较强，在风化—搬运—沉积以及之后的成岩作用过程中，Rb 和 Cs 严重流失，导致二者在山西和河北地区煤层夹矸中含量偏低，而京西地区煤层夹矸中 Rb 和 Cs 含量偏高，可能与岩浆热液流体活动有关。华北地区煤层夹矸中 Rb 与 K_2O 和 MgO 具有较强的相关性（山西，$r_{Rb-K_2O} = 0.73$，$r_{Rb-MgO} = 0.63$；河北，$r_{Rb-K_2O} = 0.69$，$r_{Rb-MgO} = 0.81$；京西 $r_{Rb-K_2O} = 0.81$，$r_{Rb-MgO} = 0.59$），表明 Rb 以类质同象替代的形式赋存在铵伊利石、伊/蒙间层矿物等黏土矿物层间域中，另外京西地区 Rb 与 Fe_2O_3 相关性较强（$r_{Rb-Fe_2O_3} = 0.68$），表明一定量的 Rb 可能赋存于铁白云石中。山西和河北地区煤层夹矸中 Cs 与 K_2O 和 MgO 具有较强的相关性（山西 $r_{Cs-K_2O} = 0.52$，$r_{Cs-MgO} = 0.52$；河北 $r_{Cs-K_2O} = 0.71$，$r_{Cs-MgO} = 0.80$），表明 Cs 主要赋存在黏土矿物层间域中，而京西地区 Cs 与 Al_2O_3 相关性较强，而与 K_2O 和 SiO_2 呈明显负相关关系（$r_{Cs-Al_2O_3} = 0.51$，$r_{Cs-K_2O} = -0.20$，$r_{Cs-SiO_2} = -0.37$），表明 Cs 主要赋存于 Al 的氢氧化物中，而非硅酸盐矿物。

12. Cu

自然界中，Cu 为典型亲硫元素，主要以 Cu^{2+} 形式存在，可形成含 Cu 的独立矿物，如黄铜矿、斑铜矿、辉铜矿等，也可以类质同象替代的形式进入其他硫化物晶格中。Cu-S 四面体与 Zn-S 四面体共价半径相近，因此，Cu 极易以类质同象替代的形式进入含 Zn 硫化物中（闪锌矿）。华北地区煤层夹矸 Cu 含量为 $2.65 \sim 439 \mu g/g$，平均为 $60.10 \mu g/g$，明显比华北地区沉积盖层及大陆地壳丰度偏高，与物源区相比（$3.7 \mu g/g$），夹矸中 Cu 富集程度较大。这是因为在表生条件下，含 Cu 硫化物被氧化为 $CuSO_4$，其溶解度较大，迁移能力较强，而 Cu^{2+} 易与卤族元素、腐殖酸等形成络合物，进一步增大了 Cu 的迁移能力；在沉积区的还原环境下，Cu^{2+} 进入难溶硫化物矿物晶格而沉淀下来，导致夹矸中 Cu 相对物源区发生富集。京西地区煤层夹矸 Cu 含量明显较山西和河北地区偏高，表明京西地区部分 Cu 可能来源于岩浆热液流体。山西和河北地区煤层夹矸中 Cu 与 Fe_2O_3 较强的相关性（山西，$r_{Cu-Fe_2O_3} = 0.80$；河北，$r_{Cu-Fe_2O_3} = 0.83$）表明 Cu 主要以金属硫化物形式赋存；京西地区 Cu 与 SiO_2 相关性较强，而与 Fe_2O_3 和 Al_2O_3 呈负相关关系（$r_{Cu-Fe_2O_3} = -0.09$；$r_{Cu-SiO_2} = 0.64$；$r_{Cu-Al_2O_3} = -0.44$），说明 Cu 主要赋存于硅酸盐中，而非金属硫化物和 Al 的氢氧化物，硅酸盐中 Cu 的赋存状态可能以离子吸附态或细微包裹体形式为主。

13. Pb

Pb 属于亲硫元素，自然界中价态较多，包括 +2、+3、+4 价等，自然界中以 Pb^{2+} 为主，可形成独立的矿物，如方铅矿（PbS）、硫锑铅矿（$5PbS \cdot 2Sb_2S_2$）等。Pb 也具有一定的亲石性，由于，Pb^{2+} 半径与 K^+ 相近，前者可替代后者进入矿物晶格。火成岩中，Pb 主要以类质同象替代的方式赋存在含 K 矿物中，以钾长石为主，而云母类矿物中 Pb^{2+} 替代 K^+ 的情况比钾长石要少，这可能是因为 Pb^{2+} 半径较小、核电荷数较高，更适合低配位次数（八次配位）。一般，铁镁质岩石中，Pb/K_2O 最高，为 11.0，中性岩中等，为 7.4，酸性岩最低，为 6.0。这是因为，Pb^{2+} 离子半径较 K^+ 小，核电荷数高，Pb^{2+} 常被含 K 矿物所捕获。因此，在岩浆演化过程中 Pb 趋向于赋存在早期结晶的矿物中。华北地区煤层夹矸 Pb 含量为 $2.41\sim1432\mu g/g$，平均为 $126.69\mu g/g$，明显比华北地区沉积盖层及大陆地壳丰度偏高，与物源区相比（$20.5\mu g/g$），夹矸中 Pb 富集程度较大。物源区的表生条件下，Pb 主要以 $PbSO_4$ 的形式存在，迁移能力较差，但可与卤族元素或者腐殖酸形成溶解度较大的络合物，大大增强了 Pb 的搬运能力；在沉积区的还原环境下，Pb^{2+} 进入难溶硫化物矿物晶格而沉淀下来，导致夹矸中 Pb 相对物源区发生富集。山西及河北地区煤层夹矸 Pb 与 Fe_2O_3 相关性较强（山西，$r_{Pb\text{-}Fe_2O_3}=0.71$；河北，$r_{Pb\text{-}Fe_2O_3}=0.84$）而与 K_2O 相关性（山西，$r_{Pb\text{-}K_2O}=-0.29$；河北，$r_{Pb\text{-}K_2O}=-0.38$）较弱，表明 Pb 主要赋存在金属硫化物中，Pb^{2+} 配位次数较低（八次配位），很难与 12 次配位的 K^+ 发生类质同象替代，因此，黏土矿物不是 Pb 的主要载体；京西地区煤层夹矸 Pb 与 Fe_2O_3 相关性较弱，与 SiO_2 相关性较强，而与 Al_2O_3 呈负相关关系（$r_{Pb\text{-}Fe_2O_3}=0.12$；$r_{Pb\text{-}SiO_2}=0.65$；$r_{Pb\text{-}Al_2O_3}=-0.52$），说明 Pb 主要以离子吸附态或细微包裹体形式赋存于硅酸盐中。

14. Zn

Zn 属于亲硫元素，自然界中主要以 +2 价形式存在。由于 Zn^{2+} 电负性较高，因此很难以类质同象的形式进入造岩矿物晶格，在岩浆演化过程中，通常在晚期发生富集，可形成独立矿物，如闪锌矿（ZnS）、菱锌矿（$ZnCO_3$）等。因此，铁镁质岩石中，Zn 丰度最低，为 $45\mu g/g$，中性岩和酸性岩较高，分别为 $90\mu g/g$ 和 $110\mu g/g$。另外，Zn^{2+} 离子半径与 Fe^{2+} 相似，因此，前者也常以类质同象替代的方式进入含 Fe^{2+} 矿物。华北地区煤层夹矸 Zn 含量为 $6.5\sim149\mu g/g$，平均为 $27.09\mu g/g$，明显比华北地区沉积盖层及大陆地壳丰度偏低。与物源区（$37\mu g/g$）相比，山西及河北地区（$21.75\mu g/g$ 和 $18.63\mu g/g$）煤层夹矸 Zn 明显贫化，这是 Zn^{2+} 具有较强的活动能力所致；京西地区（$52.83\mu g/g$）Zn 明显富集，表明夹矸中部分 Zn 可能来源于岩浆热液流体。山西地区煤层夹矸中 Zn 与 Fe_2O_3 相关性较弱（$r_{Zn\text{-}Fe_2O_3}=0.35$），表明除部分 Zn 赋存在金属硫化物中外，相当数量的 Zn 表现出一定的有机亲和性；河北地区 Zn 与 SiO_2 相关性较强，而与 Fe_2O_3 呈明显负相关关系，表明 Zn 可能以离子吸附态赋存于黏土矿物中；京西地区 Zn 与 Fe_2O_3 和 MgO 具有较强的相关性（$r_{Zn\text{-}Fe_2O_3}=0.69$，$r_{Zn\text{-}MgO}=0.74$），表明 Zn 主要以类质同象替代的形式赋存于铁白云石中。

15. Cd

Cd 主要以 +2 价形式存在，是一种稀散的亲硫元素。自然界中，Cd 丰度较低，主要类质同象的方式赋存在金属硫化物中，很难形成独立矿物。Zn^{2+} 与 Cd^{2+} 离子半径相近，因此，Cd 常赋存在 Zn 的硫化物中。Cd 在基性岩—中性岩—酸性岩的演化过程中，丰度变化不大。华北地区煤层夹矸中 Cd 含量为 $0.08\sim1.07\mu g/g$，平均为 $0.177\mu g/g$，明显比华北地区大陆地壳及沉积盖层丰度偏高，与物源区相比（$0.053\mu g/g$），煤层夹矸中具有明显的富集。表生条件下，Cd^{2+} 本身搬运能力极为有限，但其具有较强的主极化能力，容易被负胶体（如 SiO_2、Al_2O_3、腐殖酸等）吸附，因此，Cd^{2+} 可随胶体进行长距离搬运；在沉积区，搬运 Cd^{2+} 的胶体发生絮凝沉淀，Cd^{2+} 在还原条件下以类质同象替代的形式进入金属硫化物中。山西和河北地区 Cd 与 Fe_2O_3 的相关性较强（山西，$r_{Cd-Fe_2O_3} = 0.83$；河北，$r_{Cd-Fe_2O_3} = 0.88$），表明 Cd 主要赋存在金属硫化物中，Zn 与 Cd 较强的相关性（$r_{Zn-Cd} = 0.50$）说明二者发生了普遍的类质同象替代；京西地区 Cd 与 SiO_2、MgO 和 Fe_2O_3 相关性较强（$r_{Cd-SiO_2} = 0.83$；$r_{Cd-Fe_2O_3} = 0.50$；$r_{Cd-MgO} = 0.45$），说明 Cd 主要赋存在铁白云石和硅酸盐矿物中。

16. Tl

Tl 主要与 +1 价形式存在，具有亲石和亲硫双重特性。首先，Tl^+ 离子半径与 K^+、Rb^+ 相近，因此，在岩浆演化过程中前者可以替代后两者进入造岩矿物，如云母、钾长石等；其次，Tl^+ 又与 Ag^+ 半径相近，表现出一定的亲硫的性质。一般，铁镁质岩石中，Tl 含量最低，为 $0.24\mu g/g$，中性岩中等，为 $0.36\mu g/g$，酸性岩最高，为 $0.73\mu g/g$。Tl 含量具有随岩浆演化逐渐升高的趋势，且趋向于在晚期富集，这是因为 Tl 主要赋存在含 K 矿物中。华北地区煤层夹矸 Tl 含量为 $0.085\sim8.3\mu g/g$，平均为 $0.98\mu g/g$，明显比华北地区大陆地壳及沉积盖层丰度偏高，与物源区相比（$0.80\mu g/g$），Tl 略有富集。山西和河北地区 Tl 与 Fe_2O_3 具有较强的相关性（山西，$r_{Tl-Fe_2O_3} = 0.90$；河北，$r_{Tl-Fe_2O_3} = 0.77$）而与 SiO_2 和 Al_2O_3 呈明显负相关关系，说明 Tl 主要赋存金属硫化物中；京西地区 Tl 与 Fe_2O_3 和 MgO 均具有较强的相关性（$r_{Tl-Fe_2O_3} = 0.63$，$r_{Tl-MgO} = 0.55$），表明 Tl 主要赋存于铁白云石中。

17. Ba

Ba 属于碱土金属元素，以 +2 价形式存在。因其离子半径与 $K+$ 相似，常以类质同象替代的形式赋存在含 K 矿物中，由于 Ba^{2+} 半径较 K^+ 稍大，Ba^{2+} 常被含 K 矿物所容纳。因此，在岩浆演化过程中，Ba 趋向于在晚期发生富集，Ba 含量较高时，可在岩浆期后作用阶段形成独立矿物——重晶石（$BaSO_4$）。铁镁质岩石中，Ba 丰度最低，为 $460\mu g/g$，中性和酸性岩中较高，分别为 $775\mu g/g$ 和 $700\mu g/g$。华北地区煤层夹矸 Ba 含量为 $8.27\sim1271\mu g/g$，平均为 $400.32\mu g/g$，明显比华北地区大陆地壳及沉积盖层、各类岩浆岩丰度偏低。与物源区相比（$505\mu g/g$），山西地区（$244.75\mu g/g$）和河北地区（$572.77\mu g/g$）煤层夹矸中 Ba 明显贫化，Ba 的迁移能力较差，在表生作用条件下，Ba^{2+} 极易与 SO_4^{2-} 形成沉淀，导致沉积区 Ba 含量较物源区低。京西地区（$785.6\mu g/g$）煤层夹矸中 Ba 明显富集，可能与岩浆热液流体活动有关。此外，某些生物在生命活动过程中可吸收大量的 Ba，随着生物死亡后遗体堆积，Ba 可发生一定程度的富集。山西和河北地区煤层夹矸中 Ba 与 SiO_2 和 Al_2O_3 相关性中等（山西，$r_{Ba-SiO_2} = 0.50$，$r_{Ba-Al_2O_3} = 0.40$；河北，$r_{Ba-SiO_2} = 0.37$，$r_{Ba-Al_2O_3} = 0.20$），表明除部分 Ba^{2+} 替代 K^+ 赋存在黏土矿物中外，相当数量的 Ba 可能赋存在有机质中。京西地区 Ba 与 Al_2O_3 相关性中等，而与 SiO_2 呈明显负相关关系（$r_{Ba-SiO_2} = -0.51$，$r_{Ba-Al_2O_3} = 0.29$），表明 Ba 主要赋存与有机质和 Al 的氢氧化物中。

18. In

自然界中，In 主要以 +3 价形式存在，具有亲石和亲硫的双重特性，以亲硫性为主。亲石性主要表现为与 Fe^{2+}、Mn^{2+} 发生类质同象替代而进入硅酸盐和氧化物中；亲硫性表现为与 Zn^{2+} 发生替代而进入金属硫化物中。In 在铁镁质岩石—中性岩—酸性岩中的丰度，具有逐渐降低的趋势（$0.07\mu g/g$—$0.06\mu g/g$—$0.05\mu g/g$）。华北地区煤层夹矸 In 含量为 $0.015\sim0.733\mu g/g$，平均为 $0.119\mu g/g$，比华北地区大陆地壳及沉积盖层、各类岩浆岩丰度略有偏高。表生条件下，In 的迁移能力较差。山西地区煤层夹矸中 In 与 SiO_2 和 Al_2O_3 相呈负相关关系（$r_{In\text{-}SiO_2}=-0.65$，$r_{In\text{-}Al_2O_3}=-0.59$），而与 Fe_2O_3 相关性较强（$r_{In\text{-}Fe_2O_3}=0.49$），说明 In 主要替代 Fe^{2+} 赋存在金属硫化物中；河北和京西地区 In 与 SiO_2 相关性较弱，而与 Fe_2O_3 呈负相关关系（河北，$r_{In\text{-}SiO_2}=0.36$，$r_{In\text{-}Fe_2O_3}=-0.19$；京西，$r_{In\text{-}SiO_2}=0.41$，$r_{In\text{-}Fe_2O_3}=-0.02$），表明 In 赋存于硅酸盐矿物或有机质中。

19. Mo

Mo 属于亲硫元素，价态较多，包括 $+2$、$+3$、$+4$、$+5$ 以及 $+6$ 价，其中，自然界中以 $+4$ 和 $+6$ 价为主，体现亲硫的性质。Mo 可以独立矿物存在，如辉钼矿（MoS_2）、钼钙矿（$CaMoO_4$）等；抑或以类质同象替代 Re、Nb、Ta 等进入矿物晶格。华北地区煤层夹矸中 Mo 含量为 $0.574\sim27.6\mu g/g$，平均为 $4.51\mu g/g$，明显较华北大陆地壳及沉积盖层偏高，与物源区相比（$0.53\mu g/g$），夹矸中的 Mo 明显发生了富集。Mo 在表生条件下搬运能力较差，因此，华北地区煤层夹矸中 Mo 不完全来自物源区。许多研究资料业已证明，植物在生命活动中对 Mo 具有浓集的作用，其含量为 $5\sim34\mu g/g$，植物灰中约为 $20\mu g/g$，明显较地壳丰度偏高。另外，MoO_2^{2+} 易被腐殖酸等胶体吸附。因此，华北地区煤层夹矸中大部分 Mo 可能来源于成煤古植物。山西地区 Mo 与 Fe_2O_3 相关性较弱（$r_{Mo\text{-}Fe_2O_3}=0.36$），表明除部分 Mo 赋存于金属硫化物之外，相当数量的 Mo 可能赋存于有机质中；河北地区 Mo 与 Fe_2O_3 相关性较强（$r_{Mo\text{-}Fe_2O_3}=0.89$），表明 Mo 主要赋存于金属硫化物中；京西地区 Mo 与 SiO_2 和 Al_2O_3 相关性较弱（$r_{Mo\text{-}SiO_2}=0.10$，$r_{Mo\text{-}Al_2O_3}=0.18$），与 Fe_2O_3 呈明显负相关关系（$r_{Mo\text{-}Fe_2O_3}=-0.58$），表明 Mo 赋存于硅酸盐矿物（吸附态或细微包裹体形）和有机质中。

20. W

W 价态较多，包括 $+1$、$+2$、$+3$、$+4$、$+5$ 以及 $+6$ 价，其中，自然界中以 $+6$ 价为主，体现亲石的特征。W 可以形成独立的矿物，如白钨矿、黑钨矿；抑或类质同象替代 Nb^{5+}、Ta^{5+}、Mo^{6+} 等进入矿物晶格。华北地区煤层夹矸中 W 含量为 $0.588\sim64.5\mu g/g$，平均为 $4.94\mu g/g$，明显较华北大陆地壳及沉积盖层偏高，与物源区相比（$0.68\mu g/g$），夹矸中的 W 明显发生了富集。W 在表生条件下主要以机械搬运为主，抑或以胶体吸附形式搬运，且较易形成钨酸盐沉淀，因此 W 迁移能力较差。华北地区煤层夹矸 W 发生明显富集，说明 W 不完全来源于碎屑，相当数量的 W 来源可能与 Mo 相似，属于有机成因，有待进一步研究。山西地区 W 与 SiO_2 和 Al_2O_3 呈负相关关系，与 Fe_2O_3 以及 Nb、Ta 相关性较弱（$r_{W\text{-}SiO_2}=-0.38$，$r_{W\text{-}Al_2O_3}=-0.48$，$r_{W\text{-}Fe_2O_3}=0.36$，$r_{W\text{-}Nb}=0.35$，$r_{W\text{-}Ta}=0.43$），表明 W 赋存于金属硫化物和有机质中；河北地区 W 与 SiO_2 和 Fe_2O_3 相关性均较弱，与 Al_2O_3 呈负相关关系（$r_{W\text{-}SiO_2}=0.05$，$r_{W\text{-}Al_2O_3}=-0.57$，

$r_{\text{W-Fe}_2\text{O}_3}=0.12$），说明 W 趋向于赋存在有机质中；京西地区 W 与 Fe_2O_3 相关性较强，与 SiO_2 相关性均较弱，与 Al_2O_3 呈负相关关系（$r_{\text{W-SiO}_2}=0.21$，$r_{\text{W-Al}_2\text{O}_3}=-0.32$，$r_{\text{W-Fe}_2\text{O}_3}=0.53$），表明 W 主要赋存于金属硫化物中，少量赋存于硅酸盐矿物中。

21. Ni

Ni 化合价包括 +2、+3 和 +4 价，自然界中 Ni 以 +2 价为主，具有亲硫和亲铁双重特性，以亲硫为主。Ni 可形成独立的矿物，如辉镍矿；抑或以类质同象替代 Fe^{2+}、Mg^{2+}、Co^{2+}，等赋存在铝硅酸盐矿物晶格中。Ni 在基性岩—中性岩—酸性岩的演化过程中，Ni 丰度具有 $100\mu g/g$—$34\mu g/g$—$7.7\mu g/g$ 的减小趋势，而 Ni/Mg 也具有减小的趋势（13.33—9.4—8.19），说明 Ni^{2+} 具有较高的晶体场稳定能，较 Mg^{2+} 更容易进入矿物晶格，趋向于岩浆演化早期富集。华北地区煤层夹矸 Ni 含量为 $0.739\sim127\mu g/g$，平均为 $13.64\mu g/g$，低于华北大陆地壳及沉积盖层丰度，与物源区相比（$3.2\mu g/g$），具有一定程度的富集。表生条件下，Ni^{2+} 迁移能力较强；在沉积区，还原条件下，Ni^{2+} 进入金属硫化物中而沉淀下来。另外，腐殖质对 Ni^{2+} 具有较强的吸附和富集作用，二者极有可能形成了稳定的有机络合物，导致华北地区煤层夹矸中 Ni 发生了一定程度的富集。京西地区煤层夹矸中 Ni 含量平均为 $27.02\mu g/g$，明显高于山西及河北地区（$10.58\mu g/g$ 和 $11.93\mu g/g$），说明京西地区部分 Ni 可能来源于岩浆热液流体。山西地区夹矸中 Ni 与 Fe_2O_3 以及 MgO 相关性较弱（$r_{\text{Ni-Fe}_2\text{O}_3}=0.20$，$r_{\text{Ni-MgO}}=0.35$），与 SiO_2 和 Al_2O_3 呈负相关关系（$r_{\text{Ni-SiO}_2}=-0.14$，$r_{\text{Ni-Al}_2\text{O}_3}=-0.19$），说明除部分 Ni 赋存在金属硫化物以及黏土矿物中外，一定数量的 Ni 可能赋存在有机质中；河北地区 Ni 与 Fe_2O_3 相关性较强（$r_{\text{Ni-Fe}_2\text{O}_3}=0.67$），说明 Ni 主要赋存于金属硫化物中；京西地区 Ni 与 Al_2O_3 相关性较弱，而与 SiO_2 和 Fe_2O_3 呈负相关关系（$r_{\text{Ni-SiO}_2}=-0.18$，$r_{\text{Ni-Al}_2\text{O}_3}=0.36$，$r_{\text{Ni-Fe}_2\text{O}_3}=-0.11$），表明 Ni 主要赋存在有机质和 Al 的氢氧化物中。

22. Sb

自然界中 Sb 主要以 Sb^{3+} 和 Sb^{5+} 形式存在，具有亲硫的特征，可以形成自然 Sb 以及硫化物和氧化物，如辉锑矿（Sb_2S_3）、锑华（Sb_2O_3）等。Sb 可少量的与 Fe 发生类质同象替代，在岩浆演化过程中，趋向于在晚期发生富集。华北地区煤层夹矸 Sb 含量为 $0.032\sim3.58\mu g/g$，平均为 $0.711\mu g/g$，明显比华北大陆地壳及沉积盖层丰度偏高，与物源区相比（$0.18\mu g/g$），Sb 发生了明显富集。Sb 和 Bi 在表生条件下，迁移能力较差，但 Sb 具有一定的有机亲和性，易在有机地层中发生富集，这可能是导致华北地区煤层夹矸 Sb 发生富集的主要原因。山西及河北地区煤层夹矸 Sb 与 Fe_2O_3 具有较强的相关性（山西，$r_{\text{Sb-Fe}_2\text{O}_3}=0.62$；河北，$r_{\text{Sb-Fe}_2\text{O}_3}=0.77$），而与 SiO_2 和 Al_2O_3 呈负相关关系，表明 Sb 主要赋存于金属硫化物中；京西地区 Sb 与 Fe_2O_3 和 MgO 相关性较强（$r_{\text{Sb-Fe}_2\text{O}_3}=0.73$，$r_{\text{Sb-MgO}}=0.59$），表明 Sb 趋向于赋存在铁白云石中。

23. Bi

自然界中 Bi 主要以 +3 价形式存在，具有亲硫的特征，可以形成自然 Bi 以及硫化物和氧化物，如辉铋矿（Bi_2S_3）、铋华（Bi_2O_3）等。Bi 可以类质同象替代（Ag^+ + Bi^{3+} = $2Pb^{2+}$）或包裹体形式进入含 Pb 硫化物中。华北地区煤层夹矸中 Bi 含量为 $0.103 \sim 2.83\mu g/g$，平均为 $0.86\mu g/g$，明显比华北大陆地壳及沉积盖层丰度偏高，与物源区相比（$0.22\mu g/g$），Bi 发生了明显富集。与 Sb 一样，Bi 在表生条件下迁移能力较差，而具有一定的有机亲和性，因此华北地区煤层夹矸中 Bi 大部分可能来源于沉积有机质。山西及河北地区 Bi 与各常量元素相关性均较弱，说明 Bi 主要赋存于有机质中；京西地区 Bi 与 SiO_2 相关性较强而与 Fe_2O_3 和 Al_2O_3 呈负相关关系（$r_{Bi\text{-}SiO_2}$ = 0.52，$r_{Bi\text{-}Al_2O_3}$ = -0.29，$r_{Bi\text{-}Fe_2O_3}$ = -0.11），表明 Bi 可能以包裹体形式赋存于硅酸盐中。

24. Re

Re 的价态较多，从 +1 ～ +7 价，其中自然界中以 +4 和 +7 价为主。因 Re^{4+} 与 Mo^{4+} 离子半径相近，因此二者可发生类质同象替代，自然条件下二者紧密共生，目前，尚未发现 Re 的独立矿物。华北地区煤层夹矸中 Re 含量为 $0.002 \sim 0.101\mu g/g$，平均为 $0.018\mu g/g$，低于华北地区大陆地壳丰度。山西地区 Re 与各常量元素相关性均较弱，而与 Mo 相关性较强（$r_{Re\text{-}Mo}$ = 0.71），表明二者亲密共生，主要赋存于有机质和金属硫化物中；河北地区 Re 与 Fe_2O_3 相关性较强，（$r_{Re\text{-}Fe_2O_3}$ = 0.51），表明 Re 主要赋存于金属硫化物中；京西地区 Re 与 SiO_2、Fe_2O_3 和 MgO 相关性较强（$r_{Re\text{-}SiO_2}$ = 0.51，$r_{Re\text{-}Fe_2O_3}$ = 0.61，$r_{Re\text{-}MgO}$ = 0.65），表明 Re 主要赋存于铁白云石和硅酸盐矿物中。

25. REY

REY 包括 REE 和 Y，其中 REE 包括 La、Ce、Pr、Nd、Sm、Eu、Gd、Tb、Dy、Ho、Er、Tm、Yb、Lu 以及 Y。REY 属于亲石元素，自然界中主要以 +3 价形式存在，Eu 在还原条件下，以 +2 价存在，Ce 在氧化条件下，以 +4 价存在。REY 可形成独立的矿物，以氟碳酸盐和磷酸盐为主，也可以类质同象替代 Sr^{2+}、Ba^{2+}、Ca^{2+}、Fe^{2+}、Hf^{4+}、Sc^{3+}、Zr^{4+} 等进入矿物晶格。具有大离子半径的轻稀土主要与 Sr^{2+}、Ba^{2+} 等置换，而离子半径较小的重稀土倾向于与 Hf^{4+}、Zr^{4+}、Sc^{3+} 等发生置换。稀土元素属于不相容元素，趋向于岩浆作用晚期以及岩浆期后阶段发生富集，一般铁镁质岩石中稀土元素含量 ΣREE 最低，约为 $139.58\mu g/g$，中性岩和酸性岩中 ΣREE 较高，分别为 $187.51\mu g/g$ 和 $197.69\mu g/g$。在岩浆演化早期，轻重稀土分异作用相对不明显，铁镁质岩石 ΣLREE/ΣHREE 较小，约为 3.3；岩浆演化中—晚期，其中稀土发生明显分异，中性和酸性岩中 ΣLREE/ΣHREE 分别为 4.4 和 4.1。

华北地区煤层夹矸 REY 含量 ΣREE 为 $11.739 \sim 526.257\mu g/g$，平均 $169.893\mu g/g$，ΣLREE/ΣHREE = $0.59 \sim 13.32$，平均 5.01，比华北地区大陆地壳及沉积盖层丰度偏高，与中-酸性火成岩丰度接近，与物源区相比（$158.3\mu g/g$，ΣLREE/ΣHREE = 3.3），稀土元素略有富集，轻重稀土分异明显，这是因为重稀土离子电负性较强，容易形成沉淀或被吸附，导致其迁移能力较轻稀土差，二者在搬运过程中发生明显分异。代世峰等（2005）认为含煤地层中，稀土元素主要以类质同象或吸附的方式赋存在黏土矿物以及有机质中。山西及河北地区煤层夹矸 REY 与 SiO_2 和 Al_2O_3 相关性较弱（山西，

$r_{\text{REY-SiO}_2}=0.43$，$r_{\text{REY-Al}_2\text{O}_3}=0.24$；河北，$r_{\text{REY-SiO}_2}=0.28$，$r_{\text{REY-Al}_2\text{O}_3}=-0.32$），表明稀土元素赋存在硅酸盐矿物及有机质中，与轻稀土相比（山西，$r_{\Sigma \text{LREE-SiO}_2}=0.32$，$r_{\Sigma \text{LREE-Al}_2\text{O}_3}=0.22$；河北，$r_{\Sigma \text{LREE-SiO}_2}=0.28$，$r_{\Sigma \text{LREE-Al}_2\text{O}_3}=-0.28$），重稀土与 SiO_2 和 Al_2O_3 相关性较强（山西，$r_{\Sigma \text{HREE-SiO}_2}=0.43$，$r_{\Sigma \text{HREE-Al}_2\text{O}_3}=0.32$；河北，$r_{\Sigma \text{HREE-SiO}_2}=0.29$，$r_{\Sigma \text{HREE-Al}_2\text{O}_3}=-0.49$），说明重稀土更容易赋存在黏土矿物中，轻稀土趋向于赋存在有机质中。京西地区 REY 与 SiO_2、Fe_2O_3 和 MgO 均具有较强的相关性，表明稀土元素赋存于硅酸盐矿物以及铁白云石中，与轻稀土（$r_{\Sigma \text{LREE-SiO}_2}=0.56$，$r_{\Sigma \text{LREE-Fe}_2\text{O}_3}=0.68$，$r_{\Sigma \text{LREE-MgO}}=0.73$）相比，重稀土（$r_{\Sigma \text{LREE-SiO}_2}=0.67$，$r_{\Sigma \text{LREE-Fe}_2\text{O}_3}=0.57$，$r_{\Sigma \text{LREE-MgO}}=0.71$）与 SiO_2 相关性相对较强而与 Fe_2O_3 和 MgO 相关性较弱，表明重稀土更容易赋存于硅酸盐矿物中，而轻稀土趋向于赋存于铁白云石中。

代世峰等（2005，2012）在研究准格尔煤田煤矿物学及地球化学特征时发现，部分夹矸中 REY 较下伏煤层明显偏低，是淋滤作用的结果。而华北地区煤层夹矸 REY 较物源区稍有富集，说明沉积-成岩过程中，夹矸所受淋滤作用较为轻微。Seredin 和 Finkelman（2008）、Seredin（2012）、Seredin 和 Dai（2012）根据 REY 的组成将其分为三种分布类型：LREY 富集型，$La_N/Lu_N>1$；HREY 富集型，$La_N/Lu_N<1$；中间型，$La_N/Nd_N<1$，$Gd_N/Lu_N>1$（N 代表与上地壳的比值）。华北地区煤层夹矸 $La_N/Lu_N=0.97$，属于 HREY 富集型，这可能与夹矸碱性成岩环境有关。$HREY^{3+}$ 离子半径较 $LREY^{3+}$ 小，电负性高，在碱性成岩条件下，更容易吸引 OH^- 而形成沉淀，而 $LREY^{3+}$ 在地下水的淋滤作用下，相对容易流失，导致 REY 组成趋向于 HREY 富集型（图 6.6）。

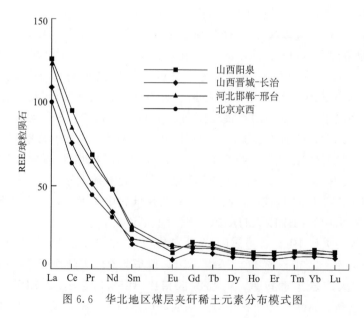

图 6.6　华北地区煤层夹矸稀土元素分布模式图

华北地区煤层夹矸 δEu 均小于 1，为负异常（山西，$\delta Eu=0.49$；河北，$\delta Eu=0.67$；京西，$\delta Eu=0.92$），其中，京西地区 Eu 负异常明显比山西及河北地区偏小，可能是岩浆热液流体作用的结果。华北地区煤层夹矸 REE 组成模式图具有向右倾斜的特征，表明其来源为同样具有 Eu 负异常的花岗岩（$\delta Eu=0.37$）。华北地区煤层夹矸 δCe 与 1 接近（山西，$\delta Ce=0.96$；河北，$\delta Ce=0.90$；京西，$\delta Ce=0.88$）说明沉积-成岩环境以还原环境为主，京西地区 Ce 负异常较高，可能是岩浆热液流体作用的所致（表 6.3）。

表 6.3　华北地区煤层夹矸微量元素含量

地区	样品编号	微量元素含量/($\mu g/g$)														
		B	Li	Be	Sc	V	Cr	Co	Ni	Cu	Zn	Ga	Rb	Sr	Y	Mo
山西 阳泉	YQ1-15-g1	189	41.8	1.73	11.7	53.4	43.2	2.6	9.29	29.1	15.3	19.9	26.4	217	24.5	1.54
	YQ1-15-g2	478	14.5	1.86	4.86	15.3	4.6	0.37	1.05	2.65	17.2	25.9	10.2	109	8.07	1.81
	YQ1-15-g3	396	247	2.69	6.72	10.4	3.33	0.443	0.739	4.64	9.33	31.7	10.8	114	10.2	1.96
	YQ2-8-g1	19.6	355	2.07	14.4	70.2	40.7	0.326	3.02	44.9	14.2	18.2	1.16	78.2	21.9	2.13
	YQ2-15-g1	45.3	59.8	1.72	8.17	44.4	35	4.43	6.27	37.7	14.2	15.5	17.2	90.1	14	1.37
	YQ2-15-g3	82.7	107	1.69	4.84	25.3	4.81	0.171	0.927	5.28	6.5	21.7	5.91	52.5	11.9	1.58
	YQ3-15-g1	25.6	184	3.27	11.8	15.8	12.1	10.2	24	16.1	10.2	17.1	7.08	91.6	10.7	1.85
	YQ3-15-g3	90.6	127	1.83	4.51	9.52	3.58	0.569	0.824	3.54	13	21.7	9.37	50.7	6.84	1.63
	YQ5-15-g2	16.3	236	2.08	13.1	32.7	26.5	2.17	12.7	77.8	26.5	13.3	5.08	183	24.6	1.59
	XJ-8-g1	211	395	3.45	21.4	76.5	44.1	4.13	23.6	73.6	49	31.7	29.7	236	29.4	1.92
	XJ-15-Lv	72.1	523	3.24	15.8	95	66.2	7.16	30.3	63.1	31.3	35.6	48.9	142	27.6	2.88
	YQ2-3-g	55.8	250	3	5.77	49.4	10.7	1.21	4.17	9.54	22.6	37.9	10.1	89.9	9.22	1.38
	YQ2-12-g1	36.9	113	2.18	6.97	37.4	20.3	2.88	4.75	16.7	45.8	31.2	12.7	229	37.6	4.24
晋城	SH-3-g1	90	175	1.84	10.8	27.4	32.8	0.288	3.53	10.2	16.7	24.8	4.53	83	19.7	0.991
	FHS-15-g1	1027	179	3.29	23.4	147	127	4.88	20.6	18.5	21.9	33.3	137	133	16	21.3
	GSY-15-g1	637	226	3.55	21.1	129	175	7.43	29.4	24.6	26.3	34.1	87.9	88.2	24.2	10.8
	WTP-15-g2	170	234	2.94	28.7	224	282	16.4	50.4	29.1	54.1	26.5	19.5	81.1	39.3	17
	CZ-3-g2	38.2	350	4.54	9.95	27	25.1	5.41	18.2	17.8	23.8	29.1	19.4	242	15.5	0.574
	CZ-15-g1	33.2	12.4	0.055	0.858	3.64	15.5	18.5	11.3	351	7.24	1.83	0.542	19.2	3.14	2.54
	CZ-15-g2	620	90.9	0.997	2.02	23	17.2	9.48	16.4	225	19.6	11.8	8.12	34.6	10.8	5.93
	CZ-15-g3	698	501	3.64	3.77	6.52	7.29	1.96	11.2	29.2	6.77	11	17.8	24.3	6.83	1.11
	CZ-15-g4	60	312	2.5	9.33	23	21.3	0.931	3.64	10.9	9.23	14.2	5.64	26.5	20.8	3.16
	CZ-15-g5	519	573	2.25	3.85	6.91	9.81	1.64	6.54	8.97	7.45	15.1	14	29	6.48	1.63
	CZ-15-g6	33.3	37.4	0.082	1.08	4.04	8.37	1.44	2.85	278	7.96	1.9	0.613	14.6	4.51	2.85
	CZ-15-g7	192	87.1	0.479	1.61	7.09	13.7	9.74	14.4	439	8.5	4.07	2.84	19.7	6.65	4.68
	CP-3-g1	317	132	3.11	8.95	26.5	10.3	0.293	3.8	6.66	12.6	49.2	14.7	248	9.6	3.94
	CP-3-g2	220	33.6	2.95	5.62	7.3	4.85	0.311	5.27	5.84	10.1	41.2	15.8	441	4.57	1.73
	CP-3-g3	222	43.1	2.71	5.4	10.1	4.93	0.284	5.31	6.07	16.3	38.1	14.5	435	4.9	1.73
	CP-3-g4	144	149	2.37	12.9	60.5	47.5	0.585	5.04	59.3	34.2	39.6	8.25	207	34.3	10.3
	DJZ-3-g2	129	77.7	3.57	3.8	7.17	3.88	0.447	2.4	3.61	16.8	36.4	10.8	215	4.86	1.37

地区	样品编号	微量元素含量/(μg/g)													
		B	Li	Be	Sc	V	Cr	Co	Ni	Cu	Zn	Ga	Rb	Sr	Y	Mo
山西 晋城	DJZ-15-g1	161	253	1.94	18.6	87.2	68.4	3.88	17.1	28.4	20.8	36.4	65.2	242	28.2	1.75
	FHS-9-g2	15.9	14.5	0.555	1.36	7.95	27	41.4	48.4	99	149	4.1	3.58	29.4	3.92	10.1
	GSY-9-g2	67.5	32.8	0.49	1.93	6.86	24.7	1.07	5.24	194	18.1	2.43	2.77	47.3	2.06	15.2
	WTP-9-g2	159	7.49	0.448	1.72	8.51	23.1	1.11	2.48	168	19.5	4.23	5.32	46.4	2.45	18.7
	FHS-9-g1	41.6	79	1.53	12.2	67.6	57.6	1.66	7.92	74.4	24.2	19.5	7.75	94.2	16.6	11.1
	GSY-9-g3	30	39.1	0.923	10.7	34	35.6	0.105	1.09	8.66	13.7	10.1	3	68.1	14.7	2.08
	WTP-9-g1	46.4	115	1.35	12.2	77.3	57.9	0.257	1.41	16.6	21.9	22.3	18.3	132	18.8	13.9
	GH-3-g2	206	181	2.58	7.71	11.7	5.73	0.282	2.71	9.9	9.29	26	4.39	202	13	1.12
	YW-3-g1	137	50.6	1.1	4.81	12.1	5.56	0.806	2.33	9.86	12.8	8.9	5.56	108	4.9	1.85
	ZC-3-g1	152	148	1.22	3.44	10.8	2.21	0.438	2.47	6.02	9.99	22.4	5.47	174	4.59	1.81
河北 邯郸	XT-2-g	73.9	278	2.31	2.65	4.67	3.55	0.446	1.79	3.29	15.2	39	7.7	48.7	7.41	1.53
	YJL-2-D3	111	32.3	4.12	20.1	88.4	60.6	6.88	15.3	23.4	35.9	45.2	125	157	52.2	0.716
	YJL-2-G4	116	159	2.14	5.67	11.2	3.84	0.465	2.25	3.73	9.97	28.1	47.7	364	13.9	0.692
	XC-2-g1	124	193	2.39	5.45	9.42	3.33	0.337	1.31	5.13	11.8	25.3	8.21	151	11	1.72
	XC-4-g1	91.7	26.7	1.81	3.55	9.38	6.66	2.16	53.7	42.1	14	12.8	10.5	45.5	8.29	10.3
	YD-2-g1	351	50.3	1.69	14.5	78.5	48.8	6.9	8.84	30.9	23.9	26.4	94.3	153	23.5	1.75
	ZT-2-g1	666	141	2.51	21.3	117	87	13.4	13.5	37.4	27.7	42.8	114	226	33.5	1.01
	XDW-9-g5	126	1037	2.05	3.87	12.8	9.32	0.379	8.1	21	26.1	11.1	47.1	231	6.39	1.63
	XDW-9-g6	19.1	194	1.28	8.5	13.5	12.8	0.703	10.9	90.2	7.86	15.2	5.14	39.4	18.6	27.6
	ZC-9-g1	127	15.7	2.81	5.78	18.6	8.78	0.743	3.62	4.94	14	19.1	63.1	277	6.72	4.29
北京 京西	DT-3-g1	18.9	7.08	0.991	14.7	90	151	0.583	11.5	171	49.4	48.4	7.4	144	19.9	5.84
	DT-3-g2	45.8	17.1	4.09	13.8	74	179	1.94	21.9	120	52.5	24	37.7	304	13.2	2.9
	DT-3-g3	71.6	285	6.01	13.7	52.9	11.6	0.833	5.36	50	37.8	26.4	27.5	1930	6.97	1.26
	DT-3-g4	34.6	48.6	5.55	12	102	34.1	2.24	11.6	60.1	52.9	18.1	18.3	527	11.2	5.96
	DT-3-g6	55.5	72.7	2.25	11.5	103	68.4	15.2	23.2	143	18.4	21.2	32.7	650	9.52	6.13
	DT-3-g7	51.9	21.3	4.15	10	94.4	183	7.76	127	39.6	29.1	19.1	41.7	256	10.8	3.66
	MCJ-6-g	69.8	23.8	3.94	15.2	84.4	70.3	8.54	23.5	76	76.8	20.4	190	267	23.9	1.63
	CGY-4-g	46.8	16.7	2.31	2.56	16.2	10.8	2.56	4.45	47.5	46.6	17.8	106	1047	5.1	1.44
	DAS-9-g2	54.4	24.9	2.5	15.9	90.8	62.4	6.09	20.3	74.5	72.5	23.8	119	426	30.7	0.839
	DAS-10-g1	51.2	17	2.08	13.8	90	81.4	7.15	21.4	47.4	92.3	26	134	355	30	0.844
河南 焦作	LS-2-R1	104	17.9	3.91	21.7	127	77.3	5.88	12.9	28.1	35.5	39.5	167	235	38.2	1.05
	ZG-2-D4	86.8	100	3.68	19.5	130	69.4	10.2	20.4	83.8	55.5	38	83.2	203	29.7	1.56
平均		167.4	154.3	2.39	9.90	48.7	43.1	4.34	13.64	60.10	27.09	23.83	35.24	213.0	15.96	4.508
华北地台		10	13	1.0	18	110	84	22	40	30	74	18.2	63	360	15	0.5
华北盖层		35	22	1.4	8.8	60	40	10	22	16	60	13.0	75	240	16	0.6
物源区		4.5	17.4	3.6	3.1	17	4.0	2.0	3.2	3.7	37	17.9	130	180	20	0.53

续表

地区	样品编号	微量元素含量/($\mu g/g$)														
		Cd	In	Sb	Cs	Ba	La	Ce	Pr	Nd	Sm	Eu	Gd	Tb	Dy	Ho
山西 阳泉	YQ1-15-g1	0.113	0.123	0.109	3.11	493	78.3	152	16.5	59.8	10.2	1.87	9.59	1.36	5.7	1.04
	YQ1-15-g2	0.055	0.069	0.18	1.39	543	13.5	29.7	3.65	13.8	2.96	0.714	2.13	0.383	1.85	0.325
	YQ1-15-g3	0.053	0.052	0.178	1.3	365	24.6	48.8	5.36	18.5	2.87	0.537	2.73	0.437	2.22	0.413
	YQ2-8-g1	0.084	0.227	0.256	0.27	114	11.7	38.5	5.43	22	5	0.829	4.29	0.916	4.91	0.898
	YQ2-15-g1	0.042	0.034	0.119	2.11	159	18.3	35.5	4.3	15.7	2.68	0.431	1.67	0.354	2.23	0.492
	YQ2-15-g3	0.048	0.087	0.032	1.06	139	34.7	62.1	7.22	20.8	1.99	0.255	1.66	0.385	2.61	0.456
	YQ3-15-g1	0.036	0.034	0.093	0.722	132	4.14	6.08	0.681	2.47	0.412	0.14	0.454	0.117	1.17	0.321
	YQ3-15-g3	0.009	0.041	0.168	1.32	186	17.3	43.9	5.2	17.3	2.03	0.279	2.48	0.404	1.89	0.331
	YQ5-15-g2	0.126	0.09	0.221	0.671	80.6	45.7	63.1	5.32	16.4	3.59	0.781	3.85	0.71	4.43	0.896
	XJ-8-g1	0.353	0.235	0.398	4.45	639	47.4	140	18.3	68.9	12.4	1.73	10.6	1.78	8.69	1.61
	XJ-15-Lv	0.142	0.08	0.625	5.82	341	52.5	92.1	9.91	33.1	4.53	0.825	5.09	0.912	5.01	1
	YQ2-3-g	0.101	0.104	0.419	1.07	242	44	80.8	5.25	13	1.7	0.289	1.62	0.366	1.88	0.377
	YQ2-12-g1	0.202	0.098	0.75	1.54	428	115	208	22.2	71.7	10.7	1.29	9.08	1.5	7.68	1.38
晋城	SH-3-g1	0.094	0.059	1.76	0.612	104	45.2	80.6	8.03	23.6	2.48	0.252	2.7	0.665	4.07	0.755
	FHS-15-g1	0.154	0.071	0.505	57.3	307	77.7	133	14	42.5	4.26	0.575	2.74	0.517	2.93	0.641
	GSY-15-g1	0.176	0.154	0.735	36.5	137	54.8	98.4	11.3	36.3	5.05	0.63	3.74	0.698	4.8	0.951
	WTP-15-g2	0.169	0.09	0.715	4.4	91.1	115	226	22.3	75.1	12.1	1.69	9.78	1.69	8.72	1.59
	CZ-3-g2	0.137	0.099	0.17	1.87	259	52.5	115	13.3	47.5	7.38	0.652	5.56	0.764	3.12	0.637
	CZ-15-g1	0.641	0.62	1.59	0.082	8.79	4.5	8.75	1.03	3.94	0.72	0.108	0.657	0.104	0.517	0.099
	CZ-15-g2	0.588	0.28	2.77	0.994	70.4	92.6	164	14.9	47.7	6.37	0.892	7.15	0.787	2.46	0.416
	CZ-15-g3	0.093	0.038	0.117	1.75	62.5	11.8	19	1.83	5.59	0.838	0.121	0.882	0.158	1.17	0.288
	CZ-15-g4	0.076	0.043	0.175	0.59	50.4	38.7	58	5.38	14.8	2.27	0.228	2.99	0.533	3.54	0.785
	CZ-15-g5		0.03	0.201	1.27	64.9	35.1	64.9	5.38	13.1	1.04	0.162	2.09	0.23	1.25	0.278
	CZ-15-g6	0.42	0.424	2.3	0.077	8.27	6.27	12.7	1.56	6.08	1.23	0.198	1.04	0.187	0.892	0.159
	CZ-15-g7	0.723	0.733	1.73	0.313	30.2	19.9	40	4.66	18.1	3.12	0.475	2.66	0.383	1.44	0.224
	CP-3-g1	0.093	0.138	0.404	1.14	474	34.1	59.5	6.27	18.9	2.41	0.562	2.78	0.41	2.09	0.417
	CP-3-g2	0.021	0.107	0.188	1.16	660	12.8	24.2	2.54	7.82	1.08	0.438	1.36	0.223	1.16	0.209
	CP-3-g3		0.087	0.205	1.02	671	12.2	23.6	2.5	7.83	1.08	0.42	1.33	0.233	1.23	0.219
	CP-3-g4	0.121	0.195	1.14	0.83	331	75.5	117	11.8	39.9	5.98	1.13	6.32	1.06	6.76	1.42
	DJZ-3-g2	0.029	0.052	0.235	1.37	421	16.6	23.9	2.06	5.48	0.78	0.257	1.12	0.194	1.11	0.198
	DJZ-15-g1	0.061	0.123	0.514	8.09	531	69.5	124	14.6	53.5	9.22	1.39	7.49	1.25	6.24	1.19
	FHS-9-g2	1.07	0.032	1.58	0.135	45.9	1.24	2.64	0.342	1.25	0.195	0.062	0.328	0.09	0.602	0.107
	GSY-9-g2	0.466	0.048	0.77	0.169	92.3	4.26	7.66	0.807	2.85	0.351	0.051	0.337	0.062	0.396	0.087
	WTP-9-g2	0.094	0.077	0.948	0.213	148	5.71	11.4	1.42	5.1	0.694	0.079	0.422	0.079	0.377	0.092

续表

地区	样品编号	微量元素含量/(μg/g)														
		Cd	In	Sb	Cs	Ba	La	Ce	Pr	Nd	Sm	Eu	Gd	Tb	Dy	Ho
山西 晋城	FHS-9-g1	0.107	0.066	1.19	0.579	121	26.9	52.2	5.28	17.2	2.71	0.289	1.99	0.47	2.94	0.629
	GSY-9-g3	0.137	0.015	0.097	0.307	152	19.9	40.1	4.07	13.4	2.37	0.225	2.31	0.501	2.71	0.583
	WTP-9-g1	0.14	0.04	1.95	0.743	401	33.8	60.5	5.59	17.9	2.42	0.344	2.14	0.448	2.93	0.677
	GH-3-g2	0.056	0.102	0.377	0.43	283	28.7	49.8	4.57	13.3	2.34	0.361	2.36	0.564	3.01	0.56
	YW-3-g1	0.032	0.053	0.325	0.571	137	4.52	8.47	1	3.72	0.889	0.259	0.915	0.172	1.05	0.184
	ZC-3-g1	0.022	0.042	0.343	0.545	267	11.9	22.5	2.66	10.5	2.2	0.365	1.29	0.226	1.03	0.187
河北 邯郸	XT-2-g	0.086	0.053	0.243	0.967	184	10.8	19.4	2.29	8.94	2.07	0.353	1.49	0.265	1.42	0.265
	YJL-2-D3	0.092	0.103	0.313	10.3	644	107	191	22.1	82.1	14.1	2.53	11.3	1.93	9.85	1.97
	YJL-2-G4	0.043	0.076	0.16	4.54	496	59.6	80.7	10.3	34.8	5.5	0.586	4.01	0.644	2.97	0.583
	XC-2-g1	0.036	0.082	0.272	1.18	474	24.6	46.9	4.8	15.4	2.93	0.469	2.29	0.419	2.27	0.45
	XC-4-g1	0.696	0.052	0.599	1.39	420	34.9	69.6	7.12	23.5	3.87	0.633	2.91	0.475	2.15	0.364
	YD-2-g1	0.189	0.129	0.601	7.54	534	42.7	78.3	8.92	33.7	5.88	1.12	4.77	0.869	4.69	0.93
	ZT-2-g1	0.085	0.164	0.516	10.8	711	82.6	157	18	70.2	13.5	2.02	8.58	1.37	6.98	1.36
	XDW-9-g5	0.008	0.032	0.088	5.14	897	2.49	5.31	0.645	2.52	0.616	0.643	0.554	0.127	0.987	0.223
	XDW-9-g6	0.368	0.06	3.58	0.602	96.7	17.6	39.6	4.96	18.7	3.77	1.08	3.24	0.653	3.98	0.753
	ZC-9-g1	0.128	0.019	0.059	5.84	1271	1.15	2.29	0.285	1.24	0.395	0.934	0.35	0.116	1.11	0.243
北京 京西	DT-3-g1	0.238	0.194	0.396	2.6	131	33.8	50.5	4.31	13.1	3.07	0.726	3.87	0.865	4.83	0.924
	DT-3-g2	0.191	0.236	0.34	15.9	749	56	75.8	6.59	19.4	2.82	0.765	2.94	0.555	3.15	0.585
	DT-3-g3	0.084	0.135	0.193	10.9	678	5.42	8.44	0.805	2.85	0.618	0.582	0.936	0.241	1.39	0.287
	DT-3-g4	0.177	0.078	0.253	11.4	645	12.5	21.4	2.67	10.9	2.65	0.714	2.48	0.415	2.04	0.452
	DT-3-g6	0.103	0.128	0.263	25.9	1196	34.8	53	5.52	16.9	2.35	0.714	1.56	0.341	1.82	0.408
	DT-3-g7	0.108	0.187	0.26	21.1	633	24.3	32.7	3.4	10.8	2.26	0.681	2.67	0.579	3.05	0.539
	MCJ-6-g	0.214	0.124	1.59	14.6	1050	21.4	39.7	4.44	16.7	3.44	0.966	3.18	0.705	4.18	0.886
	CGY-4-g	0.197	0.034	1.64	7.06	1247	38.1	65.3	6.5	20.2	3.06	0.616	2.21	0.281	1.1	0.187
	DAS-9-g2	0.136	0.101	1.74	12	643	36.9	72.4	8.9	34.7	6.52	1.53	6.03	1.04	5.54	1.13
	DAS-10-g1	0.17	0.098	1.68	16.4	884	48.4	96.2	11.6	44.5	8.99	3.27	7.47	1.26	6.46	1.17
河南 焦作	LS-2-R1	0.076	0.105	0.437	11.6	896	79.6	156	18.4	68.7	11.1	1.83	8.08	1.41	7.41	1.5
	ZG-2-D4	0.136	0.079	2.29	10.7	550	92.1	169	20.2	71.6	9.46	0.744	5.42	0.943	5.31	1.19
平均		0.177	0.119	0.711	5.748	400.3	36.87	67.40	7.278	24.97	4.058	0.737	3.485	0.610	3.250	0.637
华北地台		0.080	0.05	0.15	1.4	690	29	55	6.2	25	4.4	1.21	3.8	0.61	3.3	0.67
华北盖层		0.087	0.04	0.25	2.8	550	33	62	7.2	28	4.6	1.10	4.1	0.62	3.4	0.70
物源区		0.053		0.18	4.0	505	28	58	5.9	22	4.1	0.60	3.8	0.63	4.0	0.90

续表

地区	样品编号	微量元素含量/(μg/g)														
		Er	Tm	Yb	Lu	W	Re	Tl	Pb	Bi	Th	U	Zr	Hf	Nb	Ta
山西 阳泉	YQ1-15-g1	2.96	0.407	2.87	0.387	1.74	0.011	0.207	23.7	0.578	20.7	4.38				
	YQ1-15-g2	0.838	0.132	0.921	0.124	3.14	0.003	0.564	11.2	0.961	30.3	5.63				
	YQ1-15-g3	1.12	0.185	1.27	0.173	3.58	0.006	0.827	6.65	1.09	23.5	6.99				
	YQ2-8-g1	2.92	0.466	2.92	0.443	2.06	0.021	0.091	34.2	1.28	37.2	3.81	434	17.5	24.3	1.8
	YQ2-15-g1	1.77	0.326	2.45	0.38	2.57	0.023	0.129	16.4	0.733	22.2	3.5	249	9.15	15.6	1.41
	YQ2-15-g3	1.54	0.244	1.32	0.19	3.45	0.029	0.659	17.4	0.574	18.6	1.04	121	7.75	24.2	2.14
	YQ3-15-g1	1.05	0.276	2.16	0.343	1.53	0.006	0.108	15.8	0.885	16.9	1.48				
	YQ3-15-g3	0.92	0.135	0.893	0.114	2.99	0.003	0.662	2.73	1.1	18.1	6.73				
	YQ5-15-g2	2.36	0.482	3.18	0.449	1.89	0.011	0.099	51.9	1.38	35.6	6.44				
	XJ-8-g1	4.27	0.659	4.6	0.593	2.3	0.016	0.635	49.4	1.32	29	9.01				
	XJ-15-Lv	2.83	0.521	3.38	0.468	2.86	0.013	0.368	24.1	1.11	28.1	6.68				
	YQ2-3-g	1.11	0.188	1.19	0.173	4.47	0.052	0.392	11	0.727	20.1	6.1	148	6.83	38.4	4.83
	YQ2-12-g1	4.26	0.72	4.91	0.748	10.2	0.096	0.194	19.2	1.32	60.8	20.6	206	10.3	39.7	3.48
晋城	SH-3-g1	2.23	0.427	2.67	0.394	2.59	0.012	0.103	14.8	0.709	46.6	4.44	371	15.3	24.6	2.1
	FHS-15-g1	2.41	0.469	3.34	0.564	6.97	0.101	1.07	10.3	0.954	18.9	13	395	13.5	41.4	3.04
	GSY-15-g1	3.21	0.576	3.88	0.598	6.78	0.057	0.503	22.3	0.54	33.8	12.4	409	15.7	36.6	2.84
	WTP-15-g2	5.04	0.888	6.13	0.929	7.74	0.072	0.203	18.9	2.21	75.8	23.6	530	21.4	37.5	2.96
	CZ-3-g2	2.05	0.334	2.15	0.283	1.37	0.006	0.191	14.7	0.63	17.6	2.76				
	CZ-15-g1	0.261	0.043	0.297	0.038	9.73	0.002	2.61	1308	0.197	1.17	0.353				
	CZ-15-g2	1.4	0.173	1.23	0.17	6.77	0.006	1.53	586	1.59	11.7	3.84				
	CZ-15-g3	0.863	0.179	1.3	0.189	3.07	0.004	1.15	10.8	1.05	14.7	1.13				
	CZ-15-g4	2.21	0.451	3	0.434	3.77	0.009	0.227	7.7	0.799	37.5	6.45				
	CZ-15-g5	0.859	0.149	1.07	0.147	1.48	0.005	0.775	18.1	0.414	12.7	2.01				
	CZ-15-g6	0.416	0.07	0.503	0.067	5.21	0.002	2.68	1060	0.118	1.44	0.442				
	CZ-15-g7	0.638	0.082	0.633	0.083	5.71	0.003	3.75	1432	0.532	6.63	0.931				
	CP-3-g1	1.19	0.19	1.23	0.166	4.86	0.006	0.458	6.17	0.805	13.8	5.73				
	CP-3-g2	0.538	0.088	0.594	0.083	1.65	0.002	0.535	7.47	0.477	13.1	2.56				
	CP-3-g3	0.576	0.098	0.646	0.088	1.8	0.002	0.492	7.84	0.511	15.2	2.74				
	CP-3-g4	3.75	0.717	5.08	0.735	12.6	0.014	0.377	22.2	2.83	50	14				
	DJZ-3-g2	0.474	0.076	0.486	0.064	2.41	0.003	0.33	9.04	0.378	4.94	2.52				
	DJZ-15-g1	3.32	0.531	3.59	0.473	2.69	0.01	0.576	15.4	0.761	32.3	5.47				
	FHS-9-g2	0.377	0.07	0.451	0.065	6.15	0.086	2.14	114	0.494	1.05	0.494	17.3	0.622	0.614	0.115
	GSY-9-g2	0.239	0.036	0.271	0.031	5.08	0.067	4.22	174	0.743	6.46	0.594	27.3	0.736	1.82	0.276
	WTP-9-g2	0.317	0.056	0.388	0.062	4.62	0.043	3.03	644	2.4	5.27	0.655	34.4	1.11	3.16	0.368

续表

地区	样品编号	微量元素含量/(μg/g)														
		Er	Tm	Yb	Lu	W	Re	Tl	Pb	Bi	Th	U	Zr	Hf	Nb	Ta
山西 晋城	FHS-9-g1	2.11	0.407	2.71	0.405	5.16	0.044	0.956	209	2.69	37.2	7.49	380	12.5	37.5	1.59
	GSY-9-g3	1.69	0.374	2.18	0.324	0.588	0.005	0.085	4.54	0.722	36.9	5.81	227	8.08	18.4	0.249
	WTP-9-g1	2.19	0.444	2.68	0.452	3.56	0.031	0.989	378	2.15	39.3	8.17	388	13.9	36.4	1.44
	GH-3-g2	1.48	0.259	1.55	0.21	2.44	0.002	0.137	25	0.903	32.2	4.34				
	YW-3-g1	0.534	0.099	0.635	0.104	1.11		0.318	24.6	0.742	8.67	4.04				
	ZC-3-g1	0.47	0.084	0.49	0.067	3.45		0.203	6.66	0.8	17.8	3.63				
河北 邯郸	XT-2-g	0.683	0.116	0.834	0.119	1.73	0.003	0.132	8.8	0.415	18.4	3.39				
	YJL-2-D3	5.63	1.01	6.43	0.89	2.31	0.01	0.975	8.73	0.423	23.7	5.56				
	YJL-2-G4	1.53	0.268	1.74	0.236	1.29	0.003	1.27	4.24	0.103	17	3.91				
	XC-2-g1	1.25	0.212	1.35	0.181	2.45	0.003	0.169	6.31	0.462	24	3.87				
	XC-4-g1	0.943	0.162	1.02	0.148	1.55		8.3	158	0.735	25.2	3.66				
	YD-2-g1	2.72	0.521	3.31	0.497	3.19	0.004	0.918	21.9	0.458	20.3	5.29				
	ZT-2-g1	3.82	0.684	4.05	0.634	3.19	0.012	1.17	24.2	0.671	29.7	5.6				
	XDW-9-g5	0.664	0.16	1.08	0.149	1.61	0.005	0.408	14.1	0.402	11.4	3.7				
	XDW-9-g6	1.87	0.331	2.25	0.307	2.92	0.011	2.38	729	0.426	11	2.33				
	ZC-9-g1	0.649	0.155	1.2	0.158	1.38	0.008	0.727	2.41	0.143	37.3	4.83				
北京 京西	DT-3-g1	2.51	0.424	2.75	0.394	8.28	0.009	0.163	90.8	1.76	78.4	14.7				
	DT-3-g2	1.59	0.285	1.76	0.251	4.07	0.006	0.755	94.8	1.75	74.6	9.3				
	DT-3-g3	0.86	0.172	1.07	0.167	0.7	0.003	0.442	16.3	0.15	12	2.33				
	DT-3-g4	1.35	0.278	1.77	0.266	0.765		0.355	24.7	0.289	7.87	2.77				
	DT-3-g6	1.21	0.232	1.67	0.236	0.826	0.004	0.725	34.5	1.65	12.2	3.61				
	DT-3-g7	1.34	0.243	1.35	0.196	3.55	0.004	0.99	33.6	0.658	44.1	2.25				
	MCJ-6-g	2.7	0.481	3.07	0.49	64.5	0.014	1.34	23	0.308	11.6	3.56				
	CGY-4-g	0.52	0.089	0.492	0.061	7.04	0.008	0.985	24	0.163	13.6	7.75				
	DAS-9-g2	3.27	0.579	3.66	0.544	24.5	0.01	1.05	18.4	0.328	10.9	4.38				
	DAS-10-g1	3.17	0.544	3.36	0.486	3.73	0.016	1.19	17.4	0.264	12.3	3.71				
河南 焦作	LS-2-R1	4.1	0.737	4.3	0.634	2.45	0.006	1.12	6.91	0.544	20.4	4.05				
	ZG-2-D4	3.73	0.679	4.24	0.658	1.84	0.008	0.752	57.5	0.757	22.7	5.53				
平均		1.853	0.330	2.161	0.315	4.936	0.018	0.982	126.7	0.856	24.07	5.291	262.5	10.29	25.35	1.909
华北地台		1.9	0.29	1.85	0.29	0.6	0.1	0.40	13	0.14	5.0	1.0	146	4.0	10	0.6
华北盖层		1.9	0.28	1.80	0.27	1.1		0.45	16	0.15	7.5	1.8	170	4.5	13	1.0
物源区		2.6	0.40	2.5	0.37	0.68		0.80	21	0.22	13.4	2.6	140	4.8	12.6	1.1

注：华北沉积盖层、华北大陆地壳以及物源区微量元素组成引自迟清华和鄢明才，2007。

第7章　含铵黏土矿物组合与沉积环境

黏土矿物在沉积物和沉积岩中分布极为广泛，因其组成、含量及分布特征可以反映出物质来源、沉积古环境和水动力条件等而逐渐成为研究热点。赵杏媛和张有瑜（1990）、赵杏媛等（1995）在总结塔里木盆地黏土矿物组合类型后，认为通过黏土矿物组合类型可以推断古环境（沉积水介质条件）及其成因机理。唐书恒（1991）认为煤系中黏土矿物的组合类型与沉积和成岩环境有关，刘钦甫（1990）指出含煤地层中黏土矿物组合类型与陆源区岩性、气候及沉积水介质性质有关，同时他也指出由于黏土矿物在成岩作用过程中可能会发生转化，导致其组合的指相性受到争议。沉积水介质条件包括盐度、酸碱度、氧化还原条件、离子种类、离子含量、离子比等，其中，以古盐度对黏土矿物组合类型控制作用最为显著。

7.1　盐度计算方法

目前，常用的古盐度计算方法包括：B 元素法、B/Ga 法、Sr/Ba 法、Rb/K 法、同位素法、Sr/Ca 法、沉积磷酸盐法等。作者主要利用 B 元素法和 B/Ga 法对煤层夹矸进行古盐度的计算。

7.1.1　B 元素法

一般而言，海相环境下硼含量为 $80 \times 10^{-6} \sim 125 \times 10^{-6}$，而淡水环境样品硼含量多小于 60×10^{-6}。由于自然界水体中硼的浓度是盐度的线性函数，而溶液中的硼一旦被黏土矿物吸收固定后，无论其呈吸附状态存在或是进入黏土矿物晶格，都不因后期水体硼浓度的下降而解吸，因而黏土矿物从水体中吸收的硼含量与水体的盐度呈双对数关系式，即所谓的弗伦德奇吸收方程：

$$\lg B = C_1 \lg S + C_2 \tag{7.1}$$

式中，B 为吸收硼含量，10^{-6}；S 为盐度，‰；C_1 和 C_2 为常数，此方程式即为利用硼和黏土矿物定量计算古盐度的理论基础。

然而，不同类型黏土矿物对硼元素的吸附-吸收能力相差较大，一般伊利石对 B 的吸附-吸收作用最强，其次为蒙皂石和高岭石，绿泥石、叶蜡石等对 B 吸附-吸收能力最差。因此，Couch（1971）提出了利用校正 B 含量计算古盐度的方法，即

$$S_p = 10^{\frac{(\lg B' - 0.11)}{1.28}} \tag{7.2}$$

式中，S_p 为古盐度；B' 为校正硼含量，$B' = \dfrac{B}{4x_i + 2x_s + x_k + x_c}$，其中，$B$ 为原始硼含量，x_i、x_s、x_k、x_c 分别为伊利石、蒙皂石、高岭石、绿泥石的含量。

　　笔者在采用 Couch 法（Couch，1971）对华北地区及黑龙江东部煤层夹矸沉积古盐度进行计算时发现存在一个问题：煤层夹矸经历了一定程度的成岩作用，其黏土矿物组成与沉积阶段相比已经发生了很大的变化，直接采用煤层夹矸黏土矿物组成对 B 含量进行校正明显不妥。煤层夹矸黏土矿物组成较为复杂，以铵伊利石、高岭石、铵伊利石/蒙皂石间层以及伊/蒙间层矿物为主，含有少量绿泥石、柯绿泥石、绿/蒙间层、累托石、伊利石、叶蜡石、钠云母以及珍珠云母。其中，高岭石和伊/蒙间层矿物主要为陆源成因；其他黏土矿物多为自生成因，多数由高岭石转化而来。此外，伊/蒙间层矿物在成岩作用过程中逐渐发生伊利石化，混层比 S% 逐渐降低。因此，对煤层夹矸 B 含量的校正要结合相关黏土矿物成因来进行。煤层夹矸中铵伊利石、绿泥石、柯绿泥石、伊利石等多由高岭石转化而来，其原始 B 吸附能力与高岭石相当。煤层夹矸中伊/蒙间层矿物多为有序，间层比低于 35%，这是成岩过程中伊利石化的结果，笔者依据行业标准《SY/T 5477—2003 碎屑岩成岩阶段划分》设定在沉积阶段伊/蒙间层矿物的间层比为 70%。结合第 5 章的研究成果，笔者提出了适合煤层夹矸校正公式：

$$B' = \frac{B}{4x_i + 2x_s + x_k + x_a + x_o} \tag{7.3}$$

式中，x_i 为伊/蒙间层矿物中沉积阶段伊利石晶层的含量；x_s 为伊/蒙间层矿物中沉积阶段蒙皂石晶层的含量；x_k 为高岭石含量；x_a 为铵伊利石含量；x_o 为其他黏土矿物的含量。根据上述校正 B 含量计算所得的盐度，可作为煤层夹矸最初沉积时水体的古盐度。

7.1.2　B/Ga 法

　　B/Ga 值是提供认识古盐度的一种证据。B 和 Ga 是两种化学性质不同的元素，硼酸盐溶解度大、迁移能力强，只有当水蒸发后才析出；镓活动性低，易于沉淀。因此，利用 B/Ga 值可指示古盐度。王益友等（1979）、李进龙和陈东敬（2003）认为：B/Ga<4 为淡水，B/Ga>7~20 为海水。

7.2　含铵黏土矿物组合类型

　　华北地区及黑龙江东部煤层夹矸黏土矿物共分八种组合类型（表 7.1）：NH_4-I/S 组合、NH_4-I 组合、NH_4-I＋K 组合、K＋ NH_4-I（少量）组合、K 组合、K＋ I/S（少量）组合、K＋I/S 组合以及 I/S 组合。其中，K＋ NH_4-I（少量）组合是 K 组合和 NH_4-I＋K 组合之间的过渡类型；K＋ I/S（少量）组合是 K＋I/S 组合和及 I/S 组合之间的过渡类型。

　　（1）华北地区煤层夹矸黏土矿物组合类型（表 7.2，图 7.1、图 7.2）：主要包括 NH_4-I/S 组合、NH_4-I 组合、NH_4-I＋K 组合、K＋ NH_4-I（少量）组合、K 组合、K＋ I/S（少量）组合以及 K＋I/S 组合。

　　（2）黑龙江东部煤系夹矸黏土矿物组合类型（表 7.3，图 7.3）：主要包括 K 组合、K＋I/S 组合、K＋ I/S（少量）以及 I/S 组合。

表 7.1　煤系夹矸黏土矿物组合类型划分

黏土矿物组合类型	黏土矿物含量/%				说明
	NH₄-I	NH₄-I/S	K	I/S	
NH₄-I/S 组合		>85			
NH₄-I 组合	>85				
NH₄-I + K 组合	>15		>15		NH₄-I + K 含量>85
K + NH₄-I（少量）组合	<15		>85		
K 组合			100		
K+ I/S（少量）组合			>85	<15	
K + I/S 组合			>15	>15	K + I/S 含量>85
I/S 组合				>90	

表 7.2　华北地区石炭-二叠纪煤层夹矸以及煤中黏土矿物组成及含量

煤田	含煤地层	采样地区	样品采样地点	样品编号	黏土矿物组合类型
沁水煤田	山西组	阳泉地区	国阳 2 矿 3♯煤夹矸	YQ2-3-g	K+ I/S（少量）组合
			新景矿 3♯煤上部夹矸	XJ-3-g1	K+I/S 组合
		长治地区	南寨矿 3♯煤夹矸	NZ-3-g	NH₄-I+K 组合
			上庄矿 3♯煤顶部夹矸	SZ-3-g1	K 组合
			上庄矿 3♯煤底部夹矸	SZ-3-g2	K + I/S 组合
			赵庄矿 3♯煤夹矸	ZZ-3-g	K + I/S 组合
			高河矿 3♯煤底部夹矸	GH-3-g4	K + I/S 组合
			屯留矿 3♯煤夹矸	YW-3-g	NH₄-I 组合
			漳村矿 3♯煤顶部夹矸	ZC-3-g1	NH₄-I 组合
			漳村矿 3♯煤中部夹矸	ZC-3-g2	NH₄-I + K 组合
			漳村矿 3♯煤底部夹矸	ZC-3-g3	K+ I/S（少量）组合
		晋城地区	寺河矿 3♯煤中部夹矸	SH-3-g1	K + NH₄-I（少量）组合
			寺河矿 3♯煤中下部夹矸	SH-3-g2	NH₄-I + K 组合
			成庄矿 3♯煤上部夹矸	CZ-3-g1	NH₄-I + K 组合
			长平矿 3♯煤上部夹矸	CP-3-g1	NH₄-I 组合
			长平矿 3♯煤中部夹矸	CP-3-g2	NH₄-I 组合
			长平矿 3♯煤中部夹矸	CP-3-g3	NH₄-I 组合
			长平矿 3♯煤下部夹矸	CP-3-g4	NH₄-I 组合
			董家庄钻孔 3♯煤上部夹矸	DJZ-3-g1	NH₄-I 组合
			董家庄钻孔 3♯煤下部夹矸	DJZ-3-g2	NH₄-I 组合
	太原组	阳泉地区	国阳 1 矿 15♯煤上部夹矸	YQ1-15-g1	NH₄-I 组合
			国阳 1 矿 15♯煤中部夹矸	YQ1-15-g2	NH₄-I 组合

煤田	含煤地层	采样地区	样品 采样地点	样品编号	黏土矿物组合类型
沁水煤田	太原组	阳泉地区	国阳1矿 15#煤下部夹矸	YQ1-15-g3	NH_4-I 组合
			国阳2矿 8#煤中部夹矸	YQ2-8-g1	K 组合
			国阳2矿 8#煤底部夹矸	YQ2-8-g2	K 组合
			国阳2矿 12#煤夹矸	YQ2-12-g1	K + I/S 组合
			国阳2矿 15#煤顶部夹矸	YQ2-15-g1	K + NH_4-I（少量）组合
			国阳2矿 15#煤中上部夹矸	YQ2-15-g2	NH_4-I 组合
			国阳2矿 15#煤底部夹矸	YQ2-15-g3	NH_4-I + K 组合
			国阳3矿 15#煤上部夹矸	YQ3-15-g1	K+ I/S（少量）组合
			国阳3矿 15#煤下部夹矸	YQ3-15-g3	NH_4-I + K 组合
			国阳3矿 15#煤下部夹矸	YQ5-15-g3	K + I/S 组合
			新景矿 8#煤夹矸	XJ-8-g1	NH_4-I 组合
			新景矿 15#煤夹矸	XJ-15-Lv	K + I/S 组合
		晋城地区	晋城王台铺矿 9#煤顶部夹矸	WTP-9-g1	K+I/S 组合
			晋城王台铺矿 9#煤中部夹矸	WTP-9-g2	NH_4-I/S 组合
			晋城凤凰山矿 9#煤顶部夹矸	FHS-9-g1	K+ I/S（少量）组合
			晋城凤凰山矿 9#煤中部夹矸	FHS-9-g2	NH_4-I/S 组合
			晋城古书院矿 9#煤顶部夹矸	GSY-9-g3	K+ I/S（少量）组合
			晋城古书院矿 9#煤中部夹矸	GSY-9-g2	NH_4-I/S 组合
			晋城古书院矿 9#煤底部夹矸	GSY-9-g1	K+I/S 组合
			凤凰山矿 15#煤中部夹矸	FHS-15-g	NH_4-I + K 组合
			古书院矿 15#煤顶部夹矸	GSY-15-g2	NH_4-I + K 组合
			古书院矿 15#煤中部夹矸	GSY-15-g1	NH_4-I + K 组合
			古书院矿 15#煤底部夹矸	GSY-15-g3	K + NH_4-I（少量）组合
			王台铺矿 15#煤顶部夹矸	WTP-15-g3	K + NH_4-I（少量）组合
			王台铺矿 15#煤中部夹矸	WTP-15-g2	K + NH_4-I（少量）组合
			王台铺矿 15#煤底部夹矸	WTP-15-g1	NH_4-I + K 组合
			成庄矿 15#煤上部夹矸	CZ-15-g1	NH_4-I 组合
			成庄矿 15#煤上部夹矸	CZ-15-g2	NH_4-I 组合
			成庄矿 15#煤中部夹矸	CZ-15-g3	NH_4-I 组合
			成庄矿 15#煤中部夹矸	CZ-15-g4	K + NH_4-I（少量）组合
			成庄矿 15#煤中部夹矸	CZ-15-g5	NH_4-I 组合
			成庄矿 15#煤下部夹矸	CZ-15-g6	NH_4-I 组合
			成庄矿 15#煤下部夹矸	CZ-15-g7	NH_4-I 组合
			董家庄钻孔 15#煤夹矸	DJZ-15-g1	K + I/S 组合

续表

煤田	含煤地层	采样地区	样品采样地点	样品编号	黏土矿物组合类型
太行山东麓煤田	山西组	邯邢矿区	小屯矿 2♯煤夹矸	XT-2-g	K + I/S 组合
			云驾岭矿 2♯煤上部夹矸	YJL-2-D3	NH₄-I 组合
			云驾岭矿 2♯煤下部夹矸	YJL-2-G4	NH₄-I 组合
			薛村矿 2♯煤夹矸	XC-2-g1	NH₄-I + K 组合
			羊东矿 2♯煤夹矸	YD-2-g1	NH₄-I + K 组合
			中泰矿业 2♯煤夹矸	ZT-2-g1	K + I/S 组合
		安鹤矿区	龙山矿 2♯煤夹矸	LS-2-R	NH₄-I 组合
	太原组	邯邢矿区	薛村矿 4♯煤夹矸	XC-4-g1	I/S 组合
			显德汪矿 9♯煤上部夹矸	XDW-9-g1	K + I/S 组合
			显德汪矿 9♯煤上部夹矸	XDW-9-g2	K + I/S 组合
			显德汪矿 9♯煤中部夹矸	XDW-9-g3	K+ I/S（少量）组合
			显德汪矿 9♯煤中部夹矸	XDW-9-g4	K + I/S 组合
			显德汪矿 9♯煤下部夹矸	XDW-9-g6	NH₄-I + K 组合
京西煤田	太原组	京西矿区	木城涧矿 3♯煤上部夹矸	DT-3-g2	NH₄-I 组合
			木城涧矿 3♯煤下部夹矸	DT-3-g6	NH₄-I 组合
			木城涧矿 3♯煤下部夹矸	DT-3-g7	NH₄-I 组合

表 7.3　黑龙江东部煤层夹矸黏土矿物组合类型

地层	地区	样品编号	采样地点	矿物种类及含量				黏土矿物组合类型
				I/S	I	K	C	
白垩系	双鸭山地区	JX-9-g	集贤矿 9♯煤夹矸	48	2	48		K+I/S 组合
		XA-8S-g	新安矿 8♯煤上部夹矸	26	1	73		K+I/S 组合
		QX-8-g1	七星矿 8♯煤夹矸	41	2	57		K+I/S 组合
	鹤岗地区	ZX-18-g1	振兴矿 18♯煤夹矸	70	1	29		K+I/S 组合
		YX-20-g1	益新矿 20♯煤夹矸	88		12		I/S+K（少量）组合
		YX-22-g1	益新矿 22♯煤夹矸	66	4	30		K+I/S 组合
		NS-g1	南山矿夹矸			100		K 组合
	七台河地区	XJ-87-g1	新建矿 87♯煤夹矸	91	1	3	5	I/S+K（少量）组合
		XL-93-g1	新立矿 93♯煤夹矸	96	1		3	I/S 组合
		XQ-95-g	新强矿 95♯煤夹矸	94	4		2	I/S 组合
		XQ-98-g1	新强矿 98♯煤夹矸	43	30	27		K+I/S 组合
	鸡西地区	CS-24-g1	城山矿 24♯煤夹矸	60	2	38		K+I/S 组合
		XF-29-g1	新发矿 29♯煤夹矸	57		43		K+I/S 组合
		XF-36-g1	新发矿 36♯煤夹矸	48	3	45	4	K+I/S 组合
		XH-28-Y	杏花矿 28♯煤夹矸	50	3	47		K+I/S 组合

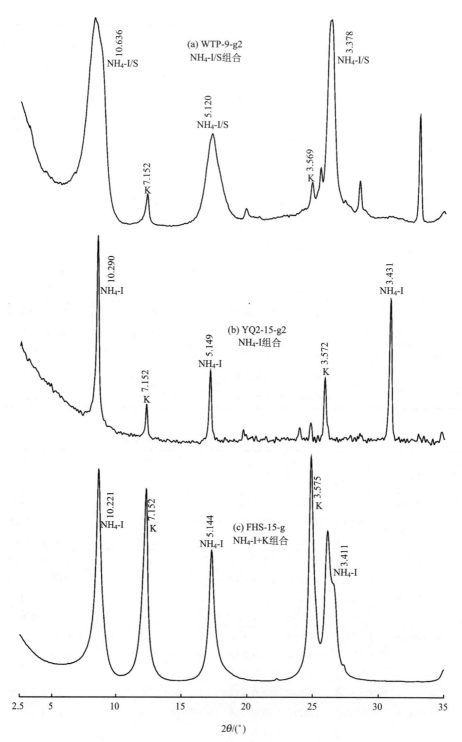

图 7.1　华北地区不同黏土矿物组合类型的乙二醇饱和定向 X 射线衍射谱图（峰值单位：10^{-1} nm）

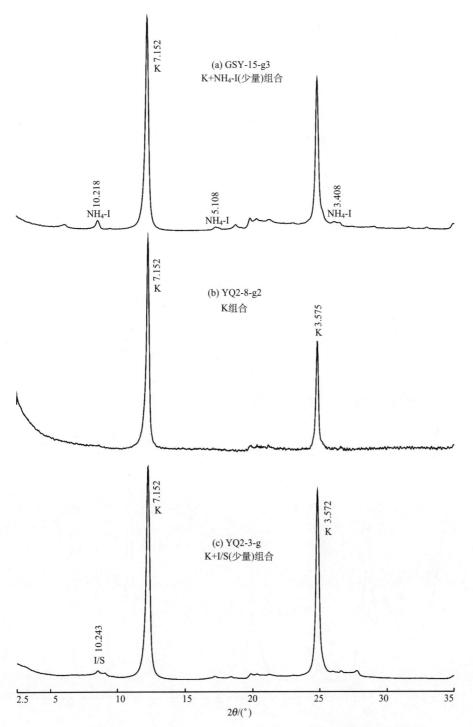

图 7.2　华北地面不同黏土矿物组合类型的乙二醇饱和定向 X 射线衍射谱图（峰值单位：10^{-1}nm）

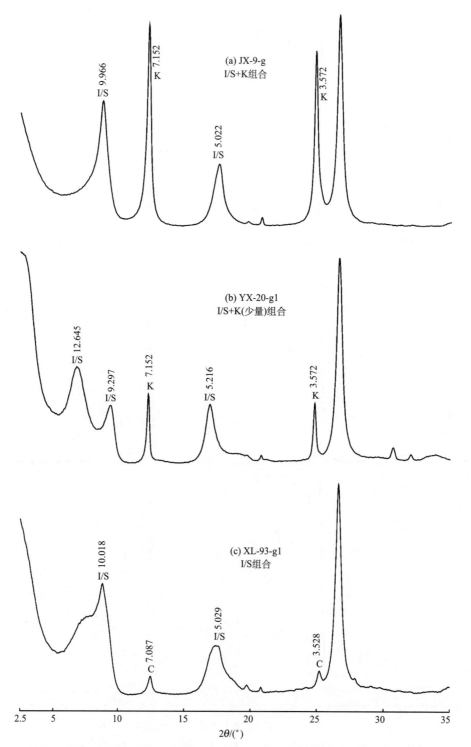

图 7.3　黑龙江东部不同黏土矿物组合类型乙二醇饱和定向 X 射线衍射谱图（峰值单位：10^{-1}nm）

7.3　不同沉积环境中的黏土矿物组合

赵杏媛和张有瑜（1990）、赵杏缓等（1995）认为，黏土矿物的形成、转化和消失受多种因素控制，是一个极其复杂的地质作用过程，沉积盆地中黏土矿物组合特征主要受古环境、成岩作用和母岩岩性等地质因素共同控制，其中古环境中的古水介质是最重要的作用因素，因为黏土矿物的形成、转变和消失都始终在与周围孔隙水的接触过程中形成的，因此古水介质的盐度、酸碱度、离子种类、离子含量和离子比等都起着重要的控制作用，其中古水介质盐度尤为重要。作者利用 B 元素科奇法和 B/Ga 值法对华北地区及黑龙江东部地区煤层夹矸古水介质盐度进行分析和测定。

（1）B 元素科奇法结果分析（表 7.4）：华北地区煤层夹矸黏土矿物以铵伊利石、铵伊利石/蒙皂石间层矿物、伊/蒙间层矿物以及高岭石为主，含有少量伊利石、绿泥石和绿/蒙间层矿物、累托石、柯绿泥石等，校正 B 含量为 13.0～1530.6μg/g，平均 290.2μg/g，古水介质盐度为 6.1‰～252.5‰，平均 61.5‰，对照威尼斯盐度分类方案（表 7.6），古水介质属于中盐水-超盐水，变化范围较大。其中，NH_4-I 组合以及 NH_4-I/S 组合类型夹矸校正 B 含量为 49.5～1527.1μg/g，平均 353.1μg/g，古水介质盐度为 17.3‰～252.0‰，平均 75.4μg/g，属于多盐水-超盐水；NH_4-I＋K 组合类型夹矸校正 B 含量为 65.2～1530.6μg/g，平均 498.8μg/g，古水介质盐度为 21.4‰～252.5‰，平均 95.0‰，属于多盐水-超盐水；K＋NH_4-I（少量）组合类型夹矸校正 B 含量为 62.4～192.1μg/g，平均 103.2μg/g，古水介质盐度为 20.7‰～49.9‰，平均 30.1‰，属于多盐水-超盐水；K＋I/S 组合、K＋I/S（少量）组合以及 K 组合类型夹矸校正 B 含量为 13.0～570.7μg/g，平均 109.7μg/g，古水介质盐度为 6.1‰～116.8‰，平均 27.8‰，属于中盐水-超盐水。黑龙江东部地区煤层夹矸黏土矿物以高岭石和伊/蒙间层矿物为主，校正 B 含量为 8.2～17.8μg/g，平均 14.2μg/g，古水介质盐度为 4.2‰～7.8‰，平均 6.4‰，属于少盐水-中盐水。对比不同类型黏土矿物组合，发现含有铵伊利石或铵伊利石/蒙皂石间层矿物的组合比其他类型组合具有更高的 B 含量和古水介质盐度，这表明沉积阶段较高的水介质盐度以及较高的 pH 更有利于后期成岩阶段含铵矿物的形成。笔者拟合了华北地区以及黑龙江东部煤层夹矸古水介质盐度与含铵黏土矿物含量的相关曲线（图 7.4），结果表明二者具有较强的相关性，含铵黏土矿物含量随古盐度升高具有逐渐增高的趋势，在古水介质盐度＞40‰（超盐水）阶段，含铵黏土矿物开始大量生成。

表 7.4　华北地区煤层夹矸原始 B 含量、Ga 含量以及校正 B 含量及古水介质盐度计算数据

省份和地区	含煤地层	样品编号	B/(μg/g)	Ga/(μg/g)	B'/(μg/g)	Sp/‰	B/Ga
山西	山西组	YQ2-3-g	55.8	37.9	53.4	18.4	1.5
		GH-3-g4	206	26	276.1	66.2	7.9
		YW-3-g	137	8.9	137	38.3	15.4
		ZC-3-g1	152	22.4	152	41.6	6.8

省份和地区	含煤地层	样品编号	B/(μg/g)	Ga/(μg/g)	B′/(μg/g)	Sp/‰	B/Ga
山西	山西组	SH-3-g1	90	24.8	92.3	28.1	3.6
		CP-3-g1	317	49.2	345.7	79.0	6.4
		CP-3-g2	220	41.2	228.2	57.1	5.3
		CP-3-g3	222	38.1	235.7	58.5	5.8
		CP-3-g4	144	39.6	154.0	42.0	3.6
		DJZ-3-g2	129	36.4	131.8	37.2	3.5
	太原组	YQ1-15-g1	189	19.9	198.1	51.1	9.5
		FHS-9-g1	41.6	19.5	69.6	22.6	2.1
		FHS-9-g2	15.9	4.1	112.7	32.9	3.9
		GSY-9-g3	30	10.1	29.0	11.4	3.0
		GSY-9-g2	67.5	2.43	280.3	67.0	27.8
		WTP-9-g1	46.4	22.3	43.5	15.6	2.1
		WTP-9-g2	159	4.23	322.8	74.8	37.6
		YQ1-15-g2	478	25.9	486.8	103.2	18.5
		YQ1-15-g3	396	31.7	404.5	89.3	12.5
		YQ2-8-g1	19.6	18.2	19.7	8.4	1.1
		YQ2-12-g1	36.9	31.2	34.6	13.1	1.2
		YQ2-15-g1	45.3	15.5	65.9	21.6	2.9
		YQ2-15-g3	82.7	21.7	82.9	25.9	3.8
		YQ3-15-g1	25.6	17.1	24.5	10.0	1.5
		YQ3-15-g3	90.6	21.7	92.4	28.2	4.2
		YQ5-15-g3	16.3	13.3	13.0	6.1	1.2
		XJ-8-g1	211	31.7	215.1	54.5	6.7
		XJ-15-Lv	72.1	35.6	52.9	18.2	2.0
		FHS-15-g	1027	33.3	1530.6	252.5	30.8
		GSY-15-g1	637	34.1	1047.7	187.8	18.7
		WTP-15-g2	170	26.5	192.1	49.9	6.4
		CZ-15-g1	33.2	1.83	664	131.5	18.1
		CZ-15-g2	620	11.8	1527.1	252.0	52.5
		CZ-15-g3	698	11	742.6	143.5	63.5
		CZ-15-g4	60	14.2	62.4	20.7	4.2
		CZ-15-g5	519	15.1	558.7	114.9	34.4
		CZ-15-g6	33.3	1.9	666	131.8	17.5
		CZ-15-g7	192	4.07	1015.9	183.3	47.2
		DJZ-15-g1	161	36.4	188.5	49.2	4.4
河北	山西组	XT-2-g	73.9	39	43.8	15.7	1.9
		YJL-2-D3	111	45.2	154.4	42.1	2.5
		YJL-2-G4	116	28.1	125.5	35.8	4.1

续表

省份和地区	含煤地层	样品编号	B/(μg/g)	Ga/(μg/g)	B'/(μg/g)	Sp/‰	B/Ga
河北	山西组	XC-2-g1	124	25.3	128.9	36.5	4.9
		YD-2-g1	351	26.4	544.2	112.6	13.3
		ZT-2-g1	666	42.8	570.7	116.8	15.6
		LS-2-R	104	39.5	142.3	39.5	2.6
		ZG-2-D4	86.8	38	43.9	15.7	2.3
	太原组	XC-4-g1	91.7	12.8	50.9	17.7	7.2
		XDW-9-g6	19.1	15.2	65.2	21.4	1.3
京西	太原组	DT-3-g2	45.8	24	49.5	17.3	1.9
		DT-3-g6	55.5	21.2	74.4	23.8	2.6
		DT-3-g7	51.9	19.1	54.9	18.7	2.7

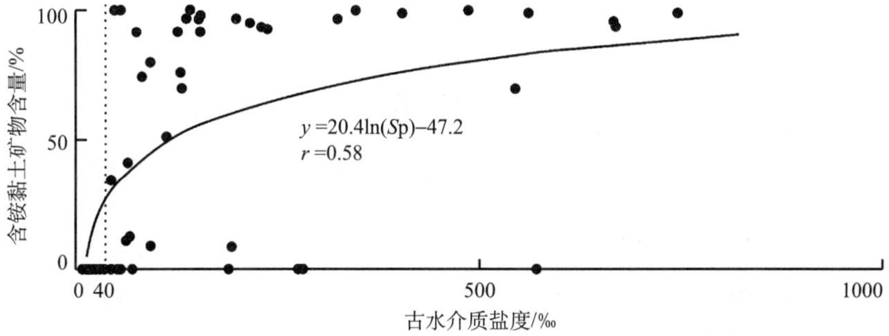

图 7.4　含铵黏土矿物含量与古水介质盐度相关曲线

（2）B/Ga 值法结果分析（表 7.4、表 7.5）：国内外研究表明，B/Ga＜4 时沉积环境以陆相沉积为主，B/Ga＝4～7 时沉积环境以海陆交互相为主，B/Ga＞7 沉积环境以海相沉积为主。华北地区煤层夹矸中，NH_4-I 组合以及 NH_4-I/S 组合类型夹矸 B/Ga 为 1.9～63.5，平均 15.4，表明沉积阶段主要受海水影响；NH_4-I＋K 组合类型夹矸 B/Ga 为 1.3～30.8，平均 12.2，表明沉积阶段主要受海水影响；K＋NH_4-I（少量）组合类型夹矸 B/Ga 为 2.9～6.4，平均 4.3，表明沉积阶段海水以及淡水均有一定程度的影响；K＋I/S 组合、K＋I/S（少量）组合以及 K 组合类型夹矸 B/Ga 为 1.1～15.6，平均 4.1，表明沉积阶段海水以及淡水均有一定程度的影响。黑龙江东部地区煤层夹矸 B/Ga 为 1.0～1.3，平均 1.1，表明主要受淡水影响。笔者拟合了华北地区以及黑龙江东部煤层夹矸 B/Ga 与含铵黏土矿物含量的相关曲线（图 7.5），结果表明含铵黏土矿物含量随 B/Ga 具有逐渐增高的趋势，这与上述 B 元素科奇法分析结果相一致。古水介质盐度 Sp 和煤层夹矸 B/Ga 与黏土矿物组合类型详见表 7.7。

表 7.5　黑龙江东部地区煤层夹矸原始 B 含量、Ga 含量以及校正 B 含量及古水介质盐度计算数据

地区	含煤地层	样品编号	B/(μg/g)	Ga/(μg/g)	B'/(μg/g)	Sp/‰	B/Ga
鸡西	城子河组	XF-36-g	17.9	15.7	16.5	7.3	1.1
七台河		XQ-98-g	29.7	30.9	17.8	7.8	1.0
双鸭山		YX-22-g	10.5	7.8	8.2	4.2	1.3

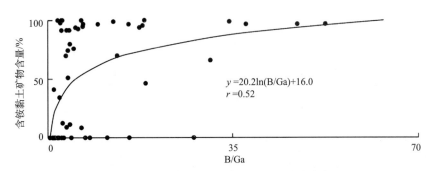

图 7.5　含铵黏土矿物含量与 B/Ga 相关曲线

表 7.6　威尼斯盐度分类方案

类别	盐度/‰
淡水	0～0.5
少盐水	0.5～5.0
中盐水	5.0～18.0
多盐水	18.0～30.0
真盐水	30.0～40.0
超盐水	>40.0

表 7.7　黏土矿物组合类型与古盐度 Sp 和 B/Ga 对应关系

黏土矿物组合类型	含铵黏土矿物含量/%	古水介质盐度/‰	B/Ga
NH_4-I 组合、NH_4-I/S 组合	>85	>252.2	>30.4
NH_4-I+K 组合	15～85	21.1～252.2	1.0～30.4
K+NH_4-I（少量）组合、K 组合、K +I/S 组合、I/S+K（少量）组合、I/S 组合	0～15	0～21.1	0～1.0

　　综上所述，沉积阶段，较高的水介质盐度更有利于成岩阶段煤层夹矸含铵黏土矿物的生成，受淡水影响的夹矸中铵伊利石含量较低或缺失。此外，海相泥页岩中并未发现有大量铵伊利石等含铵黏土矿物的存在（Juster et al.，1987），这说明除沉积环境外，煤层中的有机质对铵伊利石和铵伊利石/蒙皂石间层矿物的形成也具有一定贡献。笔者

认为沉积环境对含铵黏土矿物的形成影响如下：

（1）沉积阶段：成煤植物中的部分有机氮（氨基酸等）在泥炭化作用阶段固定下来，以 N-5、N-6 以及 N-Q 形式存在，其中，N-5 和 N-6 位于煤分子边缘，化学活性较高。受淡水影响的煤沉积环境偏酸性，氧化性较强，N-5 和 N-6 在微生物的作用下极易被氧化形成 N_2 释放到大气中，这一方面导致受淡水影响的煤中氮含量偏低，另一方面 N-5 和 N-6 是后期成岩作用阶段 NH_4^+ 的主要来源，N-5 和 N-6 在沉积阶段大量氧化不利于含铵黏土矿物的形成；受海水影响的煤沉积环境偏碱性，还原性较强，这在一定程度上抑制了微生物将 N-5 和 N-6 氧化为 N_2，有利于成岩阶段含铵黏土矿物的形成。此外，聚煤阶段，海水中大量浮游生物也为煤中有机氮具有一定贡献。因此，煤中有机质在铵伊利石形成过程中起到 N-5 和 N-6（NH_4^+）载体的作用；海水介质则起到保护 N-5 和 N-6 不被微生物氧化分解的作用。

（2）成岩阶段：煤中 N-5 和 N-6 在热氨化作用下（详见第 4 章）以 NH_4^+ 释放出来，并与高岭石反应形成铵伊利石等含铵黏土矿物。因此，相比与淡水，沉积阶段海水可使得更多 N-5 和 N-6 保留下来，更有利于含铵黏土矿物的形成。

第8章 含铵黏土矿物矸石风化实验与氮污染

煤矸石是煤炭开采和洗选加工过程中排出的各种岩石混合物，是目前我国年排放量和累计堆存量最大的工业固体废弃物（邓寅生等，1997），是矿区主要的污染源之一。组成煤矸石的主要岩石类型有泥岩、砂质泥岩、砂岩和煤屑，这些岩石主要来自煤层夹矸、顶底板及其周围的地层。

在中高煤级变质程度地区，如焦煤、瘦煤、贫煤和无烟煤发育地区，煤变质作用温度达到或超过铵伊利石形成的温度（约150℃），因此这些地区煤层夹矸中铵伊利石含量比较高。含铵伊利石矿物的矸石采出后堆积地表，在长期的风吹雨淋风化过程中，铵伊利石中的 NH_4^+ 必然会被淋溶出来，被周围土壤吸附，或下渗至地下，或随地表流水迁移至河流、湖泊等水体，造成土壤、地表水或潜水中氮的富集或污染，显然这方面工作没有得到重视，前人工作主要集中在煤矸石风化产生的重金属元素对环境的影响方面（党志等，1998；胡斌等，2004；白建峰等，2004）。Holloway 和 Dahlgren（1999，2002）研究认为含铵矿物和岩石的风化可导致周围土壤和地表水体中硝酸盐含量的升高，由此可能产生土壤的酸化。

笔者利用铵伊利石含量较高的煤层黏土岩夹矸，采用静态浸泡和动态淋溶实验方法，以及对煤矸石堆周围土壤和水体实际取样分析，研究探讨含铵煤矸石中氮的溶出行为，以期对煤矿区铵伊利石质矸石自然风化过程中产生的氮污染潜力及贡献作出评价。

8.1 实 验 方 法

8.1.1 含铵矸石静态淋滤实验

1. 实验原料

本实验所用原料采自山西省长治市南寨煤矿山西组 3♯煤层夹矸（NZ-3-g），该层夹矸厚 20～50cm，为纯净的高岭石-铵伊利石黏土岩。首先将煤矸石样品破碎至 1～3cm，按"四分法"缩分。将缩分后样品进一步破碎至小于 0.5cm，再一次缩分。最后将样品磨碎至 200 目，供实验使用。

2. 测试方法

采用静态浸泡淋滤实验方法。首先用蒸馏水、稀盐酸和氢氧化钠配制酸性（pH＝2.75）、中性（pH＝7.12）和碱性（pH＝9.83）三种溶液。按一定的固液比将制备好的矸石样品和溶液放入烧杯中，浸泡反应一定时间，浸泡期间不时进行搅拌。到达预定的浸泡时间后，用滤纸过滤，过滤液用塑料瓶封闭包装，马上进行各种氮及元素的分析。

滤液中的总氮、铵态氮、硝态氮、亚硝态氮采用紫外-可见分光光度计测定（国家环境保护总局，2002）。

（1）硝酸盐氮：采用酚二磺酸光度法测定。所需设备包括分光光度计（10mm 或 30mm 比色皿）、50mL 比色管和瓷蒸发皿（75～100mL）。所用试剂包括苯酚、硫酸、发烟硫酸（含 13% 三氧化硫）、硝酸钾（优级纯）三氯甲烷、氨水、高锰酸钾以及硫酸银。

（2）亚硝酸盐氮：采用 N（1-萘基）-乙二胺光度法测定。所需设备包括分光光度计（10mm）比色皿和 50mL 比色管，所需试剂包括磷酸、对-氨基苯磺酸胺、N-（1-萘基）-乙二胺二盐酸盐、亚硝酸钠、高锰酸钾、草酸钠（优级纯）、硫酸铝钾、氨水以及酚酞。

（3）氨氮以游离氨（NH_3）或铵盐（NH_4^+）形式存在于水中，两者的组成取决于水的 pH 和水温，当 pH 高时、水温低时 NH_3 比例较高，NH_4^+ 反之。采用蒸馏法对铵态氮进行测定。所需设备包括带氮球的定氮蒸馏装置（500mL 凯氏烧瓶、氮球、直形冷凝管和导管），所需试剂包括硫酸、盐酸、氢氧化钠、溴百里酚蓝、轻质氧化镁、玻璃珠以及硼酸。

8.1.2　含铵矸石动态淋滤实验

1. 实验原料

实验用原料采自山西省长治南寨煤矿井下及地表矸石山、河南焦作朱村煤矿矸石山。样品编号如下。

（1）NZ-3-g：山西省长治南寨煤矿井下 3♯煤层夹矸，为纯的高岭石-铵伊利石黏土岩；

（2）NZG-1：山西省长治南寨煤矿地表矸石山样品，为井下采出的各种岩石的混合物，在地表堆积风化时间有 4～5 年。

（3）ZCG-1：河南焦作朱村煤矿地表矸石山样品，为井下采出的各种岩石的混合物。

地表矸石山样品采集时采用"蛇形采样法"，确定 20 个采样点位，将每个采样点样品混合后按"四分法弃取"缩分，然后将各点样品混合，再按"四分法弃取"，每种样品采集 5kg 左右。实验前将每种煤矸石样品粉碎过筛得到四个粒级：4～5mm，2～4mm，1～2mm，<100 目。

利用 XRD 进行了实验样品的全岩矿物分析（表 8.1），结果表明：长治南寨煤矿地表矸石堆样品主要由黏土矿物和石英矿物所组成，前者质量分数占 70.3%，后者占 27.7%，还含有 2% 的方解石；长治南寨煤矿井下 3♯煤夹矸样品矿物组成黏土矿物占 98%，其余少量为锐钛矿等。焦作朱村煤矿矸石堆样品黏土矿物质量分数为 46.8%，其次为石英 34.5%，方解石 13.9%，还含有少量的菱铁矿，质量分数为 2.1%。

表 8.1　煤矸石样品中全岩矿物组成分析

样品编号	采样地点	矿物种类及含量/%			黏土矿物总量/%
		石英	方解石	菱铁矿	
NZ-3-G	长治南寨煤矿 3 号煤夹矸				98.0
NZG-1	长治南寨矸石堆	27.7	2		70.3
ZCG-1	焦作朱村矿矸石堆	34.5	13.9	2.1	46.8

　　黏土矿物相对含量分析（表 8.2）表明：长治南寨煤矿矸石堆样品中黏土矿物主要由伊/蒙间层矿物、伊利石和高岭石组成，其相对质量分数分别为 48%、12% 及 40%。长治南寨煤矿井下 3 号煤夹矸样品黏土矿物组成主要为铵伊利石（65%）和高岭石（35%）。焦作朱村煤矿地表矸石堆样品中黏土矿物主要由伊/蒙间层矿物、伊利石和高岭石组成，其相对质量分数分别为 70%、13% 及 15%，此外还含有 2% 的绿泥石。

表 8.2　煤矸石样品中黏土矿物相对含量及全氮含量

样品编号	采样地点	黏土矿物相对含量/%				全氮/%
		伊/蒙间层	（铵）伊利石	高岭石	绿泥石	
NZ-3-G	长治南寨煤矿 3 号煤夹矸		65	35		1.25
NZG-1	长治南寨矸石堆	48	12	40		0.63
ZCG-1	焦作朱村矿矸石堆	70	13	15	2	0.46

　　样品中全氮质量分数分别为：南寨矸石堆样品 0.63%，南寨井下了煤夹矸样品 1.25%，焦作朱村矸石堆样品 0.46%。南寨井下样品中全氮含量高的原因在于含有较高的铵伊利石，而其他两个地方的矸石堆样品由于是各种岩石的混合样，铵伊利石含量较低而检测不出来，主要显示的是普通伊利石的衍射峰。

2. 测试方法

1) 实验装置

　　为了探讨矿山煤矸石中氮的溶出规律，本着与自然风化淋滤条件接近的原则，采用动态柱式淋滤实验，装置见图 8.1。淋溶柱长 100cm，内径 30cm，下口收缩成尖嘴，由铁架台固定，底部有一层石英砂，其孔隙为 0.6~0.8mm，下端为一旋塞，便于调节流速。淋溶柱内装有粉碎后的煤矸石，在样品上铺一层滤纸，以保证淋溶液能均匀的流入样品柱内降低淋滤液的不均匀性。淋溶柱上方连接一个输液瓶，不断的滴入淋滤液，下方放置一烧杯接收淋滤液，从而构成一个动态淋滤系统。

2) 实验步骤

　　(1) 配制 pH=4 和 7 的溶液（每次配制 2400mL，为 10 天淋滤液量）。实验溶液采用蒸馏水（pH=7.11），酸性滤液利用 HCl 调节 pH。实验之前对蒸馏水测空白，其中

图 8.1　淋滤实验装置图

各种氮的含量为：总氮，0.12mg/L；铵态氮，0.02mg/L；硝态氮，0.11mg/L；亚硝态氮，0.003mg/L。

（2）将粉碎矸石每种粒级取 125g，混合共 500g。

（3）在淋滤柱的玻璃砂板上放一张滤纸（防止样品堵塞砂板孔隙），将混合好的样品装入淋滤柱内，再在样品表层铺一张滤纸，固定淋滤装置，关闭淋滤柱旋塞，加入配制好的淋滤母液，使其高于样品 2cm，将样品浸泡于母液中 1h。

（4）浸泡 1h 之后，打开柱底旋塞，淋滤柱上方用输液器控制母液的流速，下方用淋滤柱的旋塞控制流速，调节旋塞使其流速固定在 10mL/h（实验前先调试合适），滤液用烧杯接收。

（5）淋滤过程：淋滤过程中始终保持溶液液位高于煤矸石样品的高度，每 24h 收集一次淋滤液，密封保存。然后进行溶液中无机氮的测定。

测定的氮为总氮、铵态氮、硝态氮、亚硝态氮。其中，总氮的测定使用紫外-可见分光光度法，氨氮的测定使用纳氏试剂光度法，硝态氮和亚硝态氮的测定使用离子色谱法。

紫外-可见分光光度计型号为 UV-1601，Shimadzu（Japan）；离子色谱仪型号为 Ion Chromatography，ICS-1000，Dionex CO.（USA）；测试的温度 25℃，测试单位为 mg/L。

pH 测定利用酸度计，型号为 PHS-2C。

8.1.3 铵伊利石中 NH_4^+ 可交换性实验

1. 实验原料

实验所用原料采自山西省长治市南寨煤矿二叠纪煤系山西组 3♯ 煤层夹矸（NZ-3-g），其特征和矿物及化学组成见表 8.1 和表 8.2。

2. 测试方法

利用蒸馏水和 KCl 溶液，先后采取反复淋滤实验方法。

1）蒸馏水反复淋滤实验

用此方法研究铵伊利石矿物中 NH_4^+ 的水可溶性，具体步骤如下：

（1）取制备好的含铵伊利石黏土样品 10g，放入 800mL 烧瓶中，加入 500mL 蒸馏水，搅拌分散 2h；

（2）静置浸泡 3 天，其间每天上午和下午定时搅拌 30min；

（3）将反应液过滤，滤液中的总氮、铵氮、硝态氮和亚硝态氮测定方法与动态淋滤实验测试方法相一致；

（4）过滤后的黏土残渣重新放入烧瓶中，再加入 500mL 蒸馏水，搅拌分散开后，重复（2）～（4）步骤，如此反复五次；

（5）取少量最后一次的残渣样品，烘干，进行 XRD 和 FTIR 测试。

2）KCl 溶液反复淋滤实验

用此种方法研究铵伊利石矿物中 NH_4^+ 离子的可交换性，具体步骤为：将上述蒸馏水反复淋滤实验的黏土残渣放入烧杯中，加入 500mL 浓度为 10％的 KCl 溶液；其方法和过程同上，所不同的是将蒸馏水换成 KCl 溶液。

8.1.4 铵伊利石热稳定性实验

1. 实验原料

实验用原料采自山西省长治南寨煤矿井下采集含铵伊利石黏土岩夹矸（NZ-3-g）。将其粉碎至 200 目，然后在马弗炉中进行煅烧。煅烧温度为 50℃、100℃、150℃、200℃、300℃、400℃、500℃、600℃、700℃、800℃、900℃、1000℃ 以及 1100℃，煅烧时间为 2h。

2. 测试方法

通过对含铵伊利石黏土岩夹矸进行不同温度的加热处理，采用 DTA、XRD、FTIR、氮元素分析等方法对铵伊利石的热稳定性及高温下 N 的逃逸行为进行分析和研究，探讨成岩和变质作用过程中含铵黏土矿物的脱气作用、NH_4^+ 参与矿物晶格的形成作用及其稳定性以及地质作用过程中氮的循环。

8.2　实验结果分析

8.2.1　静态淋滤实验结果分析

1. 淋滤液中主要环境有害元素

为了综合评价矸石风化淋滤物对环境的影响，弄清其主要环境污染因子，对浸出液中常见的几种环境评价元素进行了测试（表 8.3），发现滤液中几种重金属元素含量均很低，而总氮和铵态氮的含量则较高，大于或接近地表水环境质量标准所规定的极限值，这说明氮可能会成为铵伊利石质矸石风化淋滤物中主要的污染元素。

表 8.3　淋滤液中主要环境有害元素含量

测定项目	粒径≤200 目/(mg/L)		粒径＞200 目/(mg/L)		地表 V 类水
	淋滤 4 天	淋滤 7 天	淋滤 4 天	淋滤 7 天	限值（≤）/mg/L
总氮	2.91	2.86	3.15	2.35	2.0
铵态氮	2.11	2.48	2.62	1.81	2.0
硝态氮	0.62	＜0.02	0.43	＜0.02	
Cr^{6+}	＜0.004	＜0.004	＜0.004	＜0.004	0.1
Hg	＜0.0001	＜0.0001	＜0.0001	＜0.0001	0.001
Zn	0.008	0.009	0.008	0.007	2.0
Cu	＜0.002	＜0.002	＜0.002	＜0.002	1.0
As	0.0042	0.0034	0.0033	0.0026	0.1
Cd	0.00051	0.00053	0.00054	0.00052	0.01
Mn	0.010	0.0095	＜0.002	＜0.002	

注：淋滤液为蒸馏水，中性（pH=7.1），固液比为 1∶50。

2. 淋滤液 pH 变化特征

不同起始酸碱度淋滤液中 pH 随浸泡时间的变化曲线（图 8.2）表明，无论是酸性、中性还是碱性的起始溶液，其淋滤液从第五天以后 pH 基本趋于平稳，范围大致为 7.06～8.26，呈现中性至弱碱性，此种现象表明在水溶液体系中铵伊利石矿物对酸碱具有缓冲作用。其机理在于：在酸性环境中，溶液中的 H^+ 离子取代铵伊利石晶格中的 NH_4^+ 离子而吸附在矿物的晶格中或表面，从而导致溶液中 H^+ 离子浓度的降低，使 pH 升高。而在碱性环境中，NH_4^+ 离子与 OH^- 离子结合形成难电离的比较稳定的一水合氨（$NH_3 \cdot H_2O$）（其电离常数为 1.77×10^{-5}），并且当一水合氨到达一定浓度时又容易分解为 NH_3 而挥发掉，导致 OH^- 浓度的降低，使 pH 降低。其反应如下所示：

酸性环境：$Illite\text{-}NH_4^+ + H^+ \longrightarrow Illite - H^+ + NH_4^+$　　　　　　　　　(8.1)

碱性环境：$\mathrm{Illite\text{-}NH_4^+ + Na^+ + OH^- \longrightarrow Illite - Na^+ + NH_3 \cdot H_2O}$

　　　　　$\longrightarrow \mathrm{Illite - Na^+ + NH_3 \uparrow + H_2O}$ 　　　　　　　　(8.2)

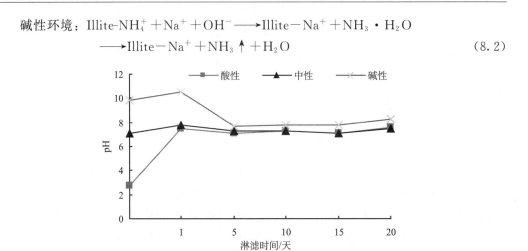

图 8.2　起始酸碱度不同的淋滤液中 pH 随淋滤时间的变化（固液比 1∶50）

3. 不同淋溶体系中氮的溶出特征

从图 8.3 可以看出，不同起始酸碱度淋滤液中的氮素主要为铵态氮，其变化趋势与总氮的变化趋势一致，而硝态氮和亚硝态氮的含量均很少。滤液中总氮和铵态氮含量最高达 2～2.5mg/L，这说明铵伊利石中的 $\mathrm{NH_4^+}$ 易于被水溶出，成为地表水环境中的潜在的污染因子。

在酸性和中性体系中 ［图 8.3（a）、（b）］，各种氮随时间的变化趋势基本一致，特别是总氮和铵态氮均随浸泡时间的增加呈现增长的趋势，但浸泡 10 天以后又逐渐降低，这可能是 $\mathrm{NH_4^+}$ 离子达到较高含量后，分散到溶液中的黏土微粒又对水体中的 $\mathrm{NH_4^+}$ 发生了吸附作用，此外铵态氮向硝态氮和亚硝态氮的转化，也可能导致水体中的铵态氮减少。

在碱性体系中 ［图 8.3（c）］，总氮和铵态氮随时间的变化趋势与酸性和中性体系有很大不同。特别是在最初的 1h，滤液中的总氮就达到最大，为 2mg/L，这说明铵伊利石晶格中的 $\mathrm{NH_4^+}$ 在碱性条件下更容易溶出。这可能是由于溶液中的 $\mathrm{OH^-}$ 对铵伊利石晶格中的 $\mathrm{NH_4^+}$ 具有强烈的亲和作用（生成一水合氨：$\mathrm{NH_3 \cdot H_2O}$）所致。

不同淋溶体系中的硝态氮和亚硝态氮含量均很低，基本小于 0.5mg/L，但变化趋势具有相似性，即随浸泡反应时间的延长，5～10 天以后，滤液中硝态氮和亚硝态氮含量呈现缓慢增加趋势，这说明在浸出液中存在不同氮之间的转化，即存在铵态氮向亚硝态氮和硝态氮的转化。通常认为亚硝态氮是铵态氮向硝态氮转化的中间过渡产物，其存在时间比较短暂。在酸性条件下，15～20 天反应滤液中的亚硝态氮含量大于硝态氮的含量 ［图 8.3（a）］，而在中性和碱性条件下，15～20 天反应滤液中的亚硝态氮含量基本小于硝态氮的含量 ［图 8.3（b）、（c）］，特别是在碱性条件，淋滤液中亚硝态氮的含量几乎一直为 0，这说明随环境 pH 的升高，铵态氮向硝态氮转化的速率增加，亚硝态氮中间状态减少。

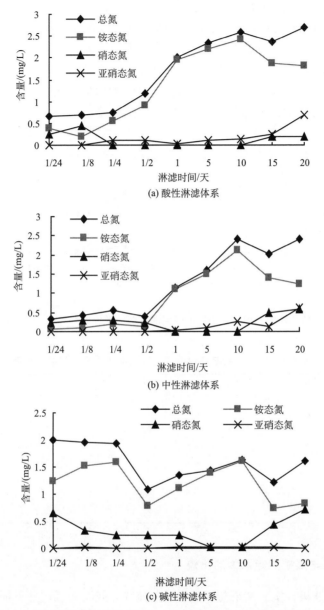

图 8.3　不同酸碱度起始液体系中不同形态氮含量随淋滤时间的变化

4. 固液比对氮溶出的影响

由图 8.4 可以看出，随着固液比的降低，滤液中全氮和铵态氮含量非常缓慢的减少，而硝态氮和亚硝态氮含量则基本保持不变。从表 8.4 可明显看出，从固液比 1∶100 变化到 1∶800，尽管样品浓度稀释了八倍，但滤液中总氮的含量并没有降低太多。根据固液比、淋滤液中的总氮含量、矸石样品中的全氮含量，可以估算出矸石中氮的溶出率。由表 8.4 可以看出，矸石中氮的溶出率随固液比的降低而明显升高，如固液比由

1∶50 降低到 1∶800，溶液用量增加 16 倍，矸石中氮的溶出率由 0.38％升高到 3.33％，溶出率增加约 10 倍。这可能是不同固液比体系中，从矿物晶格向溶液中的扩散速率不同导致的。在高固液比状态，淋滤液中氮含量较高，从铵伊利石矿物表面向溶液中 NH_4^+ 的浓度差较小，NH_4^+ 向水中的扩散速率减慢。而在低固液比状态，淋滤液中氮含量较低，从铵伊利石矿物表面向溶液中 NH_4^+ 的浓度差变大，从而导致 NH_4^+ 向水中的扩散速率增大，NH_4^+ 总量增加。

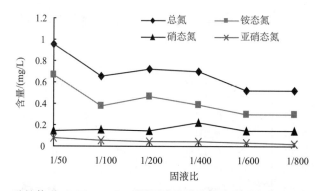

图 8.4　酸性体系（pH＝2.8）不同固液比淋滤液中各种氮含量（浸泡五天）

表 8.4　酸性起始溶液中不同固液比淋滤体系中氮的溶出率

固液比	滤液中总氮/(mg/L)	氮的溶出率/％
1∶50	0.96	0.38
1∶100	0.66	0.53
1∶200	0.72	1.15
1∶400	0.70	2.24
1∶600	0.52	2.50
1∶800	0.52	3.33

5. 实验结果与煤矿实际水体的比较

为了比较上述模拟实验结果与实际情况的差异，我们对煤矿井下抽出来的矿井水和煤矸石旁的下雨积水进行取样，进行各种氮的分析（表 8.5），发现这两种水样的 pH 均呈弱碱性，与模拟实验结果一致。矿井水中总氮含量与模拟结果具有相似性，而煤矸石堆旁下水积水中的总氮含量非常高，接近 6.0mg/L，这是煤矸石堆长期风化累积的结果。在矿井水中，主要是硝态氮，这说明矿井水在井下流动和采矿作业各种过程中，水体中的氨氮大部分已转化为硝态氮。煤矸石旁积水中主要为氨氮，其次为硝态氮，说明已经有相当部分铵氮转化为硝态氮。实际情况表明：煤矸石长期风化确实可造成氮的溶出并产生富集，然而这种污染的范围及其危害程度尚需要以后进一步的详细工作。

表 8.5　煤矿实际水体 pH 及各种氮含量

样品	pH	总氮/(mg/L)	NH_4^+-N/(mg/L)	NO_3-N/(mg/L)	NO_2-N/(mg/L)
矿井水	8.1	1.58	0.11	1.35	<0.01
矸石堆旁积水	8.6	5.97	2.96	1.80	<0.01

综上所述，我们可以得到以下三点认识。

（1）无论在酸性、中性或碱性原始浸泡液中，浸泡一定时间以后，滤液均呈现中性-弱碱性状态。这说明在水溶液体系中，铵伊利石对酸碱具有缓冲作用。

（2）铵伊利石矿物中的 NH_4^+ 易于被水溶出，在中性和酸性环境中，NH_4^+ 离子具有相似的溶出行为。铵伊利石矸石淋滤液中主要为铵氮，硝态氮和亚硝态氮含量则很少。不同形式氮之间存在着转化关系，随着淋滤时间的增长，铵态氮逐渐向亚硝态氮和硝态氮转化，碱性条件可加速这种转化过程并使氮更易溶出。

（3）在中高煤变质程度矿区，由于矸石泥岩中含有较多的铵伊利石，其矸石堆在长期风化雨淋过程中，淋滤出的氮是一个不可忽视的污染因子，它会使周围水体和土壤中氮产生富集并可能导致氮的污染。

8.2.2　动态淋滤实验结果分析

1. 酸性母液淋滤实验结果分析

图 8.5 显示了 pH＝4 母液淋滤长治南寨煤矿矸石堆样品（NZG-1）后滤出液中各种氮的含量变化。可以看出，NZG-1 淋滤一天后，便有不同形态氮的溶出，滤出液中总氮的质量浓度已达 3.8mg/L，并且主要为硝态氮。三天以后，滤出液中总氮质量浓度保持在 1.0～2.0mg/L。随着时间的延长，淋滤液中各种氮含量逐渐缓慢减少。

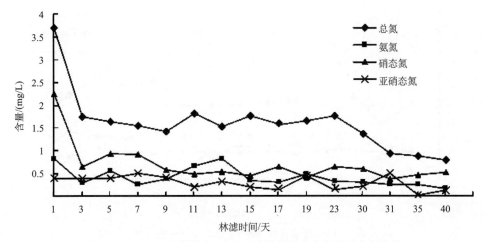

图 8.5　pH＝4 母液淋滤 NZG-1 后滤出液中各种氮的含量变化

图 8.6 为焦作朱村煤矿矸石堆样品淋滤曲线。与 NZG-1 样品相比，虽然淋滤液中总氮及各种氮的质量浓度较低，如总氮仅为 0.8～1.6mg/L，但变化规律明显。随淋滤

时间延长，总氮及硝态氮质量浓度呈现逐渐减少趋势。焦作朱村煤矿矸石滤出液中主要为硝态氮，铵氮和亚硝态氮质量浓度极低，这说明在焦作朱村煤矸石中，氮主要以硝态氮的形式吸附于矿物表面。

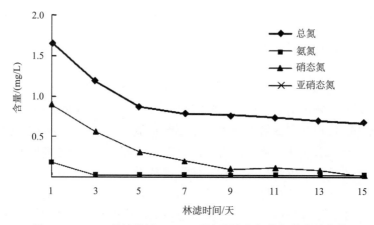

图 8.6　pH＝4 母液淋滤 ZCG-1 后滤出液中各种氮的含量变化

　　图 8.7 为从长治南寨煤矿井下采出的纯的 3♯煤夹矸淋滤曲线。总氮含量为 1.0～2.0mg/L，铵氮一般在 0.5～1.0mg/L 变化。硝态氮含量变化比较平稳，基本保持在 0.5mg/L 左右。对总氮含量贡献比较大的主要是铵氮，其次为硝态氮。总氮、铵氮和亚硝态氮质量浓度在淋滤的后期总体呈现缓慢增加趋势，这可能是随着前期矿物表面吸附的各种氮的淋滤溶出，到后期铵伊利石矿物晶格中的固定氮开始较大量的溶出，同时发生了铵氮向亚硝态氮的转变，亚硝态氮是铵氮向硝态氮转变的中间过渡产物。

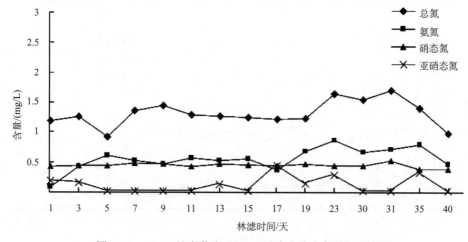

图 8.7　pH＝4 母液淋滤 NZ-3-g 后滤出液中各种氮的含量

　　可以看出，对于地表矸石堆样品（图 8.5、图 8.6），在淋滤的早期，硝态氮和总氮质量浓度具有相似的变化趋势，即随时间增加，迅速递减。在早期的淋滤液中，主要为硝态氮，说明早期溶出的主要是吸附状态的氮，这部分氮很容易被水溶液淋滤出来。对比图 8.5 和图 8.7，可以看出，尽管样品 NZ-3-g 具有比 NZG-1 高得多的全氮含量（前者全氮质量分数为 1.25%，后者为 0.63%），但他们淋滤液中各种氮的质量浓度则相差不大，处于相似的浓度范围，如总氮均位于 1.0～2.0mg/L。由于 NZ-3-g 中全氮高的原因是含有较多的铵伊利石，而铵伊利石中的氮均为存在于矿物晶格中的固定氮，其滤出液中全氮质量浓度反而不高说明固定氮的溶出是持续而缓慢的，它滞后于硝态氮的溶出。地表矸石堆的两个样品（NZG-1 和 ZCG-1）虽然没有检测出铵伊利石，但仍分别有 0.63% 和 0.46% 的总氮，他们中氮的来源可能比较复杂，除了一部分可能来自有机质以及与地下水作用过程中吸附的氮之外，也可能有一部分来自大气或酸雨沉降吸附下来的氮，但这些氮总体上可能以吸附状态为主，因此他们在前期的淋滤过程中溶出速度比较快。

2. 中性母液淋滤实验结果分析

图 8.8 为长治南寨煤矿地表矸石堆样品中性淋滤液的淋滤曲线，具有如下特征：

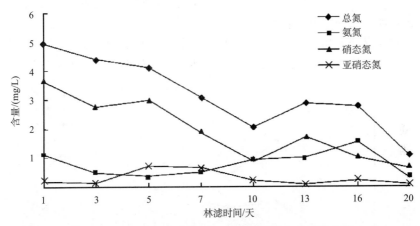

图 8.8　pH＝7 母液淋滤 NZG-1 后滤液中各种氮的含量

（1）与酸性淋滤液相比，总氮具有更高的质量浓度，一般为 2.0～5.0mg/L，并且随淋滤时间延长，总氮呈现逐渐降低趋势。这说明在中性条件下，地表矸石堆中的氮更容易溶出；

（2）在三种形态的氮中，硝态氮明显占优势，并且其变化趋势与总氮一致，这说明在南寨地表矸石堆样品中，主要以硝态氮为主；

（3）在淋滤的后期，铵氮具有升高趋势，这说明矿物中的固定氮开始较大量的溶出，它的溶出滞后于硝态氮的溶出，可能需要一个活化的过程。

图 8.9 是 pH＝7 的母液淋滤焦作朱村地表矸石堆样品 ZCG-1 后各种氮含量变化曲线，其变化规律和趋势与酸性淋滤液（图 8.6）的基本一致。淋滤液中仍以硝态氮为主，随淋滤时间的延长，总氮和硝态氮均呈现逐渐降低趋势。

图 8.10 是长治南寨煤矿井下采出的纯的 3 煤夹矸样品的淋滤曲线，其特征：

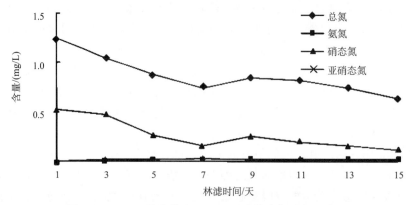

图 8.9　pH＝7 母液淋滤 ZCG-1 后滤液中各种氮的含量

（1）淋滤液中铵态氮占优势，其变化趋势与总氮一致，即随淋滤时间延长，铵氮和总氮经历了缓慢升高到最后下降的过程。铵氮的这种变化趋势与静态淋滤实验结果一致［图 8.3（b）］，这充分说明铵伊利石矿物中的固定氮的溶出是一个缓慢的过程，其较大量的溶出可能需要一定的活化时间。

（2）与酸性淋滤液相比（图 8.10），中性淋滤液中的总氮含量偏低，一般为 0.6～0.8mg/L，而前者则为 1.0～2.0mg/L，这说明酸性条件更有利于固定氮的溶出。

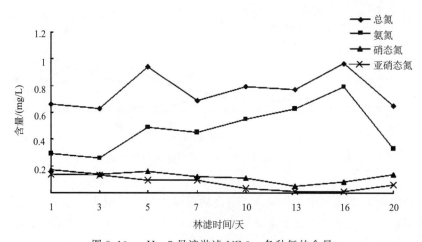

图 8.10　pH＝7 母液淋滤 NZ-3-g 各种氮的含量

3. 滤液 pH 的变化

1）母液为 pH＝4 的溶液

图 8.11 是 pH＝4 的母液淋滤不同样品滤出液的 pH 变化曲线。可以看出，尽管原始母液呈酸性，但动态淋滤出的滤液则呈现偏碱性，滤液的 pH 基本保持在 7.5～8.5。南寨煤矿的两个样品 NZ-3-g 和 NZG-1，其滤液的 pH 为 8～8.5。焦作朱村煤矿地表矸

石（ZCG-1）滤液的 pH 基本保持在 7.5 左右，曲线比较平缓。

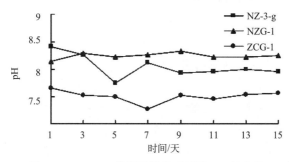

图 8.11　pH＝4 的母液淋滤后滤液 pH 的变化

2）母液为 pH＝7 的溶液

图 8.12 给出了 pH＝7 的母液淋滤后滤出液的 pH 变化曲线。NZ-3-g 和 NZG-1 的滤液基本保持在 7.5～8.0，呈弱碱性。而 ZCG-1 的滤液 pH 始终保持在 7.5 左右。

可以看出，不管母液是酸性或中性，其淋滤出的滤液的 pH 均呈现偏碱性，这与静态淋滤实验的结果是一致。煤矸石淋滤液的这种 pH 趋同现象可能与煤矸石中 NH_4^+ 的缓冲作用有关。通常情况下，由于煤矸石中含有黄铁矿，其风化产物或滤液呈现酸性或强酸性，对周围环境产生酸性水污染。本书研究表明，氮含量较高的煤矸石产生的碱性滤液可以抑制或中和煤矿酸性水。

综上所述，我们可以得到以下四点认识。

（1）煤矿区地表矸石中含有吸附状态的硝态氮，而这部分氮比较容易被水所溶出。特别是中性水比酸性水更容易使其溶出。随着淋滤时间的延长，滤液中硝态氮的含量迅速降低。

（2）煤矸石铵伊利石矿物中固定氮的溶出是一个持续缓慢的过程，其大量溶出滞后于硝态氮的溶出。酸性水比中性水更易使其溶出。

（3）不管是酸性水或中性水，其滤液均呈偏碱性，这可能与煤矸石中 NH_4^+ 的缓冲作用有关。

（4）动态淋滤实验表明：煤矿区矸石堆中的氮在风化过程中，会被雨水淋溶出来进入周围土壤或地表水体，造成周围环境氮的富集。

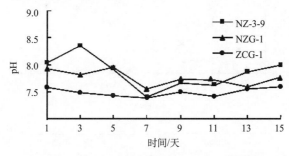

图 8.12　pH＝7 的母液淋滤后滤液 pH 的变化

8.2.3　铵伊利石中 NH_4^+ 可交换性实验

1. 铵伊利石中可溶性 NH_4^+

可溶性 NH_4^+ 是指能够被水所溶出的离子，它一般是以物理吸附状态附着在黏土矿物的表面或层间。这部分 NH_4^+ 最易在风化过程中被雨水溶出而进入地表水体或土壤中，造成地表水体或土壤中氮的富集，或在地下岩层中由于水/岩作用而进入地下流体，发生物质交换，促进了地壳中的氮循环发生。

由图 8.13 可以看出，在水溶性实验中，在第 1 次和第 2 次淋滤实验中，淋滤液中总氮含量为 2.6～3.3mg/L，而第 3 次淋滤液则迅速降至 1.2mg/L，第 4 次和第 5 次淋滤液中总氮含量则变化不大，基本维持平衡，达到了最低，为 0.5～0.6mg/L。这说明伊利石表面吸附的 NH_4^+ 离子是很容易被水所溶出，并且溶出的速度还比较快。通过对水淋滤前后样品中全氮含量的比较分析，计算出水溶性氮含量为 23.2%。

从水淋滤液中各种氮含量变化曲线来看（图 8.13），淋滤液中主要为硝态氮，其次为铵态氮，亚硝态氮含量极微。此硝态氮是由溶出的铵态氮转化而来，这是因为在反应的过程中，由于不断搅拌，并且溶出反应时间较长，因而溶出的 NH_4^+ 离子迅速氧化而成。亚硝态氮含量极微说明由铵态氮转变为硝态氮的过程中，经过的亚硝态氮阶段非常短暂。

2. 可交换性 NH_4^+

前已所述，在地质作用过程中，NH_4^+ 可以替代伊利石中的 K^+ 形成铵伊利石。那么反过来，铵伊利石中的 NH_4^+ 离子是否能被 K^+ 离子所取代，且取代程度如何。用 KCl 溶液对铵伊利石进行淋滤溶出实验，对于研究地下碱性溶液与岩层中铵伊利石矿物的水/岩作用和物质交换，具有重要的理论意义。

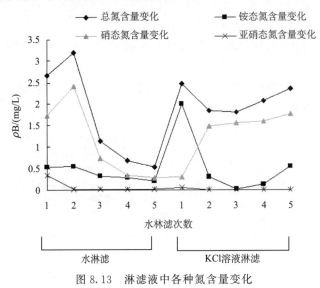

图 8.13　淋滤液中各种氮含量变化

从图 8.13 可以看出，经过水溶液五次反复淋滤过的残渣，再用 KCl 溶液进行淋滤时，其滤液中的总氮和硝态氮含量又迅速升高，总氮含量还高达 2.0~2.5 mg/L，且在 KCl 淋滤 1~5 次，淋滤液中的总氮和硝态氮的含量基本保持不变。通过对残渣样品中全氮含量比较分析（表 8.6），计算出被 KCl 淋滤出的氮占 18.4%。这个实验表明，铵伊利石矿物中的 NH_4^+ 离子是可以被 K^+ 离子交换出来的，并且这个交换过程是持续的而缓慢的。

表 8.6　煤矸石原样及淋滤残渣中全氮含量

样品名称	w(N)/%	滤出率/%	$d_{(001)}$（铵伊利石）/nm
铵伊利石黏土岩原样	1.25		1.036
经蒸馏水反复淋滤后残渣	0.96	23.2	1.035
经 KCl 溶液 5 次反复淋滤后残渣	0.73	18.4	1.030

3. 铵伊利石中残余的 NH_4^+

通过比较原样、水淋滤残渣以及 KCl 淋滤残渣的 XRD 图可以看出（图 8.14，表 8.6）：原始样品的铵伊利石 $d_{(001)}$＝1.036nm，而分别经过水淋滤、KCl 淋滤五次残渣中铵伊利石的 $d_{(001)}$ 分别为 1.035nm 和 1.030nm。水淋滤前后铵伊利石的 $d_{(001)}$ 值基本没有变化，说明水的淋滤作用对铵伊利石晶格没有影响，所淋滤出的全部为伊利石表面吸附的 NH_4^+ 离子，而铵伊利石层间的 NH_4^+ 离子则没有被溶出。经过 KCl 淋滤，铵伊利石的 d_{001} 值有所降低，为 1.030nm，这说明 K^+ 已经将铵伊利石层间的 NH_4^+ 离子替换出来，导致层间距的收缩。而这些残余在层间的 NH_4^+ 离子应该说是真正的固定铵，其含量为 0.73%。

通常认为固定 NH_4^+ 离子是稳定的，但是对于它是否还能再被 K^+ 离子所取代出来，尚未有人深入研究。对于可交换氮的存在形式，尚无严格的定义。王雨春等（2002）认为交换态无机氮是指用一定的提取液提取出来的铵态氮和硝态氮。Holloway 和 Dahlgren（2002）也认为利用 KCl 提取出的氮为不稳定的铵态氮和硝态氮。Silva 和 Bremner（1966）发明的测定土壤固定 NH_4^+ 的方法中，用 KCl 冲洗就是洗掉矿物中的交换性和水溶性铵离子。由此可以看出，上述有些学者所讲的交换性氮包括了本书中所讲的水溶性氮和交换性氮。

在本书的反复淋滤实验中，第一阶段用蒸馏水淋滤出来的应该是真正的可溶性氮，这部分氮主要是以硝态氮形式存在，也有少部分铵态氮，它们主要是以物理吸附形式附着于矿物表面。可溶性氮溶出消减的速度很快，1~3 次的反复淋滤即可将绝大部分的可溶性氮溶出，这部分氮是煤矸石在地表风化过程中对地表水体和土壤产生氮的富集和污染的主要因子。表 8.6 表明可溶性氮在研究样品中占 23%，将近 1/4，应该说所占比例还是比较大的，因此可溶性氮对周围环境产生的潜在污染不应忽视。

在第二阶段利用 KCl 继续对蒸馏水淋滤后的残渣进行淋滤实验中，溶出的总氮和硝态氮含量突然增高，这说明铵伊利石层间的 NH_4^+ 离子能够被 K^+ 离子替代出来，淋滤液中的硝态氮是铵态氮氧化的结果。为了证实淋滤液中的硝态氮是由铵态氮转化而

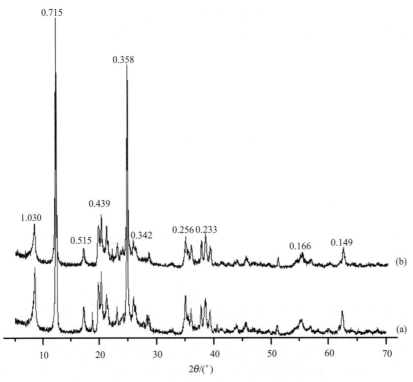

图 8.14　水和 KCl 淋滤残渣 XRD 图（峰值单位：nm）

(a) 水淋滤；(b) KCl 淋滤

来，我们又在尽可能杜绝空气影响的封闭条件下进行了溶出实验，其结果发现，淋滤液中铵态氮明显高于硝态氮，前者为 1.14mg/L，后者仅为 0.2mg/L，由此进一步证实了上述开放体系中淋滤液中的高含量的硝态氮是从铵态氮转化而来。此外从图 8.13还可以看出，第 2～5 次 KCl 淋滤液中各种氮含量变化不大、趋于平稳，这可能与 NH_4^+ 离子在层间赋存状态比较稳定，以及 K^+ 对 NH_4^+ 的交换符合某种化学动力学规律有关。

为了深入研究 K^+ 对 NH_4^+ 的替代程度，作者继续进行 KCl 的淋滤实验，并在第 8次和第 11 次时取样测试，其结果见表 8.7。可以看出，尽管各种氮含量有所降低，但淋滤液中仍然保持比较高的总氮含量，这说明铵伊利石层间的 NH_4^+ 离子仍然源源不断地

表 8.7　KCl 补充淋滤实验测试结果

检测项目	第 8 次 KCl 淋滤液/(mg/L)	第 11 次 KCl 淋滤液/(mg/L)
总氮	1.69	1.38
硝态氮	1.03	0.29
氨氮	0.64	0.96
亚硝态氮	<0.01	未检出（< 0.01）

被 K⁺ 离子交换出来。由此可以看出，铵伊利石晶层间的固定氮是可以被交换出来的，而这种交换替代是一个逐渐而缓慢的过程。

综上所述，可以得到以下两点认识。

（1）通过蒸馏水对铵伊利石夹矸的反复淋滤实验表明：铵伊利石夹矸中存在可溶性的氮，这种可溶性氮可能以硝态氮和铵态氮的形式存在。水对其溶出速度是比较快的，这部分水溶性氮是煤矸石风化过程中对周围环境产生氮污染的潜在因子。

（2）KCl 继续淋滤表明，铵伊利石矿物晶层中的固定 NH_4^+ 离子是可以被 K⁺ 离子所取代出来的，而这个取代过程是持续而缓慢的。

8.2.4　铵伊利石热稳定性实验结果分析

1. 矿物结构随温度的变化

图 8.15 显示了不同煅烧温度下样品的 X 射线衍射曲线。由图中可以看到，从原样到煅烧至 500℃，样品的衍射图样式基本没有明显变化，但铵伊利石 $d_{(001)}$ 值的大小随温度升高逐渐降低，由原矿的 1.035nm 降低到 500℃ 的 1.027nm，这说明在低温煅烧过程中，有少量的 NH_4^+ 从铵伊利石矿物中脱出。到了 600℃，铵伊利石衍射峰发生明显变化，铵伊利石的特征峰 $d_{(001)}=1.029$nm，$d_{(002)}=0.513$nm，$d_{(003)}=0.343$nm 的强度已经很小，并且峰形明显宽化，说明铵伊利石的结构开始遭到破坏。600℃ 时，除（001）和（002）衍射峰强度明显降低外，在 19°～22°（2θ）的几个衍射峰合并成一个宽缓的峰，特别是在 34°～40°（2θ）的两组山字形峰已经消失。以上特征表明，煅烧至 600℃ 时，铵伊利石和高岭石结构发生明显破坏，虽然几个主要基面衍射峰仍有显示，但已发生明显宽化，这说明矿物仍保持层状结构，但已明显向半晶质化方向发展。煅烧温度至 700℃ 时，高岭石的衍射峰已全部消失，变成非晶质相；而铵伊利石仍显示 0.961nm、0.476nm、0.316nm 三个弱的宽缓的衍射峰，说明铵伊利石仍处于半晶质相。煅烧至 900℃ 时衍射峰的形态与 700℃ 时相比，几乎无变化，但峰的强度有所降低；但煅烧温度升至 1000℃ 时，铵伊利石结构完全破坏、衍射峰完全消失，这与赵杏媛等（1990）列出的伊利石衍射峰消失的温度在 800～1000℃ 是一致的，同时出现了莫来石的特征衍射峰；根据黏土矿物半定量分析结果，1000℃ 时煅烧产物中莫来石的含量达到 5.6%，非晶质达到 94.4%，说明此温度下铵伊利石与高岭石几乎完全转变为非晶质。煅烧温度为 1100℃ 时，产物中莫来石的含量增多，达到 11.4%，非晶质达 88.2%。

在煅烧过程中，铵伊利石最为明显的变化是（001）晶面间距的变化，在 600℃ 为 1.029nm，仍然是明显的铵伊利石峰，但到 700℃ 时已缩小至 0.961nm，此数据基本为 2∶1 层型黏土矿物结构中两层硅氧四面体夹一层铝氧八面体基本结构层的厚度，这说明至 700℃ 时，铵伊利石结构层中层间的 NH_4^+ 离子已基本全部变成 NH_3 气体脱出消失。因此，铵伊利石层间 NH_4^+ 离子脱除的温度应为 600～700℃，结合图 8.16 的 DTA 曲线可以推断此温度应在 646℃ 附近。

图 8.16 为样品的 DTA 曲线。在 300～500℃，曲线向上宽缓突起，显示缓慢的放热特征，可能是铵伊利石层间的 NH_4^+ 离子缓慢氧化脱出所致，这与图 8.15 中此温度区

间铵伊利石的 $d_{(001)}$ 缓慢减小是一致的。在 537℃和 646℃有两个吸热谷,分别为高岭石与铵伊利石的脱羟基反应所致。高岭石的吸热谷强度大于铵伊利石,是由于高岭石中含有较多的羟基。996℃附近的放热峰为高岭石结构遭到破坏后,重新结晶形成莫来石放热所致。

2. 矿物中氮含量随温度变化

图 8.17 为矿物中氮含量随煅烧温度的变化曲线。可以看出,煅烧温度 200℃以上时,氮含量 $w(N)$ 随温度升高呈线性下降趋势。在 200℃前,$w(N)$ 为 1.25%,到 800℃时,$w(N)$ 减少至 0.3%左右。$w(N)$ 明显减少的区间为 400~600℃,特别是在 500~600℃,$w(N)$ 减少的速率最大,这与图 8.18 中样品的质量损失曲线是一致的。这说明在 400~600℃,铵伊利石层间的 NH_4^+ 离子开始大量脱除,特别是在 500~600℃,伴随着高岭石和铵伊利石晶格中羟基的脱除,矿物结构的破坏,铵伊利石层间

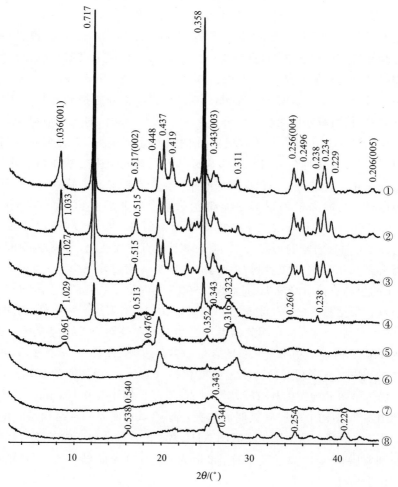

图 8.15　不同煅烧温度下样品的 X 射线衍射图 (峰值单位:nm)

①原样;②300℃;③500℃;④600℃;⑤700℃;⑥900℃;⑦1000℃;⑧1100℃

的 NH_4^+ 离子脱除速率进一步加大。在加热过程中，矿物层间的 NH_4^+ 离子是以 NH_3 气体的形式逸出的。图 8.17 还显示出铵伊利石的 $d_{(001)}$ 值随煅烧温度的变化情况，可以看出，在 600℃之前，随氮含量的降低，$d_{(001)}$ 值缓慢减小，但在 600～700℃，发生急剧降低，说明晶格结构的突变。这说明铵伊利石的晶格结构在 600～700℃ 被破坏，图 8.15～图 8.17 显示的铵伊利石结构变化具有一致性。

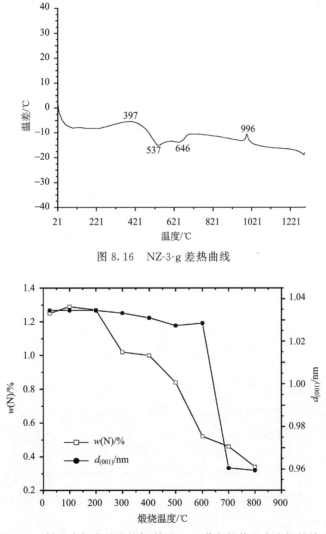

图 8.16　NZ-3-g 差热曲线

图 8.17　样品中氮含量及铵伊利石 $d_{(001)}$ 值与煅烧温度之间的关系

3. 铵伊利石矿物晶格破坏的温度界线

图 8.19 为不同温度煅烧样品的红外光谱图。图 8.19（a）中 $3315cm^{-1}$、$3037cm^{-1}$ 以及 $1433cm^{-1}$ 处的谱带均为铵伊利石矿物中 NH_4^+ 的特征谱带。其中 $1433cm^{-1}$ 为 NH_4^+ 官能团的弯曲振动吸收峰，$3315cm^{-1}$、$3037cm^{-1}$ 为 NH_4^+ 的伸缩振动吸收峰。图中其他

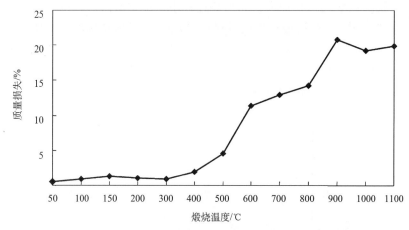

图 8.18　样品的质量损失百分数与煅烧温度之间的关系

红外振动吸收峰分别归属为，3692cm^{-1}、3668cm^{-1}、3653cm^{-1}、3620cm^{-1}为高岭石的羟基伸缩振动峰，1117cm^{-1}与1040cm^{-1}为 Si—O 伸缩振动峰，917cm^{-1}为羟基摆动峰，797cm^{-1}、753cm^{-1}、691cm^{-1}为 Si—O—Si（Al）对称伸缩振动峰。

从图 8.19 可以看出，500℃以前，铵伊利石的特征吸收峰 3315cm^{-1}、3037cm^{-1}、

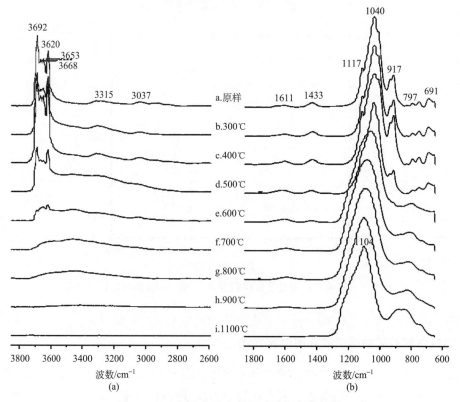

图 8.19　不同煅烧温度下样品的红外光谱图

1433cm^{-1} 及高岭石中羟基官能团的特征吸收峰的形态变化不明显，但强度轻微缓慢降低。600℃时，3620～3692cm^{-1} 区间高岭石羟基伸缩振动的吸收峰及 917cm^{-1} 羟基摆动吸收峰消失，而铵伊利石中 3600～3700cm^{-1} 的羟基吸收峰和 3037cm^{-1} 以及 1433cm^{-1} 处的 NH$_4^+$ 的特征吸收峰仍有显示，但强度降低许多。但到 700℃以上，铵伊利石中羟基和 NH$_4^+$ 特征吸收峰全部消失，到 900℃以上，就只有 1104cm^{-1} 处的 Si—O 伸缩振动峰和 800～900cm^{-1} 处的 Al—O 振动吸收峰。因此，可以把 600～700℃作为铵伊利石层间 NH$_4^+$ 消失、晶体结构破坏的温度界线，这一温度界线与 XRD、DTA 的分析结果具有一致性。

4. 实验结果的地质意义

上述实验结果表明，铵伊利石矿物中的氮含量随温度的提高逐渐减少，两者呈现线性关系。然而值得注意的是，即使加热到 700～800℃，矿物中仍残留高达 0.3%～0.5% 的氮，这个数值，在自然界含铵矿物中是高的。这种情况说明 N 在矿物中参与了晶格的形成，并与其他离子形成了牢固的化学键，这种化学键在 400～600℃仍然稳定。在 700℃以上虽然铵伊利石结构遭到破坏且层间绝大部分 NH$_4^+$ 变成 NH$_3$ 逸出，但此时仍残留有少量 N 与其他元素（主要为 Si、Al、O）相结合，保留在半晶质相或非晶质相中。在高温下，N 在矿物中的结合形式和赋存状态，目前还不清楚，需进一步深入研究。但本实验至少说明了 N 可存在于矿物的高温相，并具有相对稳定性，这解释了为什么在一些中高级变质岩中仍具有较高的氮含量，甚至在地球内部幔源物质中仍有保留（谢建成和杨晓勇，2007），如 Pitcairn 等（2005）报道了新西兰 Otago 和 Alpine 绿片岩相岩石（450～550℃）中氮浓度高达 $88×10^{-6}～244×10^{-6}$。大气圈、水圈、生物圈和岩石圈的氮起源于前寒武纪早期地球的去气作用（Holloway and Dahlgren，1999，2002），因此，加强岩石圈和上地幔岩浆熔体中 N 及其同位素分异研究，对于了解地壳内部流体来源、运移和地球系统脱气作用和氮循环具有重要理论意义。

综上所述，可以得到以下四点认识。

（1）加热处理实验表明，铵伊利石矿物中的氮含量随温度的升高逐渐降低，但在 700～800℃高温相中，仍残留有 0.3%～0.5% 的氮，这表明 N 在矿物晶格中的化学结合，具有高温稳定性。在高温相中 N 可能表现为以其他形式的化学键与 Si、Al、O 元素相结合。

（2）铵伊利石矿物晶格结构在 500℃之前，具有稳定性，层间的 N 表现为缓慢释放的特征。在 500～600℃温度区间，层间 N 的释放速率加剧。600℃开始向半晶质化方向发展，700℃以上铵伊利石晶格结构完全破坏，层间 NH$_4^+$ 消失。铵伊利石结构破坏温度可确定为 600～700℃。

（3）加强含铵矿物热稳定性研究，特别是高温下 N 在矿物中赋存状态及同位素分异机理研究，对于认识地球系统幔源物质演化、运移、分异、脱气作用和氮循环，具有重要理论意义。

（4）实验结果表明，含铵矸石在地表堆放，如果发生自燃，铵伊利石矿物中的 NH$_4^+$ 会以 NH$_3$ 的形式释放出来，进入大气圈，产生空气污染，但同时也实现了氮循环。

8.2.5 煤矸石堆周围水体及土壤中的氮实例分析

1. 煤矸石堆周围水体中的各种氮

从表8.8可以看出，长治和焦作矸石堆周围水体中的全氮含量明显偏高，其质量浓度为 $2.49 \sim 5.97 mg/L$。特别是长治南寨矸石堆附近积水中全氮高达 $5.97 mg/L$，且主要为 NH_4^+-N，积水 pH 呈偏碱性。在利用该矿 3 煤纯铵伊利石黏土岩夹矸进行淋滤实验中（见 8.2.1 节和 8.2.2 节），也发现淋滤出的水呈现偏碱性，并且其中的氮以 NH_4^+-N 为主。两者呈现良好的一致性，说明矸石堆中的氮比较容易被雨水淋滤出来。在郑州大平矿和平顶山一矿，矸石山附近积水中的全氮含量较低，其质量浓度为 $1.17 \sim 2.47 mg/L$，且水体呈中性，这与该地区夹矸中不含铵伊利石矿物有关。

表 8.8　煤矸石堆周围水样中的各种无机氮的质量浓度 （单位：mg/L）

样品	采样地点	pH	总氮	NH_4^+-N	NO_3^--N	NO_2^--N
NZS-1	长治南寨矿井水	8.1	1.58	0.11	1.35	<0.01
NZS-2	长治南寨距矸石山 5m 处水	8.6	5.97	2.96	1.80	<0.01
ZCW-1	焦作朱村矿距矸石山 5m 处积水	7.33	2.49	0.14	1.58	0.64
ZCW-2	焦作朱村矿距矸石山 10m 处积水	7.29	2.88	0.076	1.46	1.24
ZCW-3	焦作朱村矿距矸石山 20m 处积水	6.89	3.31	0.18	2.94	<0.01
ZCW-4	焦作朱村距矸石山南 50m 水塘	7.38	1.53	0.11	1.35	<0.01
DPW-1	郑州大平矿矿井水	7.8	1.68	0.2	1.44	<0.01
DPW-2	郑州大平矿矸石堆旁积水	7.39	1.17	0.26	0.49	<0.01
PYW-1	平顶山一矿矸石山北 5m 处积水	7.12	2.47	1.9	0.46	<0.01

2. 矸石山周围土壤中的氮

对长治南寨煤矿和焦作朱村煤矿矸石山周围土壤取样分析表明（表8.9）：南寨矸石山周围土壤中总氮质量分数为 $0.55\% \sim 0.57\%$，与矸石堆的全氮背景值一致。而焦作朱村矸石山附近土壤中总氮的质量分数为 $0.14\% \sim 0.32\%$，低于矸石堆的背景值。这说明矸石堆淋滤液以垂向地下渗透为主，而在横向上迁移较少。

表 8.9　矸石堆周围土壤样品中氮的质量分数

样品	来源	总氮/%
NZT-1	南寨矸石山距底部 5m 处土壤	0.55
NZT-2	南寨矸石山距底部 50m 处土壤	0.57
ZCT-1	朱村矿煤泥	0.64
ZCT-2	朱村矿矸石山南 50m 处土壤	0.32
ZCT-3	朱村矿矸石山南 60m 处土壤	0.14
ZCT-4	朱村矿矸石山南 80m 处土壤	0.16

3. 煤矸石中氮的环境效应

氮污染是全球关注的环境问题。氮素对水体的污染主要是污染地下水和地表水，在水环境中，主要的氮污染化合物为离子态的铵态氮（NH_4^+-N）、亚硝态氮（NO_2^--N）、硝态氮（NO_3^--N），即通常所说的"三氮"污染。氮污染可导致水体富营养化、水生生物死亡。饮用水中过量的硝酸盐氮还可产生致癌、致畸物质。NH_4^+ 在沉降到土壤中后被吸收或硝化将产生更多的 H^+，加重了酸沉降污染，并可能带来其他的环境问题，如森林生态系统的氮饱和和生物多样性的改变等。国外已开展了许多关于氮沉降对森林生态系统结构和功能影响的研究，其中最著名的是欧洲的氮饱和实验（Nitrogen saturation experiments，NITREX）和欧洲森林生态系统控制实验（Experimental manipulation of forest ecosysterns in Europe，EXMAN）项目，目前已在多个国家开展了一系列生态系统尺度的控制实验。

近年来，基岩中的氮及其对全球氮循环和生态系统的影响日益得到重视。含氮岩石在全球广泛分布，构成了一个潜在的营养化氮源。在岩石中的氮起源于沉积物中有机结合的氮，或热水溶液。岩石中的氮对局部的氮循环具有潜在的影响。在一些环境中，从基岩中释放出的氮可导致陆地生态系统的氮饱和。氮饱和导致硝酸盐淋滤到地表水和地下水。氨氧化成硝酸盐可能导致土壤的酸化，并抑制了植物的再生长。

本书研究表明，煤矸石中全氮含量的背景值为 0.4%～0.8%，这可能主要归因于有机质中的有机氮和吸附的离子态氮。在中高煤变质程度地区，由于夹矸中含有较多的铵伊利石矿物，这些夹矸对于矸石堆中全氮含量的提高具有贡献。通过对矸石堆周围积水中各种氮的分析表明，雨水还是比较容易从煤矸石中淋滤出来氮的，因为这些积水完全是来自雨水，但在煤矸石堆周围土壤中，全氮含量并不高。这说明煤矸石淋滤物侧向迁移不多，可能主要表现为以垂向渗透为主，有可能对地下水造成潜在的氮污染。

综上所述，可以得到以下三点认识。

（1）含铵黏土矿物夹矸对于矸石堆中全氮含量的提高具有重要贡献。

（2）含铵黏土矿物矸石山周围的积水中，含有较多的氮，说明雨水比较容易从矸石堆中将氮淋滤出来。

（3）含铵黏土矿物矸石堆周围土壤中的氮含量并不高，说明煤矸石淋滤物并没有发生明显的横向迁移，可能主要表现为垂向渗透，有可能对地下水造成潜在的氮污染。

第9章 煤层气中氮的研究

9.1 研究方法

9.1.1 采样方法

依据煤层气样品的采集方法，可将其分为井口排采气、煤芯解吸气以及井下抽放气三种类型，三者的采集方法也存在一定差异。

1. 井口排采气

采集方法比较简单，所需设备为排水集气装置。在煤层气井口的采样器或气水分离器处将煤层气导出，采用排水法收集（图 9.1），气样瓶为玻璃瓶，体积 100～400mL 均可，切勿将瓶中所有水排出，剩余 1/5 左右用于封存煤层气样，采集完毕的气样需倒立放置，避免大气混入。

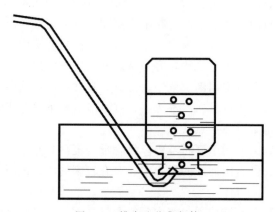

图 9.1 排水法收集气体

2. 煤芯解吸气

采集过程比较复杂，所需设备包括解吸罐以及煤层气解吸装置（图 9.2），其中，解吸罐容积以能装约 400g 煤样为宜，在 1500kPa 下能保持气密性，易装卸；量管容积 800mL，最小分度值 4mL；温度计测量范围为 0～50℃，最小分度值 1℃。具体解吸过程如下。

1）采取煤样前的准备工作

（1）密封罐使用前应洗净、干燥。检查压垫和密封垫是否可用，必要时予以更换。

检查密封罐的气密性，在 $300 \sim 400 \text{kPa}$ 下应没有漏气现象。

（2）严禁使用润滑油。解吸仪使用前，应用吸气球 4 提升量管内的水面至零点，关闭螺旋夹 3 放置 10min 后，量管内的水面应不下降。

2）煤样的采取

（1）使用煤芯采取器（简称煤芯管）提取煤芯，一次取芯长度应不小于 0.4m。在钻具提升过程中，应向钻孔中灌注泥浆，保持充满状态，并应尽量连续进行。如果因故中途停机，孔深不大于 200m 时，停顿时间不得超过 5min；孔深超过 200m 时，停顿时间不得超过 10min。

（2）煤芯提出孔口后，应尽快拆开煤芯管，把采取的煤样装进密封罐。煤芯在空气中的暴露时间不得超过 10min。

（3）取出煤芯后，对于柱状煤芯，应采取中间含矸少的完整部分；对于粉状和块状煤芯，应剔除矸石、泥皮和研磨烧焦部分。不得用水清洗煤样，保持自然状态将其装入密封罐内，装入时不得压实，煤样距罐口约 10mm。

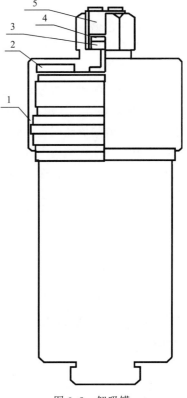

图 9.2 解吸罐
1. 罐盖；2. 密封皮垫圈；
3. 密封垫；4. 压垫；5. 压紧螺丝

3）煤层气采集

用软管与解吸罐口气阀相连，打开气阀将煤层气导出，采用上述排水集气法收集。

3. 井下抽放气

采集井下抽放孔的煤芯，置于相应尺寸的解吸罐中（体积一般小于煤芯解吸罐），采用与上述煤芯解吸气相同的方法收集煤层气。

9.1.2 气相色谱分析

1. 基本原理

色谱法也叫层析法，它是一种高效能的物理分离技术，将它用于分析化学并配合适当的检测手段，就成为色谱分析法。色谱法的最早应用是用于分离植物色素，其方法是这样：在一玻璃管中放入碳酸钙，将含有植物色素（植物叶的提取液）的石油醚倒入管中。此时，玻璃管的上端立即出现几种颜色的混合谱带。然后用纯石油醚冲洗，随着石油醚的加入，谱带不断地向下移动，并逐渐分开成几个不同颜色的谱带，继续冲洗分别接得各种颜色的色素，并可分别进行鉴定，色谱法也由此而得名。现在的色谱法早已不局限于色素的分离，其方法也早已得到了极大的发展，但其分离的原理仍然是一样的，因此仍然称它色谱分析。

由以上方法可知，在色谱法中存在两相，一相是固定不动的，称为固定相；另一相则不断流过固定相，称为流动相。色谱法的分离原理就是利用待分离的各种物质在两相中的分配系数、吸附能力等亲和能力的不同来进行分离。使用外力使含有样品的流动相（气体、液体）通过一固定于柱中或平板上，与流动相互不相溶的固定相表面。当流动相中携带的混合物流经固定相时，混合物中的各组分与固定相发生相互作用。由于混合物中各组分在性质和结构上的差异，与固定相之间产生的作用力的大小、强弱不同，随着流动相的移动，混合物在两相间经过反复多次的分配平衡，使得各组分被固定相保留的时间不同，从而按一定次序由固定相中先后流出。与适当的柱后检测方法结合，实现混合物中各组分的分离与检测。当用液体作为流动相时，称为液相色谱，当用气体作为流动相时，称为气相色谱。

2. 仪器结构

气相色谱仪是实现气相色谱过程的仪器，仪器型号繁多，但总的说来，其基本结构是相似的，主要由载气系统、进样系统、分离系统（色谱柱）、检测系统以及数据处理系统构成（图 9.3）。

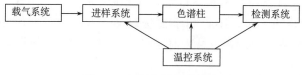

图 9.3　气相色谱系统构成

9.1.3　气相色谱-同位素质谱联用分析

天然气中甲烷碳同位素组成的测定采用气相色谱-燃烧-稳定同位素质谱联用的方式测定（图 9.4）。首先，采用气相色谱仪将天然气混合相分离为 CH_4、N_2、CO_2、C_2H_6、Ar 等单一相；然后，将分离出的 CH_4 通入真空炉中充分燃烧为 CO_2 和 H_2O，通入冷凝管和干燥器将 H_2O 去除；最后将 CO_2 通入稳定同位素质谱仪中，直接测定碳同

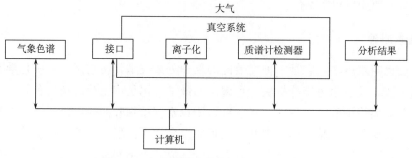

图 9.4　气相色谱-同位素质谱联用系统

位素组成。

　　氮气同位素组成的测定采用气相色谱-稳定同位素质谱联用的方法测定（图9.4）。利用气相色谱仪将 N_2 从天然气中分离出来，将其直接通入稳定同位素质谱仪测定氮同位素组成。

9.2　煤层气中氮气浓度

　　N_2 是煤层气中最常见的非烃组分之一。几乎所有的煤层气中都有氮气的存在，因其成因的不同，含量变化也很大，最高可达 100%。Law 和 Rice（1993）总结了世界各地煤层气的组分资料，发现世界各地煤层气的组分差异很大。甲烷和其他烃类组分通常是煤层气的主要组分，并含少量 N_2。Scott（1993）对美国 1400 口煤层气生产井气体成分的统计结果表明煤层气中 N_2 平均含量为 1%。戴金星（1992）对我国 20 多个煤矿的高氮煤层气气样分析表明：我国大部分煤矿煤层气中氮气含量在 10% 左右，且甲烷占比例与氮气所占比例互为消长关系。近年来国内外研究主要集中在天然气中氮的成因和富集，结果表明 N_2 和 CH_4 具有一定的同源性，通过对氮气的研究可进一步了解地质历史时期天然气形成、运移、富集和演化规律，对天然气的勘探和开发具有一定的指导意义。

　　目前，煤层气采样有井口排采气、煤芯解吸气以及井下抽放气。笔者统计了我国沁水盆地、鄂尔多斯盆地东缘等主要煤层气产地的煤层气组分数据（表9.1），结果表明我国煤层气主要以 CH_4 为主，含有一定量的 N_2 和 CO_2，重烃（C_{2+}）含量较低。其中，井口排采气气组分较为稳定，绝大多数气样 CH_4 含量在 90% 以上，N_2 和 CO_2 浓度低于 5%；煤芯解吸气和井下抽放气组分变化较大，氮气浓度普遍较高，最高可达 30% 以上，这主要是煤系解吸气和井下抽放气采集过程中混入不同比例的空气所致。

　　煤层气按成因分为两种类型：有机成因气和无机成因气。我国煤层气绝大部分属于前者。有机成因气按有机质演化程度分为两种类型。

　　(1) 原生生物成因气，形成于泥炭-褐煤阶段，即泥炭化阶段和成岩阶段，$R° <$ $0.5\% \sim 0.6\%$，该阶段温度较低，通常在 $50℃$ 以下，此时煤中不溶的有机质在细菌的作用下发酵为可溶的有机质，后者在产酸菌和产氢菌的作用下转化为挥发性有机酸（乙酸、丁酸等）、H_2 和 CO_2，反应产物在厌氧甲烷菌的作用下通过 CO_2 还原和醋酸发酵会产生大量的 CH_4［式（9.1）和式（9.2）］，煤中有机氮也在厌氧细菌作用下通过微生物氨化作用以 NH_3 形式释放并还原 CO_2 生成 N_2［式（9.3）和式（9.4）］，由于该阶段煤层的上覆盖层还没有有效的封闭，因此，煤层中的原生生物成因的 CH_4 和 N_2 很难保存下来。

$$CO_2 + 4H_2 \xrightarrow{\text{厌氧微生物}} CH_4 + 2H_2O \tag{9.1}$$

$$2CH_3COO^- + H_2 \xrightarrow{\text{厌氧微生物}} 2CH_4 + 2CO_2 \tag{9.2}$$

$$COOH - CH_2 - NH_2 + 2H_2O \xrightarrow{\text{厌氧微生物}} 2CO_2 + 2H_2 + NH_3 \tag{9.3}$$

$$8NH_3 + 3CO_2 \xrightarrow{\text{厌氧微生物}} 3CH_4 + 4N_2 + 6H_2O \tag{9.4}$$

（2）原生热成因气，形成于烟煤-无烟煤阶段，$R^\circ > 0.5\% \sim 0.6\%$，煤中有机质在热降解（$R^\circ = 0.5\% \sim 2.0\%$）和热裂解作用（$R^\circ > 2.0\%$）下生成原生生物成因气。热降解作用早期（$R^\circ = 0.6\% \sim 0.8\%$），大量含氧官能团（—COOH、—OH 等）断裂产生 CO_2，导致该阶段产生的煤层气以 CO_2 为主，CH_4 浓度较低；热降解中-晚期（$R^\circ = 0.8\% \sim 2.0\%$），芳香结构上的烷烃支链断裂产生大量 CH_4 以及一定量的重烃，煤中有机氮在热氨化作用下以 NH_3 形式释放，一部分溶解于孔隙水中形成 NH_4^+ 并被黏土矿物吸附固定，其另一部分则与 CO_2 发生氧化还原反应形成 N_2［式（9.5）］。而 CO_2 生成量逐渐降低，在热降解晚期趋近于零，一是因为煤中有机质含氧官能团含量逐渐降低，二是因为热氨化成因的 NH_3 与 CO_2 发生氧化还原反应生成 N_2 所致。热裂解作用阶段（$R^\circ > 2.0\%$），芳香结构缩合过程中，导致大量 CH_4 产生，煤中有机氮也在热裂解作用下直接以 N_2 形式释放出来，该阶段几乎没有 CO_2 生成。由此可见，煤层气中 N_2/CO_2 和 CH_4/CO_2 在一定程度上可指示煤化程度，演化程度越低，N_2/CO_2 和 CH_4/CO_2 越大；反之越小。Clayton（1998）依据不同成熟度的干酪根的化学组成计算出 CH_4、N_2、CO_2 以及重烃的产率，建立了沉积有机质理论生气模型，结果表明（图 9.5），I、II、III 型干酪根演化过程中 CH_4、N_2、CO_2，以及重烃产率变化规律基本一致，仅在产率大小上存在一定差异，其中，I 和 II 型干酪根的 N_2 和 CO_2 产率明显高于 III 型，而 I 和 II 型的重烃产率明显低于 III 型。III 型干酪根的 CH_4、N_2 和 CO_2 的产率变化规律与上述原生热成因煤层气的形成过程基本一致。

$$8NH_3 + 3CO_2 \xrightarrow{\text{热催化}} 3CH_4 + 4N_2 + 6H_2O \tag{9.5}$$

（3）次生生物成因气，形成于烟煤-无烟煤阶段，$R^\circ > 0.5\%$，地层发生抬升，大气降水通过地层露头携带细菌等微生物进入煤层中，煤中有机质在产甲烷菌等微生物的作用下再次形成生物成因气。

（4）次生热成因气，原生热成因气形成后经过运移，再在异地聚集成藏。

（5）混合成因气，我国部分地区煤层气属于混合成因，如鄂尔多斯盆地东缘保德地区以及沁水盆地南部的晋城地区的煤层气属于原生热成因和次生生物成因的混合成因气。

依据天然气中氮气的浓度可以将天然气藏分为三种类型：低氮气藏（$N_2 < 5\%$）、富氮气藏（$N_2 = 5\% \sim 15\%$）和高氮气藏（$N_2 > 15\%$）。天然气中氮气主要有两种来源：大气来源和有机来源。其中，大气来源氮气主要是以小气泡和溶解气的形式随地下水进入到气藏中，形成高氮气藏，而有机来源氮气浓度较低，一般形成低氮气藏，富氮气藏中的氮气属于混合成因。因此，利用煤层气中 N_2/CH_4 可大致判断 N_2 的成因。

目前，判别煤层气中 CH_4 的成因的图版较多，其中，包括经典的 Whiticar 图版（$\delta^{13}C_1$-$C_1/(C_2 + C_3)$ 和 $\delta^{13}C_1$-δD；Whiticar et al.，1986；Whiticar，1996，1999；Golding et al.，2013），尚未见判别氮气成因的图版。笔者利用煤层气中 N_2/CO_2 和 N_2/CH_4 建立氮气成因判别图版（图 9.6），结果表明我国煤层气 N_2/CH_4 和 CO_2/N_2 明显偏低，投影点明显向热成因气曲线左下方向偏移，原因包括：①地下水冲刷作用。烃

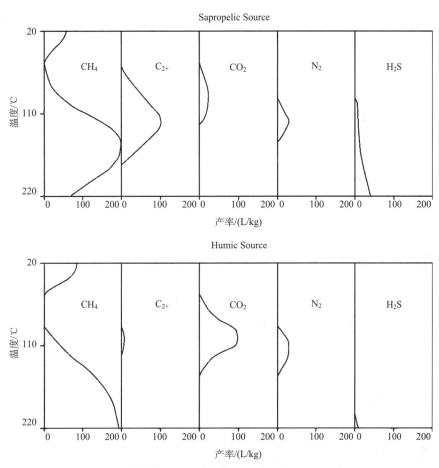

图 9.5　不同类型干酪根的煤层气产率（据 Clayton，1998）

类气体各组分在地下水中溶解度不同，具体表现为非烃类气体溶解度大于烃类气体，具体排列顺序为：$CO_2 > N_2 > C_1 > C_2 > C_3 > C_4$（郝石生和张振英，1993），长期地下水的冲刷作用，导致煤层气中相对易溶组分不断被带走，而相对难溶组分在剩余煤层气中相对富集，导致 N_2/CH_4 和 CO_2/N_2 相对于原生热成因气明显偏低。②解吸-扩散效应。N_2 分子直径（0.364nm）比 CH_4（0.38nm）小，极性弱，在煤层气形成之后的地质演化过程中，N_2 优先发生解吸-扩散，导致残余的煤层气中 N_2/CH_4 偏低。依据煤层气生成模式，我国沁水盆地热成因煤层气累计生成量理论上可达 $300m^3/t$ 以上（图 9.7），而目前煤层气含量为 $4\sim22m^3/t$，剩余含气量仅为累计含气量的 $1.3\%\sim7.3\%$，这表明在地质演化过程中煤层气解析-扩散效应十分强烈。③次生生物降解作用。当地层抬升时，煤层遭受次生生物降解，煤中有机氮在微生物氨化作用下以 NH_3 释放并与 CO_2 反应形成 N_2，导致 CO_2/N_2 降低，次生生物作用形成大量的 CH_4，其生成速率明显高于 N_2，导致 N_2/CH_4 偏低。另外，井口排采气中 N_2/CH_4 明显低于煤芯解吸气和井下抽放气，井口排采气 CO_2/N_2 明显高于煤芯解吸气和井下抽放气，这是因为后者在采集过程中不可避免的混入空气所致，即大气源氮气混入分别导致了煤层气 N_2/CH_4 和 CO_2/N_2

的偏高和偏低。无机成因 CO_2 混入导致煤层气 CO_2/N_2 偏高。

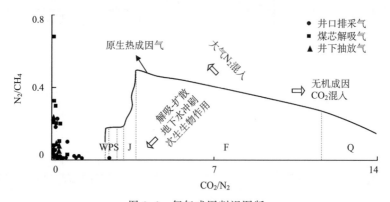

图 9.6　氮气成因判识图版

Q. 气煤；F. 肥煤；J. 焦煤；S. 瘦煤；P. 贫煤；W. 无烟煤

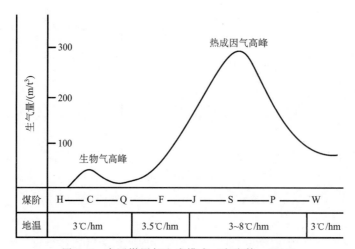

图 9.7　中国煤层气生成模式（宋岩等，2012）

　　我国煤层气中氮气以热成因为主，部分遭受了一定程度的次生生物降解作用。事实上，天然气溶于水的过程十分复杂，是溶解态和游离态气体动态平衡的一个过程，依据衡律定律（付晓泰等，1998），天然气在地下水中溶解度随着压力升高而增大（$CH_4<$ 8MPa，$N_2<$10MPa，$CO_2<$25MPa），随着温度升高而减小（$CH_4<$85℃，$N_2<$70℃，$CO_2<$190℃）。因此，地下水冲刷过程中，主要来源于大气的溶解态氮气与煤层气中热成因氮气之间的动态平衡，导致二者发生交换，即热成因氮气溶于水被带走的同时，可能有一定量的大气成因氮气混入煤层气中，由于地层压力大于大气压力，因此被地下水带走的热成因氮气量大于混入的大气来源氮气量。混入的大气来源氮气的具体比例，可依据煤层气中 N_2/Ar 确定。以阳泉-寺家庄地区煤层气为例，大气成因氮气主要以溶解气的形式随地下水进入到天然气藏中，大气组成比较稳定，$N_2/Ar=84$，由于氮气和氩气溶解度差异，地下水溶解气中 $N_2/Ar=40$；热成因氮气主要来源于有机质中氮的

表 9.1　我国煤层气组分

地区	矿区	地层	气体类型	各组分的体积分数/%					备注
				CH₄	N₂	CO₂	C₂₊		
沁水盆地	阳泉-寺家庄	C	井口排采气	98.27	1.39	0.31	0.03		
			井口排采气	99.03	0.68	0.28	0.01		
			井口排采气	98.07	1.23	0.68	0.02		
			井口排采气	98.55	1.20	0.22	0.03		
			井口排采气	98.78	0.92	0.21	0.01		Ar, 0.019
			井口排采气	98.94	0.74	0.23	0.012		Ar, 0.015
			井口排采气	95.61	3.97	0.27	0.016		Ar, 0.060
			井口排采气	98.84	0.92	0.17	0.016		Ar, 0.019
			井口排采气	98.8	0.72	0.4	0.036		
			井口排采气	98.22	1.34	0.35	0.016		Ar, 0.031
			井口排采气	99.03	0.61	0.21	0.038		Ar, 0.013
			井口排采气	98.74	0.96	0.14	0.0082		
			井口排采气	98.48	1.03	0.29	0.031		
			井口排采气	98.82	0.86	0.25	0.022		Ar, 0.017
			井口排采气	97.39	2.28	0.23	0.025		Ar, 0.035
	长治-长子	P	井口排采气	98.92	0.66	0.33	0.09		
			井口排采气	98.35	1.04	0.56	0.05		
			井口排采气	98.63	0.87	0.49	0.01		
	长治-沁县	P	煤芯解吸气	89.2~94.4	5.0~10.3	0.5~0.9			

续表

地区	矿区	地层	气体类型	各组分的体积分数/%				备注
				CH_4	N_2	CO_2	C_{2+}	
沁水盆地	晋城-寺河	C—P	井口排采气	98.96	0.51	0.52	0.01	
			井口排采气	98.57	0.62	0.81	0.01	
			井口排采气	99.42	0.37	0.20	0.01	
	晋城-沁水		井口排采气	98.28	1.38	0.32	0.01	
			井口排采气	98.21	1.45	0.32	0.01	
			井口排采气	97.34	2.39	0.26	0.01	
			井口排采气	94.23	5.49	0.26	0.02	
			井口排采气	97.26	2.46	0.27	0.01	
			井口排采气	95.26	4.57	0.16	0.01	
			井口排采气	98.66	1.04	0.29	0.01	
			井口排采气	99.13	0.70	0.16	0.01	
			井口排采气	96.35	2.76	0.54	0.35	
			井口排采气	95.96	3.60	0.42	0.01	
	晋城-胡底	C—P	井口排采气	98.1~98.6	1.2~1.6	0.1~0.2	0.01	
	晋城-郑庄	C—P	井口排采气	96.8~97.2	1.8~2.8	0.2~0.3	0.02~0.03	
	晋城-潘庄	P	井口排采气	99.0~99.6	0.2~0.9	0.1~0.3	0.01	
			煤芯解吸气	94.2~96.4	2.3~3.3	1.2~2.4	0.03~0.1	
	晋城-樊庄	C—P	井口排采气	98.2~99.0	0.9~1.6	<0.2	0.01~0.03	
	霍州-李雅庄	P	煤芯解吸气	67.4~99.4	3.6~30.9	0.1~1.93	0.01~0.37	
			井下抽放气	68.4~99.4	4.6~30.9	0.1~0.4	0.01~0.02	

续表

地区	矿区	地层	气体类型	各组分的体积分数/%				备注
				CH₄	N₂	CO₂	C₂₊	
	保德	C—P	井口排采气	69.8~83.6	9.3~25.7	1.0~7.1		
			煤芯解吸气	60.5~96.1	1.68~30.3	0.3~11.3	0.02~0.04	
	韩城	C—P	井口排采气	69.0~97.5	0.6~29.8	0.2~4.5		
			煤芯解吸气	17.5~96.9	2.6~75.2	0.32~4.5	0.13~2.88	
鄂尔多斯盆地东缘	吴堡	C—P	井口排采气	97.6	1.8	0.6		
	柳林	C—P	井口排采气	79.1~98.8	1.0~16.9	<5.9		
	石楼	C—P	井口排采气	95.9~97.9	0.7~2.8	1.2~3.0		
	临县	C—P	煤芯解吸气	67.0~81.0	12.6~32.4	0.6~7.0		
	吉县	C—P	井口排采气	92.8~98.9	0.3~4.1	0.8~3.3	0.03~0.15	
	兴县		煤芯解吸气	74.5~87.4	11.3~21.9	0.9~4.9		
	三交		井口排采气	90.7~98.4	0.8~8.7	0.5~0.8		
	大宁		煤芯解吸气	64.5~83.0	14.9~33.6	1.6~1.7		
阜新	刘家井组	K	煤芯解吸气	87.3	9.5	3.2		
		K	井口排采气	97~99				
两淮地区	淮北	P	井口排采气	97.4~99.0	0.3~0.8	0.6~2.4	0.02~0.04	
	淮南	P	煤芯解吸气	67.4~94.3	3.6~30.6	1.1~1.9	0.04~0.37	
			井下抽放气	99.7~99.8				
			井下抽放气	94.8	3.9	0.9	0.1	
江西	丰城	P	井口排采气	94.6	1.5	0.4	3.5	
河北	大城	P	井口排采气	97.9	1.8	0.2		
云南	恩洪	P	井下抽放气	67.7~93.9	4.7~30.3	0.5~1.1	0.57~0.73	
甘肃	靖远	J	井下抽放气	89.5~99.8	7.0~8.6	0.1~2.3	0.06~1.23	

注：以上数据为笔者采样测定以及摘自相关文献（田文广等，2012；李勇等，2014；马行陟等，2011；李贵红和张泓，2013；张小军等，2008；陶明信等，2005；孟召平等，2014；李建军等，2014）。

热演化作用，$N_2/Ar \gg 84$。因此，N_2/Ar可以作为判别煤层气中氮气成因的依据。阳泉-寺家庄地区煤层气中$N_2/Ar = 43.2 \sim 66.2$，平均为 56.2，介于 $40 \sim 84$ 之间，这表明煤层气中热成因和大气成因氮气并存。假设研究区煤层气中氮气全部来源于热成因，氩气平均浓度应 $\ll 0.017\%$，而实际氩气浓度平均为 0.026%，这表明大气来源的氩气浓度远远大于非大气来源氩气（如放射性元素 ^{40}K 衰变为 ^{40}Ar），即氩气几乎全部来源于大气。依据大气成因氮气 $N_2/Ar = 40$ 这一特点，对研究区煤层气中氮气组成进行计算，结果表明：阳泉-寺家庄地区煤层气中大气成因氮气浓度为 $0.52\% \sim 2.40\%$，平均为 1.05%，热成因氮气浓度为 $0.09\% \sim 1.57\%$，平均为 0.41%，大气氮约占煤层气中氮气的 72%，这是地下水对煤层气长期冲刷的一个结果。

9.3　煤层气中氮同位素组成

目前，对煤层气中氮气同位素组成的研究相对较为薄弱，而对常规天然气中氮气同位素组成的研究和探讨较为成熟，笔者采集了沁水盆地北部阳泉-寺家庄地区以及南部晋城—潘庄和樊庄的煤层气进行了氮气同位素组成以及伴生的甲烷碳同位素组成分析，并与塔里木盆地、莺歌海盆地、西西伯利亚盆地、加州大河谷盆地，以及中欧盆地的常规天然气中氮同位素组成进行对比研究。结果表明（表 9.2）：沁水盆地煤层气中氮气 $\delta^{15}N$ 为 $-1.3\text{‰} \sim 1.7\text{‰}$，平均 0.04‰，与大气氮同位素组成相接近，这也表明，沁水盆地煤层气中混入了一定比例的大气氮，与前述煤层气中氮气浓度研究结果相一致。与同等演化程度的常规天然气相比，煤层气中氮气同位素组成明显偏轻。

表 9.2　煤层气中氮气及伴生甲烷碳同位素组成

地区	地层	井口编号	同位素组成/‰		备注
沁水盆地-阳泉	LatePaleozoic		$\delta^{15}N_{N_2}$	$\delta^{13}C_{CH_4}$	$R^o = 3.0\%$
		YQ007	1	−38.3	
		YQ120	0.6	−36.2	
		YQ277	1.4	−37.9	
		YQ204	1.4	−40.0	
		YQ181	−0.3	−34.8	
		YQ185	1.3	−39.0	
		YQ96	1.3	−33.4	
		YQ364	−0.9	−36.6	
		YQ282	−1.3	−33.2	
		YQ241	1.7	−37.7	
		YQ369	0.7	−40.8	

续表

地区	地层	井口编号	同位素组成/‰		备注
沁水盆地-晋城	LatePaleozoic	SHJM12	−0.25	−32.9	$R^\circ = 2.6\%$
		SH093	−1.05	−31.85	
		SH090	−0.88	−34	
		SH100	−0.565	−35.25	
		P204	−0.525	−34.45	
		ZH355	−1.2	−30.15	
		ZH40	−0.37	−34	
		ZH148	0.02	−32.55	
		ZH38	−0.45	−31.05	
		ZH35	−0.75	−29.4	
平均			0.04	−34.93	
莺歌海盆地	Cenozoic		−9～−1.8	−63.14～−29.08	$R^\circ = 0.8\%～2.0\%$
塔里木盆地	Paleozoic—Cenozoic		1～6.65		$R^\circ = 2.2\%$
西西伯利亚盆地	Mesozoic		−19～−10.7	−68～−46	$R^\circ < 0.6\%$
加州大河谷盆地	Mesozoic		0.9～3.5	−52.4～−15.2	
中欧盆地	Paleozoic—Cenozoic		6.5～18	−36～−15	$R^\circ > 2.0\%$

常规天然气中氮气同位素组成主要受烃源岩中母质的成熟度的影响，成熟度越高，氮气同位素组成越重，R° 与 $\delta^{15}N_{N_2}$ 具有明显的正相关性。依据天然气中的氮气以及伴生甲烷碳同位素组成，可将天然气中氮气分为以下几种来源：①大气源 N_2，$\delta^{15}N = 0$；②微生物氨化成因 N_2，在未成熟阶段（$R^\circ < 0.6\%$），有机氮主要通过微生物氨化作用以 N_2 形式释放出来，其 $\delta^{15}N = −19‰～−10‰$，伴生的 CH_4 的 $\delta^{15}C < −55‰$；③热氨化成因 N_2，在成熟阶段（$R^\circ = 0.6～2.0\%$），有机氮主要通过热氨化作用以 N_2 形式释放出来，其 $\delta^{15}N = −10‰～−1‰$，伴生的 CH_4 的 $\delta^{15}C = −55‰～−30‰$；④热裂解成因 N_2，在过成熟阶段（$R^\circ > 2.0\%$），有机氮主要通过热裂解作用以 N_2 形式释放出来，其 $\delta^{15}N = 5‰～20‰$，伴生的 CH_4 的 $\delta^{15}C = −30‰～−20‰$。与常规天然气相比，煤层气中氮气同位素组成影响因素较为复杂，除受母质成熟度以及大气氮混入比例因素的影响，还受地下水动力条件、解吸-扩散效应、次生生物作用，以及人为排采活动的影响。笔者以沁水盆地阳泉-寺家庄地区煤层气为例，研究和探讨了煤层气中氮气同位素组成的影响因素。由于阳泉-寺家庄地区煤层气中混入了一定比例的氮气，因此，需根据测定的氮气同位素组成以及热成因和大气来源氮气的比例，对热成因氮气同位素组成进行计算，结果表明，热成因氮气的 $\delta^{15}N = 0.7‰～2.6‰$，平均 $1.5‰$（表 9.3），与同等热演化程度原生热成因氮气相比明显偏低。热成因氮气同位素组成影响因素包括：

（1）有机质热演化：热成因氮气的同位素热动力分馏机制与甲烷相类似，^{14}N 较 ^{15}N 稳定性低，前者在热演化过程中优先断裂，^{14}N 以氮气小分子的形式释放出来。这导致两个结果：①氮气同位素组成具有随有机质热演化程度增高而逐渐变重的趋势；②煤层气中相对富集^{14}N，而有机质中相对富集^{15}N。阳泉-寿阳地区煤中有机氮明显重于煤层气中热成因氮气（图9.8），符合上述规律。

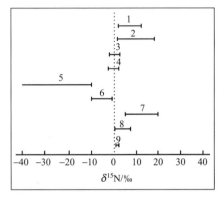

图9.8　自然界中不同来源有机质中氮同位素组成分布范围

1. 原油；2. 分散有机质；3. 泥炭；4. 煤；5. 常规天然气中微生物氨化成因氮气；6. 常规天然气中热氨化成因氮气；7. 常规天然气中热裂解成因氮气；8. 沁水盆地阳泉地区煤中有机氮；9. 阳泉-寿阳地区煤层排采气中热成因氮气；1～7 出自文献 Zhu *et al.*, 2000、Littke *et al.*, 1995 以及陈传平等，2001

表9.3　阳泉-寺家庄地区煤层气中热成因氮气同位素组成、水样矿化度、煤层埋深以及气井压力

井号	热成因氮气 δ^{15}N/‰	水样矿化度/(mg/L)	煤层埋深/m	气井压力/MPa
007	1.3	1404	617	0.02
120	0.8	1442	521	0.01
277	1.5	1433	396	0.016
204	1.6	1450	723	0.02
185	1.4	1405	579	0.01
96	2.6	1594	518	0.06
241	1.9	1516	591	0.04
369	0.7	1219	819	0.01
平均	1.5	1433	604	0.02

（2）排采活动：笔者采样的煤层气井排采时间均为 40 个月以上，排采时间较长，单井累计产气量为 $1.6 \times 10^5 \sim 29.1 \times 10^5 \, \text{m}^3$，平均为 $10.0 \times 10^5 \, \text{m}^3$。煤层气中有机成因氮气的 δ^{15}N 随着单井累计产气量的增加具有逐渐变重的趋势（图9.9；$r = 0.86$）。根据分子极性判别原则（宋天佑等，2009），可以判断出煤层气中^{15}N^{14}N 的极性比^{14}N$_2$强，后者更容易发生解吸—扩散—运移，导致氮气在煤层气解吸过程中发生同位素分馏，先解吸出来的氮气富含^{14}N，同位素组成偏轻；后解吸的氮气富^{15}N，同位素组成偏重。因此，煤层气在排采过程中引起的解吸—运移作用是影响排采气中有机成因氮气同

位素组成的重要人为因素。

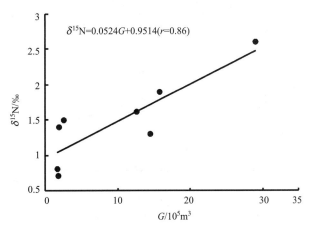

图 9.9　氮同位素组成随单井累计产气量变化趋势

（3）解吸-扩散效应：沁水盆地燕山期区内构造运动最为强烈，含煤地层随山西隆起的上升而抬升、褶皱，这更有利于煤层气发生解吸—扩散—运移，该效应无疑会导致深部同位素组成较轻的氮气扩散至浅部，导致浅部煤层气中氮气同位素组成偏轻，而深部煤层气中残留的氮气同位素组成偏重。根据煤层气生烃模式预测（宋岩等，2012），沁水盆地煤储层理论累计生气量为 $100 \sim 300 m^3/t$。目前岩心解吸实验结果表明（贾亚会等，2012），沁水盆地山西组煤储层含气量为 $0.3 \sim 24.5 m^3/t$，平均为 $10.0 m^3/t$，太原组煤储层含气量为 $0.2 \sim 35.1 m^3/t$，平均为 $12.2 m^3/t$，且随着埋深增大，二者含气量具有逐渐增高的趋势，解吸带内含气量低于 $22 m^3/t$，解吸-原生过渡带内含气量可达 $25 m^3/t$，在 2000m 处的原生带含气量最高可达 $30 m^3/t$（王红岩，2005）。由此可见，山西组和太原组煤储层煤层气含量明显低于理论含气量，这反映了沁水盆地煤层气在地质历史时期解吸—扩散—运移作用比较强烈，随着煤层埋深逐渐变小，解吸—扩散—运移作用逐渐增强。笔者采集的煤层气样品中有机成因氮气的 $\delta^{15}N$ 随着煤层埋深增加具有逐渐变轻的趋势（图 9.10；$r = -0.35$），与上述规律不符，这表明煤层气中有机成因氮气同位素组成不受单一因素的影响，而是多因素共同作用的结果。

（4）次生生物降解作用：可导致煤层气氮气同位素组成变轻，微生物优先破坏有机质中的 ^{14}N—C，导致生成的氮气同位素组成相对偏轻，而残余有机质中氮同位素组成偏重。煤中有机氮主要有三种类型：吡咯氮（N-5，煤分子芳香结构边缘的五元环氮）、吡啶氮（N-6，边缘的六元环氮）和季氮（N-Q，煤分子芳香结构内部的氮）。其中，低阶煤中有机氮以 N-5 和 N-6 为主，稳定性较差，在次生生物降解作用下，可通过微生物氨化以 NH_3 形式释放出来，并进一步被 CO_2 氧化为 N_2，赋存在煤层气中；高阶煤中有机氮以 N-Q 为主，稳定性较好，不易受次生生物降解作用的影响。因此，次生生物降解作用可导致低煤级煤层气中氮气同位素组成偏轻，而对高煤级煤层气影响不大。

（5）地下水动力条件：笔者采集的煤层气样品中有机成因氮气的 $\delta^{15}N$ 随着相应水样的矿化度的降低具有逐渐变轻的趋势（图 9.11；$r = 0.85$），这表明，较强的水动力

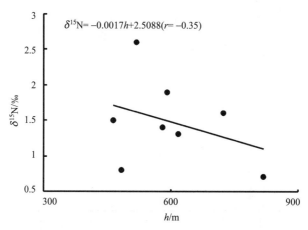

图 9.10　氮同位素组成随煤层埋深变化趋势

条件导致有机成因氮气同位素组成变轻。较强的地下水动力条件可导致煤层甲烷碳同位素组成变轻（秦胜飞等，2006），目前，尚未有关于地下水动力条件对煤层气中氮气同位素组成产生影响的报道。水属于极性分子，^{15}N 极性大于 ^{14}N，根据相似相溶原理，^{15}N 在水中的溶解度大于 ^{14}N。因此，煤层水中溶解的氮气同位素组成相对偏重，而煤层吸附气和游离气中氮气则可能偏轻。在水动力条件较强的情况下，矿化度较低，较重的氮气不断随水带走，导致煤层中剩余的氮气同位素组成逐渐变轻。因此，地下水动力条件也是影响煤层气中有机成因氮气同位素组成的重要因素。

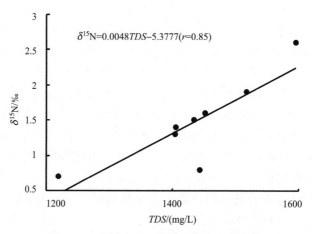

图 9.11　氮同位素组成随矿化度变化趋势

Zhu 等（2000）以天然气中氮气同位素组成建立了判别天然气中氮气成因的图版（图 9.12、图 9.13）。与常规天然气不同，煤层气中氮气同位素组成影响因素较多，包括煤化程度、大气源氮气混入程度、地下水动力条件、次生生物降解作用、解吸-扩散效应等因素的影响，因此，单一以氮气同位素组成判别氮气的成因略显不足，笔者利用煤层气中氮气同位素组成（$\delta^{15}N_{N_2}$）与伴生甲烷碳同位素组成（$\delta^{13}C_{CH_4}$）建立成因判别图版（图 9.14），结果表明煤层气氮气以及伴生甲烷碳同位素组成明显偏轻，氮气同位素组成明显向大气氮偏移，原因包括：①地下水冲刷；②次生生物作用；③大气氮混入。

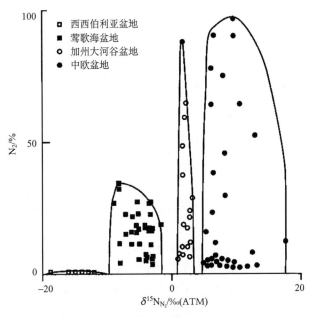

图 9.12　$\delta^{15}N_{N_2}$-N_2浓度（据 Zhu $et\ al.$，2000）

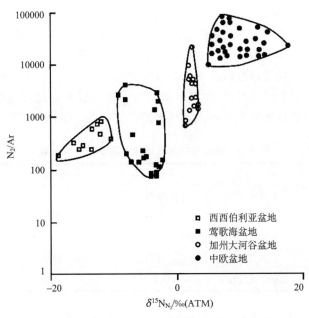

图 9.13　$\delta^{15}N_{N_2}$-N_2/Ar（据 Zhu $et\ al.$，2000）

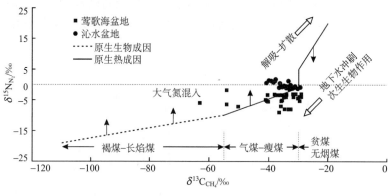

图 9.14　氮气成因判识图版

9.4　煤层气中氮气产生影响因素

依据上述分析结果可知，煤层气地球化学特征影响因素较为复杂，具体见表 9.4。常规天然气中氮气以及甲烷碳同位素组成受生气母质成熟度影响较为显著，随着演化程度越高，同位素组成越重。对于煤层气而言，由于受到后期改造作用比较强烈，导致其氮气和甲烷碳同位素组成与煤化程度相关性不甚明显。与同等热演化程度常规天然气相比，煤层气中氮气同位素组成明显偏轻，这与甲烷碳同位素的对比结果相一致，其中地下水冲刷以及次生生物作用起主导作用，解吸-扩散效应起次要作用；与煤理论生气模型相比，煤层气中 N_2/CH_4 和 CO_2/N_2 明显偏低，其中地下水冲刷、解吸-扩散效应以及次生生物作用均为导致 N_2/CH_4 偏低的主导因素，而对于 CO_2/N_2 而言，地下水冲刷以及次生生物作用为主导因素，解吸-扩散效应影响不甚明显；大气氮的混入，可导致氮气同位素组成向大气氮线趋近以及 N_2/CH_4 和 CO_2/N_2 偏高，事实上地层压力明显高于大气压力，大气氮只能通过溶解-动态平衡交换的形式进入到煤层气中，因此，除埋藏较浅、地层压力较低的煤层气藏外，大气氮的混入对 N_2/CH_4 和 CO_2/N_2 影响不大。

表 9.4　煤层气中氮气地球化学特征影响因素

影响因素	$\delta^{15}N_{N_2}$	$\delta^{13}C_{CH_4}$	N_2/CH_4	CO_2/N_2
煤化程度	变重	变重	升高	升高
地下水冲刷	变轻	变轻	降低	降低
解吸-扩散效应	变重	变重	降低	升高
次生生物作用	变轻	变轻	降低	降低
大气氮混入	趋近于大气线	无影响	升高	降低

第10章 煤层中的氮成岩转化机理研究

地球上大部分岩石的氮含量约为 1.27（±1）mg/kg，大约全球 20％的氮都赋存在岩石中。不同种类岩石中氮含量不同，氮含量由低到高依次为变质岩、岩浆岩、沉积岩。Sweeney 等（1978）认为沉积物和沉积岩中氮总量约为 7.5×10^{20} g，δ^{15}N 在 10‰左右，大气氮总量约为 3.8×10^{21} g，δ^{15}N 在 0‰左右。Holloway 和 Dahlgren（2002）指出地球上氮主要来源于地幔脱气作用，主要以 3 种形式存在，分别是 N_2、有机氮和无机氮（含氮矿物，包括含铵矿物和硝酸盐类矿物等），不同形式氮通过生物固定作用、沉积作用、成岩作用、变质作用、火山作用、热液作用、风化作用等组成了地球上的氮循环体系（图 10.1）。

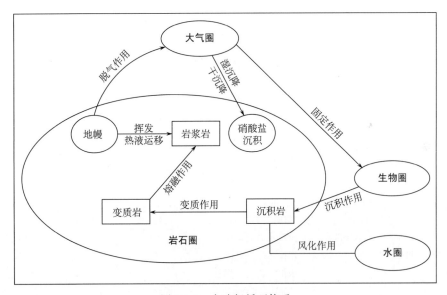

图 10.1 全球氮循环体系

10.1 有机氮与含铵黏土矿物成因联系

煤中有机氮在成岩过程中在热氨化作用下以 NH_3 形式释放出来。Hallam 和 Eugster（1976）和 Juster 等（1987）认为在成岩作用过程中释放的 NH_3 会以 NH_4^+ 形式进入到成岩流体中，并被黏土矿物吸附吸收，形成含铵黏土矿物，如铵伊利石、铵伊利石/蒙皂石间层矿物。刘钦甫等（1996）、刘钦甫和张鹏飞（1997）在研究华北地区含煤地层中铵伊利石成因后，也认为 NH_4^+ 来源于煤中有机质。Krooss 等（2006）认为沉

积岩中 90% 以上的固定铵均来源于有机质。Scholten（1991）认为在富有机质泥岩（$R_{max}^{o}=0.6\%\sim0.9\%$）中，黏土矿物中固定铵的含量超过总氮的 50%，且随热演化程度而逐渐升高。Williams 等（1995）在研究 Wilcox 群黏土矿物固定铵与有机质同位素组成后，认为黏土矿物固定铵主要来源于有机氮的释放，二者同位素组成相差不大，有机氮 $\delta^{15}N=3.2\%\pm0.3\%$，固定铵 $\delta^{15}N=3.0\%\pm1.4\%$，表明有机氮在释放—吸附—固定的过程中，并未发生同位素分馏。Whiticar（1996）、Ader 等（1998）以及 Boudou 等（2008）认为，随着热演化程度增高，有机氮同位素组成分馏作用逐渐变弱。Schimmelmann 和 Lis（2010）将不同氮同位素组成的干酪根与 NH_4Cl 溶液混合加热五年，发现加热前干酪根与 NH_4Cl 氮同位素组成相差较大，加热五年后二者同位素组成逐渐趋向于一致，这表明有机氮与 NH_4^+ 在加热过程中发生同位素分馏交换，流体中的 NH_4^+ 对有机氮同位素组成起到一个缓冲的作用。笔者通过对华北地区煤和含铵黏土矿物氮同位素组成对比发现（表 10.1，图 10.2）：煤中有机氮同位素组成为 $-4.74\%\sim$

表 10.1　含铵黏土矿物中的氮和煤中有机氮同位素组成以及二者差值

含煤地层	煤田	矿区	采样地点	$\delta^{15}N/\%$		$\Delta^{15}N_{有机氮-含铵黏土矿物}/\%$
				有机氮	含铵黏土矿物	
山西组	沁水煤田	长治地区	屯留矿 3# 煤	-0.20	—	
			漳村矿 3# 煤	-0.26	—	
		晋城地区	寺河矿 3# 煤	4.41	11.62	-7.21
			成庄矿 3# 煤	—	3.43	
			长平矿 3# 煤	5.54	10.51	-4.97
			董家庄钻孔 3# 煤	1.16	10.39	-9.23
	太行山东麓煤田	邯邢地区	云驾岭矿 2# 煤	3.34	4.54	-1.20
			薛村矿 2# 煤	—	6.17	
			羊东矿 2# 煤	-4.74	6.21	-10.95
		鹤壁-焦作	龙山矿 2# 煤	2.38	—	
			赵固二矿 二$_1$ 煤	0.93	—	
太原组	沁水煤田	阳泉地区	国阳 1 矿 15# 煤	1.24	7.54	-6.30
			国阳 2 矿 15# 煤	6.82	7.51	-0.69
			国阳 3 矿 15# 煤		5.20	
			新景矿 8# 煤	0.14	8.75	-8.61
		晋城地区	凤凰山矿 9# 煤	5.65	6.34	-0.69
			凤凰山矿 15# 煤	6.89	7.33	-0.44
			王台铺矿 9# 煤	7.10	7.15	-0.05
			王台铺矿 15# 煤	8.05	7.77	0.28
			古书院矿 9# 煤	5.07	5.12	-0.05
			古书院矿 15# 煤	9.95	8.74	$+1.21$
			成庄矿 15# 煤	1.39	5.23	-3.84
	太行山东麓煤田	邯邢矿区	薛村矿 4# 煤		4.77	
			显德汪矿 9# 煤	1.56	3.29	-1.73
	京西煤田	京西地区	木城涧矿 3# 煤	2.73	4.25	-1.52

9.95‰，平均 3.29‰；含铵黏土矿物中氮同位素组成为 3.29‰～11.62‰，平均
6.76‰。相比与煤中有机氮，含铵黏土矿物中氮同位素组成明显偏重，二者差值 Δ^{15}
$N_{有机氮-含铵黏土矿物}$ 为 $-10.95‰$～$+1.21‰$，平均 $-3.29‰$。这主要是煤中不同类型有机
氮具有不同的同位素组成所致。位于煤分子边缘的吡啶氮（N-6）和吡咯氮（N-5）在
沉积-成岩过程中，化学活动性相对较高，在以小分子（NH_3）形式脱除过程中发生了
较为强烈的同位素分馏，其同位素组成相对偏重；而位于煤分子内部的季氮（N-Q）化
学稳定性较高，在沉积-成岩过程中同位素分馏程度相对较低，其同位素组成相对偏轻。
铵伊利石主要形成于高煤级阶段，此时煤中 N-5 和 N-6 同位素组成明显重于 N-Q。N-5
和 N-6 是含铵黏土矿物层间域中 NH_4^+ 的主要来源，因此，含铵黏土矿物中氮同位素组
成明显重于煤中有机氮总同位素组成。对比山西组和太原组含铵矿物以及相应的煤中有
机氮同位素组成差值，笔者发现，山西组 $\Delta^{15}N_{有机氮-含铵黏土矿物}$ 为 $-10.95‰$～$-1.2‰$，平
均 $-6.71‰$，太原组 $\Delta^{15}N_{有机氮-含铵黏土矿物}$ 为 $-8.61‰$～$1.21‰$，平均 $-1.87‰$，山西组的
氮同位素组成差值明显高于太原组。这可能是因为山西组煤在聚集过程中在一定程度上
受淡水影响，沉积水体偏酸性，有机质和微生物的氧化作用相对强烈，N-5 和 N-6 同位
素分馏效应较为明显，二者同位素组成明显高于 N-Q；太原组煤在聚集过程中主要受
海水影响，沉积水体偏碱性，氧化作用一定程度上受到了抑制，N-5 和 N-6 同位素分馏
效应相对较弱。因此，山西组的氮同位素组成差值明显高于太原组，是二者在聚煤过程
中不同的沉积环境所致。

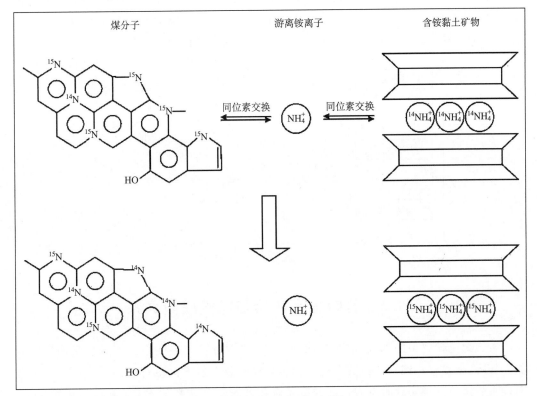

图 10.2　游离 NH_4^+、固定 NH_4^+ 以及有机氮同位素交换示意图

10.2　有机氮与氮气成因联系

煤层气中 N_2 来源主要有以下几种（图 10.3）：大气源、地壳超深部和上地幔来源、火山-岩浆源、放射性核反应、蒸发岩中硝石类矿物、生物反硝作用、微生物氨化作用、热氨化作用、裂解作用、沉积岩中含铵黏土矿物经高温变质作用脱氮。其中，含量较低的氮气（$N_2 < 15\%$）多为热氨化和热裂解作用产生，含量较高的氮气（$>15\%$）多为大气来源。微生物氨化作用形成的 N_2 所处环境多为开放水体，温度较低（$<60℃$），N_2 形成后迅速逸散到大气或沉积水体中，很难保留下来。含铵黏土矿物高温变质作用释放 N_2 所需地质温度较高，属于浅变质阶段。热模拟实验表明，含铵黏土矿物释放 NH_3 的温度 $>450℃$。其他来源 N_2 对煤层气中 N_2 贡献微乎其微。朱岳年（1994，1999）、朱岳年和史卜庆（1998）还发现，热氨化作用形成的氮气 $\delta^{15}N = -10‰ \sim -1‰$，热裂解作用形成的氮气 $\delta^{15}N = 5‰ \sim 20‰$。沁水煤田煤层气中 N_2 含量均低于 10%，$\delta^{15}N = -1.2‰ \sim 1.7‰$，平均 $0.04‰$，N_2 主要来源于有机质的热裂解作用（详见第 9 章）。有机氮 $\delta^{15}N = 0.14‰ \sim 9.95‰$，平均 $5.23‰$（表 10.1）。$\Delta^{15}N_{\text{有机氮-氮气}} = 2.10‰ \sim 6.90‰$，有机氮同位素组成明显重于相应的煤层气中的氮气，原因有两点：①氮气主要来源于煤分子内部 N-Q，N-Q 同位素组成相对 N-5 和 N-6 偏轻，导致煤层气中氮气同位素组成比煤中有机氮总同位素组成偏轻；②有机氮在以小分子形式释放的过程中发生了同位素分馏，^{14}N 更容易以小分子形式（N_2）被释放，而有机氮中相对富集 ^{15}N。以上两点原因导致煤层气中氮气同位素组成明显轻于有机氮。

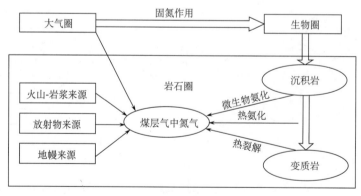

图 10.3　煤层气中氮气成因

10.3　含铵黏土矿物与氮气成因联系

含铵黏土矿物中的 NH_4^+ 与煤层气中的 N_2 并无直接成因联系，二者均来源于有机氮。Whelan 等（1988）认为富有机质泥岩与煤释放有机氮的机理不同。Oh 等（1988）对油页岩进行热解实验时发现，部分氮元素会以 NH_3 形式释放出来。Everlien（1990）、刘钦甫等（2009）研究含铵黏土矿物热稳定性时发现，固定铵（NH_4-Fixed）在热解过

程中会以 NH_3 的形式释放出来。本书前述对铵伊利石热重-热流-红外同步热分析以及铵伊利石热稳定性分析结果也表明，NH_4^+ 以 NH_3 形式释放，释放温度大于 450℃。含铵黏土矿物在进入浅变质阶段后，一部分 NH_4^+ 以 NH_3 形式释放出来并氧化形成 N_2，另一部分 NH_4^+ 则继续留在矿物晶格中形成其他含铵矿物，如含铵黑云母、水铵长石等。沁水煤田、京西煤田以及太行山东麓煤田部分地区煤化程度较高，以贫瘦煤-无烟煤为主，演化温度低于 250℃，属于晚成岩作用阶段，远远未达到浅变质作用阶段，因此，没有证据表明含煤地层中的含铵黏土矿物与煤层气中的氮气有直接成因联系。

10.4　含煤地层中氮的成岩转化

10.4.1　有机氮

（1）来源：成煤植物以及微生物中的蛋白质、核酸等含氮有机物。

（2）去向：在早成岩作用阶段（未成熟阶段，$R_{max}^o < 0.6\%$），煤中有机氮通过微生物氨化作用以 NH_3 形式释放出来，其中少部分 NH_3 以 NH_4^+ 形式被黏土矿物吸收并吸附，大部分 NH_3 被氧化为 N_2，其中大部分 N_2 释放到大气中，少部分 N_2 进入到煤层气中；在中成岩作用阶段（成熟-高成熟阶段，$R_{max}^o = 0.6\% \sim 2.0\%$），煤中有机氮通过热氨化作用以 NH_3 形式释放出来，一部分 NH_3 以 NH_4^+ 形式被黏土矿物吸附并固定下来，另一部分 NH_3 被氧化为 N_2 进入到煤层气中；在晚成岩作用阶段（过成熟阶段 $R_{max}^o > 2.0\%$），有机氮通过热裂解作用以 N_2 形式释放出来进入到煤层气中；在变质作用阶段，煤最终产物是石墨，此时煤中有机氮已基本消失。

10.4.2　煤层气中氮气

（1）来源：微生物氨化作用、热氨化作用、有机质热裂解作用、大气来源。

（2）去向：随着含煤地层持续沉降，进入变质作用阶段，此时煤层气中 N_2 随含煤地层一同进入深部地壳或上地幔，通过上地幔脱气作用抑或火山-岩浆作用释放出来进入到大气中；当含煤地层持续抬升并遭受剥蚀时，此时 N_2 则直接释放到大气中。

10.4.3　含铵黏土矿物

（1）来源：有机氮的微生物氨化和热氨化作用，以热氨化作用为主。

（2）去向：随着含煤地层持续沉降，进入变质作用阶段，此时一部分 NH_4^+ 在较高温度下以 NH_3 形式释放出来并氧化为 N_2 进入上地幔或深部地壳，通过脱气作用或者火山—岩浆作用释放出来，另一部分 NH_4^+ 则形成其他含铵矿物并进入到深部地壳和地幔上部，形成造岩矿物，如水铵长石，含铵云母等；当含煤地层抬升并遭受剥蚀时，含铵黏土矿物中 NH_4^+ 在孔隙水的淋滤作用下以 NH_3 释放出来并被氧化为硝酸盐或 N_2，进入到大气圈或水圈中。

含煤地层中氮成岩转化轨迹见图 10.4。

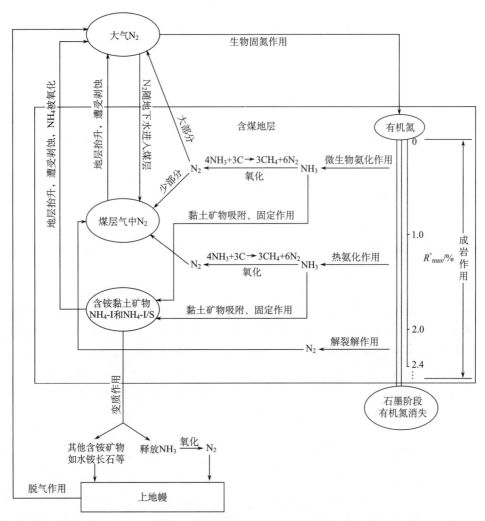

图 10.4　煤层中氮成岩转化路线图

第11章 含铵矿物研究的地质及环境意义

岩石中氮含量约为 $1.27mg/kg$，约占全球氮总量的 20%。氮元素在岩浆岩、变质岩以及沉积岩中均有发现，尤其以沉积岩含量最高，总量约为 $7.5\times10^{20}g$，同位素组成范围较为宽泛，主要集中在 $10\permil$ 左右。岩石中的氮存在形式较多，包括干酪根中的有机氮、陨石或者地幔岩中的氮化物、硝酸盐以及固定铵（fixed-NH_4）形式存在，其中，固定铵即本书所指的含铵矿物尤为普遍。含铵矿物可以看成是 NH_4^+ 替代 K^+ 进入矿物晶格当中而形成的类质同象，由于 K^+ 与 NH_4^+ 离子半径并不完全相同，以及 NH_4^+ 四面体本身具有一定的性质（在矿物晶格当中四面体会发生不对称变形），含铵矿物与含钾矿物晶体结构及 X 射线衍射特征存在一定差异。含铵矿物在各类岩石中均有发现，如沉积岩（含煤及油气地层）中的铵伊利石（ammonium illite）、变质岩中的铵云母（tobelite）以及岩浆岩中的水铵长石（buddingtonite）。另外，还包括一些不以 NH_4^+ 为主要阳离子的矿物，如钾长石、黑云母等，其晶格当中也含有一定量的 NH_4^+。

11.1 含铵矿物与全球氮循环

11.1.1 含铵矿物中氮的来源

由于岩石中氮含量较低，在全球氮循环过程中，含铵矿物所起的作用及其重要性一直被忽视。地球上的全部氮来源于地幔脱氮作用，通过热液或者火山活动，以 N_2 形式释放出来，进入到大气中，N_2 性质稳定，在地表常温常压下，很难通过化学反应进入矿物晶格。大气中的 N_2 可通过大气氮沉降作用，以 NO_3^-、NH_4^+ 等形式进入地表土壤中，并被植物所吸收，抑或被 N_2 固氮微生物直接吸收，并以氨基酸和蛋白质的形式赋存在生物体中。生物死亡后，遗体堆积下沉，氨基酸不稳定并在微生物的作用下发生分解，部分有机氮被氧化为 N_2、NO_3^- 或直接以 NH_4^+ 进入到大气、土壤或孔隙流体中，再次被生物所吸收；部分有机氮则转化为更为稳定的化合物，赋存在沉积有机质中，包括煤中的吡咯、吡啶以及干酪根中的咔唑等。研究表明，随着上覆沉积层厚度加大，地层下沉，温度逐渐升高，这些赋存在沉积有机质中的含氮化合物（官能团）变得不稳定，部分以 NH_4^+ 形式释放出来并替代 K^+ 进入矿物晶格。有机氮在含量逐渐降低的同时，其同位素组成逐渐变重，这是瑞利分馏效应所致。

在成岩作用早期，岩石中氮元素主要以有机氮形式存在，随着成岩温度逐渐升高，有机氮逐渐变得不稳定。在相对较低的成岩温度下（$R^\circ=0.6\%\sim2.0\%$），有机氮通过热氨化作用以 NH_3 形式释放出来，大部分以 NH_4^+ 形式进入成岩流体，并被一些黏土矿物吸附并固定，形成含铵黏土矿物，少部分被氧化为 N_2 进入到气相组分中（煤层气、天然气、页岩气等）；当成岩温度相对较高时（$R° > 2.0\%$），有机氮直接通过热裂解作用以 N_2 形式释放出来进入气相组分中。因此，含铵黏土矿物主要形成在热氨化作用阶段。沉积岩中，最常见的含铵黏土矿物为铵伊利石，多赋存于含煤或含油气地层中，一般由高岭石、伊/蒙间层矿物等在成岩作用过程中转化而来。NH_4^+ 替代 K^+ 参与伊/蒙间层矿物的铵伊利石化作用并最终形成铵伊利石的过程较为复杂，转化机制包括：①离子交换作用，NH_4^+ 交换出蒙皂石层间域中的 Ca^{2+}、Na^+；②蒙皂石晶层八面体 Mg^{2+}、Fe^{2+} 的移出以及 Al^{3+} 的进入；③晶层坍塌作用 [$d_{(001)}$ 从蒙皂石的 1.5nm 降至铵伊利石的 1.03nm]；④铵离子的固定作用（12 次配位的 NH_4^+ 与带负电荷的晶层形成牢固的共价键）等；而高岭石转化为铵伊利石的机制更为复杂，前者为 1∶1 层型黏土矿物，而后者为 2∶1 层型黏土矿物，高岭石转化为铵伊利石的过程必然包括：①高岭石部分八面体溶解，与之相应的四面体发生转向，初步形成 2∶1 层型黏土矿物结构；②分解八面体中的 Al^{3+} 部分替代 Si^{4+} 进入四面体晶格中，其余的 Al^{3+} 与被替代的 Si^{4+} 分别以 $Al_2O_3 \cdot nH_2O$ 和 $SiO_2 \cdot nH_2O$ 胶体的形式进入到成岩流体中；③部分 Mg^{2+}、Fe^{2+} 替代 Al^{3+} 进入八面体晶格；④晶层膨胀作用；⑤铵离子的固定作用。

自然界中的铵伊利石层间阳离子不都是 NH_4^+，而是由铵伊利石和伊利石形成的固溶体。低温条件下铵伊利石和伊利石是不连续固溶体，二者之间存在一个不相混溶区 [miscibility gap，$NH_4^+/(NH_4^+ + K^+) = 0\% \sim 20\%$ 为不混溶区]，随着成岩温度逐渐升高，不相混溶区逐渐变小，当温度达 450℃，不相混溶区消失，二者成为连续固溶体。早成岩作用早期，高岭石、伊蒙间层矿物等在吸附、固定 NH_4^+ 的同时，逐渐向 1M 铵伊利石 [ammonium illite，$(NH_4, K)(Al, Fe, Mg)_2(Si, Al)_4O_{10}(OH)_2$] 转化，随着成岩作用逐渐增强，铵伊利石逐渐由 1M 转化为 2M，且其内部原子结构有序度逐渐升高，Al^{3+} 逐渐进入矿物晶格中，替代四面体中的 Si^{4+}，而八面体中的 Mg^{2+}、Fe^{2+} 逐渐从晶格中移出，最终形成八面体阳离子全部为 Al^{3+}、四面体阳离子为 $Al^{3+}/Si^{4+} = 1/3$、层间域阳离子以 NH_4^+ 为主的铵云母 [tobelite，$(NH_4, K)Al_2(Si_3, Al)O_{10}(OH)_2$]。铵云母的形成，也标志着成岩作用的结束以及浅变质作用的开始。另外，在浅变质阶段，少量 NH_4^+ 可能以类质同象替代的形式进入黑云母和白云母中。

一般，含铵伊利石的岩石氮含量变化范围较大，纯铵伊利石黏土岩中铵含量最高可达 3.71%（37100mg/kg，以纯铵云母计算得出），其氮同位素组成也因其 NH_4^+ 来源、形成阶段、原矿物类型等不同，变化范围较为宽泛，一般 $\delta^{15}N$ 为 $-3.0\% \sim 8.5\%$。含铵矿物与有机氮同位素组成相差不大，这表明，在黏土矿物吸附、固定 NH_4^+ 的过程中并未发生同位素分馏效应。在成岩过程中岩石没有受到诸如岩浆侵入、热液流体、风化等地质作用影响下，随着成岩作用程度逐渐升高，含铵黏土矿物含量逐渐升高，其氮同位素组成逐渐变重。因此，可将含铵黏土矿物含量及其氮同位素组成作为成岩作用的指示剂。

11.1.2　铵云母与变质作用

在成岩作用进入变质作用阶段的过程中（350℃左右），铵伊利石逐渐转变为铵云母。与沉积岩相比，浅变质岩中的固定铵含量明显偏低，一般小于 2000mg/kg，而同位素组成明显偏重（$3.0‰\sim8.0‰$），这可能是变质作用阶段，挥发分馏效应导致。与此同时，有机质（煤、干酪根、石油等）在成岩—变质作用下，逐渐富 C 排除 N、H、O 等杂原子，最终形成石墨，此时，仍有极少量氮替代碳赋存在石墨晶层中，这种氮主要以季氮的形式存在。

在变质岩的原岩比较单一且没有受到别的地质作用的影响下，固定铵含量及其 $\delta^{15}N$ 的值可以用作变质程度的指示剂，即随着变质程度的增强，岩石中固定铵含量减少，$\delta^{15}N$ 值增高，也就是说浅成变质岩一般具有相对较高的固定铵含量及偏轻的氮同位素组成，而深成变质岩固定铵含量偏低，氮同位素组成偏重。另外，受富氮热液流体影响的变质岩具有相对较高的氮含量及较轻的同位素组成。

11.1.3　含氮矿物与地幔

随着变质作用逐渐增强，此时铵云母逐渐变得不稳定而转化为挥发分含量较低的铝硅酸盐，NH_4^+ 移出矿物晶格，大部分进入变质热液流体以挥发分形式存在，并通过地幔脱氮作用直接释放到大气中；其余的 NH_4^+ 发生分解，H 进入变质流体中，而 N 则形成更为稳定含氮矿物，如陨氮钛矿（TiN）、氧氮硅石（Si_2N_2O）等。含氮矿物的形成标志着氮元素由地壳逐渐进入到地幔。这些含氮矿物以及石墨中的氮在地幔脱氮作用下，通过热液流体或火山活动，逐渐以 N_2 的形式释放到大气当中。地幔中这些矿物是地幔脱氮作用过程中 NH_3 和 N_2 的最终来源。

地幔岩中氮含量比变质岩和沉积岩更低，一般在 $40mg/kg$，这部分归因于 NH_4^+ 从晶格中释放出来并进入变质热液流失引起的，但最主要的原因是整个地质历史时期地幔不断通过脱氮作用向大气中释放 N_2，导致氮含量偏低。地幔中氮同位素 $\delta^{15}N=-6.5‰\sim5.4‰$，主要集中在 $\delta^{15}N=-2.0‰\sim0$，与大气相比略有偏低，这可能是地幔脱氮过程中优先释放 ^{15}N 所致。

11.1.4　水铵长石与岩浆作用

在岩浆作用过程中，无论铵伊利石还是铵云母都会发生分解而形成硅酸盐熔融体，NH_4^+ 从矿物晶格中释放出来，以挥发分的形式赋存在岩浆热液流体中。当岩浆喷出地表时，NH_4^+ 则直接以 NH_3 形式或氧化为 N_2 形式进入大气中；当岩浆侵入到近地表时，由于温度逐渐降低，岩浆按鲍文反应序列开始结晶，早期结晶的矿物以橄榄石、辉石等为主，挥发分含量较低；晚期结晶的矿物以黑云母、白云母、钾长石等为主，挥发分含量较高。因此，NH_4^+ 主要赋存在挥发分较高的晚期矿物当中，以类质同象的形式替代 K^+ 赋存在黑云母、钾长石等中，当岩浆热液流体中 NH_4^+ 浓度较高时，在结晶晚期可形成以 NH_4^+ 为主要阳离子的水铵长石（$NH_4AlSi_3O_8$）。岩浆岩中 NH_4^+ 更趋向进入长石晶格中，而不是云母类矿物，因此，岩浆岩中含铵矿物主要为水铵长石而不是铵云母，少量 NH_4^+ 可以以类质同象替代的形式赋存在黑云母中。另外，石墨在火山喷发过程中可在火山颈部、高温高压条件下形成金刚石，其中的氮元素也随即进入金刚石晶格中。

大多数岩浆岩中氮含有可检测出的铵离子（$>10mg/kg$），但含量较低，一般在

250mg/kg 左右，可能是在硅酸盐熔融体结晶过程中大量 NH_4^+ 以 NH_3 或 N_2 形式进入到大气或岩石圈中，导致新结晶的岩浆岩中氮含量偏低。一般，岩浆岩中固定铵含量主要受以下两方面因素影响：①岩浆的来源。壳源岩浆岩中铵含量明显比地幔源岩浆岩固定铵含量高，这可能是浅部岩浆以富铵沉积岩作为原岩或者对沉积围岩的同化混染作用所致，岩浆岩中氮含量越高，表明同化混染作用进行的越彻底。②受热液活动影响。一般受热液活动影响的岩浆岩因流体代入而明显富铵，氮含量明显高于克拉克值。岩浆岩中固定铵氮同位素组成变化范围较大，$\delta^{15}N=1‰\sim10‰$，主要也受这两方面因素影响：①岩浆的来源。一般壳源岩浆岩固定铵同位素（$\delta^{15}N=8.4‰\sim10.2‰$）较幔源岩浆岩（$\delta^{15}N=5.1‰\sim7.0‰$）偏重。②受来自地幔或地壳深部热液活动影响的岩浆岩固定铵氮同位素组成偏轻，而受地壳浅部热液影响的岩浆岩氮同位素组成偏重。

11.1.5　表生成岩作用

当地层发生抬升时，含铵矿物进入表生成岩阶段。表生条件下，主要风化作用包括物理风化、化学风化和生物化学风化，其中，以化学风化最为重要。化学风化作用主要包括水解和阳离子交换两种形式。水解作用使含铵矿物结构破坏，NH_4^+ 带出，并有新的硅酸盐形成。水铵长石水解为铵云母，并有部分 NH_4^+ 淋失 [式 (11.1)]，铵云母不稳定，Fe^{2+} 和 Mg^{2+} 逐渐进入八面体，而四面体中的 Al^{3+} 逐渐移出而被 Si^{4+} 取代，最终转化为铵伊利石 [式 (11.2)]；铵伊利石进一步水解为伊/蒙间层矿物，如果反应完全可全部水解为蒙皂石，蒙皂石晶格存在一定缺陷，有序度较低，层间域阳离子具有很强的离子交换性，大部分 NH_4^+ 被水体中的 Ca^{2+} 或 Na^+ 交换而淋失 [式 (11.3)]；蒙皂石继续发生水解反应，生成表生条件下相对较稳定的、不含层间阳离子的高岭石，此时 NH_4^+ 已经全部淋失 [式 (11.4)]。在整个表生成岩作用过程中，在各种含铵矿物的相互转化均伴有 NH_4^+ 淋失，淋失的 NH_4^+ 主要有四个去向：①以 NH_3 或 N_2 形式进入到大气中；②被植物或微生物吸附并吸收；③以吸附态或可交换阳离子赋存在土壤中；④以离子形态赋存在地表水和地下水体中。

$$3(NH_4,K)AlSi_3O_8+26H^+\longrightarrow(NH_4,K)Al_2(Si_3,Al)O_{10}(OH)_2+3SiO_2+2NH_4^++(2-m)K^++12H_2O \quad (11.1)$$

　　水铵长石　　　　　　　　铵云母

$$(NH_4,K)Al_2(Si_3,Al)O_{10}(OH)_2+Fe^{2+}+Mg^{2+}+Si^{4+}\longrightarrow(NH_4,K)(Al,Fe,Mg)_2(Si,Al)_4O_{10}(OH)_2+Al^{3+}+NH_4^++K^+$$
$$(11.2)$$

　　铵云母　　　　　　　　　　　　　　　铵伊利石

$$(NH_4,K)(Al,Fe,Mg)_2(Si,Al)_4O_{10}(OH)_2+Fe^{2+}+Mg^{2+}+Ca^{2+}+Na^+\longrightarrow(Ca,Na,NH_4,K)(Al,Fe,Mg)_2(Si,Al)_4O_{10}(OH)_2+Al^{3+}+NH_4^++K^+$$
$$(11.3)$$

　　铵伊利石　　　　　　　　　　　　伊/蒙间层矿物

$$(Ca,Na,NH_4,K)(Al,Fe,Mg)_2(Si,Al)_4O_{10}(OH)_2+Al^{3+}+NH_4^++K^+\longrightarrow Al_4Si_4O_{10}(OH)_8+NH_4^++K^++Fe^{2+}+Mg^{2+} \quad (11.4)$$

　　伊/蒙间层矿物　　　　　　　　　　　　　　高岭石

由此可见，虽然岩石中固定铵含量较低，但不同类型岩石和矿物中固定铵的运移和转化，是全球氮循环过程的一个重要环节，也是地幔脱氮作用的一个重要方式（图 11.1）。因此，研究岩石中氮地球化学对大气成因、生命起源、古气候以及环境氮污染等方面具有重大的意义和价值。

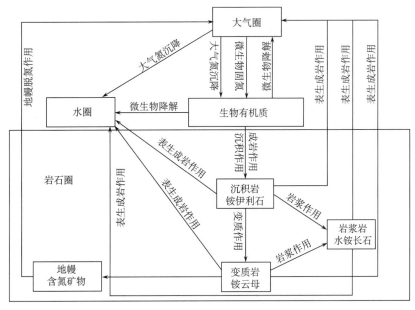

图 11.1 氮循环示意图

11.2 含铵黏土矿物对石油生成及其运移的示踪意义

11.2.1 石油的生成

沉积有机质中含有大量有机氮,随着埋藏深度逐渐增大,有机质成熟度逐渐升高(逐渐石墨化),有机氮逐渐以小分子的形式释放出来,包括 NH_3、N_2 等。油气生成环境属于还原环境,有机氮在油气生成过程中以 NH_3 形式释放出来进入成岩流体形成 NH_4^+,被蒙皂石、高岭石等黏土矿物等吸附并固定,最终转化为铵伊利石,NH_4^+ 一旦固定很难再释放或交换出来,除非矿物晶格发生破坏。由此,油气的生成与 NH_4^+ 的固定存在一定的对应关系。随着埋藏逐渐加深,分散有机质(干酪根)热演化程度逐渐升高,当 $R° = 0.55\%$,热解温度 $T_{max} = 430℃$ 时有机质到达生油下限,原油开始从分散有机质生成、运移并聚集;随着干酪根热演化程度继续升高,达到生油上限 $R° = 1.0\%$,热解温度 $T_{max} = 450℃$ 生成的原油快速裂解为气体。原油生成的上下限之间的区域称为生油窗(图 11.2)。在生油窗范围内,大量的有机氮以 NH_4^+ 从有机质中释放出来,替代 K^+ 参与伊/蒙间层矿物的伊利石化作用,形成蒙皂石/铵伊利石间层矿物,铵伊利石晶层比例为 $20\% \sim 35\%$。当成岩温度低于生油窗时,伊/蒙间层矿物的伊利石化作用相对缓慢,有机质释放的 NH_4^+ 无法大量进入自生铵伊利石晶层中;当成岩温度高于生油窗时,NH_4^+ 不再进入黏土矿物晶格中,而是优先与 C 发生反应形成 CH_4 和 N_2,进入到天然气态组分中。由此可见,生油窗与伊/蒙间层矿物大量吸附并固定 NH_4^+ 的铵伊利石化作用相一致,烃源岩伊/蒙间层矿物中大量的自生铵伊利石晶层的存在,对石油的生成具有一定的指示作用（Williams and Ferrell，1991）。

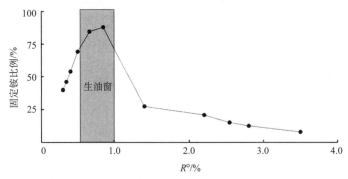

图 11.2　生油窗与伊/蒙间层矿物中固定铵与总铵比例对应关系（据 Williams and Ferrell，1991）

11.2.2　石油的运移

石油中，富含大量的有机氮，常见的类型包括咔唑、吡咯等，主要来源于分散有机质的热降解作用。石油在烃源岩（富有机质泥岩）形成后，在向储集岩（砂岩、灰岩等）运移的过程中，石油中的有机氮逐渐变得不稳定而以小分子 NH_3 的形式释放出来。$^{14}N—C$ 破坏的所需的能量门限值要比 $^{15}N—C$ 低，导致 ^{14}N 优先从石油中释放出来。因此，在运移过程中，石油的有机氮同位素组成逐渐变重。释放出来的 NH_3 进入成岩流体形成 NH_4^+，并替代 K^+ 参与储集岩中伊蒙间层矿物的伊利石化作用，在 NH_4^+ 从成岩流体进入到黏土矿物晶格的过程中，氮元素不发生同位素分馏（图 11.3）。由此可见，含铵黏土矿物氮同位素组成与流经的石油有机氮同位素组成一致。石油中有机氮同

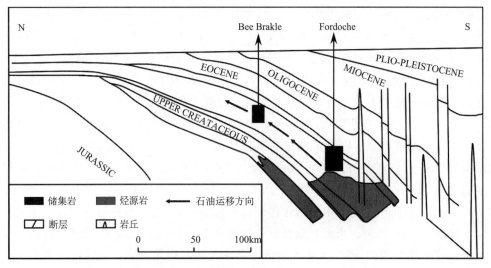

图 11.3　美国墨西哥湾海岸盆地始新世 Wilcox 群储集岩中石油
运移方向与石油氮同位素（据 Williams et al.，1995）
Bee Brake 储层，$\delta^{15}N=14‰$；Fordoche 储层，$\delta^{15}N=5‰$

位素组成随着运移逐渐变重，而且从运移的石油中释放出的 NH_4^+ 一旦固定很难再释放或交换出来。因此，含铵黏土矿物中固定铵的 $\delta^{15}N$ 变重的方向与石油运移的方向一致，即固定铵的同位素组成对石油的运移具有一定的指示作用。另外，不同来源、不同成熟度的石油的多次运移、含铵黏土矿物的重结晶作用，以及微生物作用下也均可导致同位素组成发生变化。因此，利用固定铵同位素组成判断石油运移方向的同时，要结合其他地质因素，对石油的运移进行综合判断和分析。

11.3　含铵矿物与地质温度计

11.3.1　铵伊利石地质温度计

铵伊利石主要形成于中—晚期成岩作用，形成温度较为宽泛，但在成岩过程中，铵伊利石的一些矿物学参数会随温度升高发生一些相关性变化，因此可将铵伊利石作为成岩作用的温度计。

1）矿物学参数

（1）$\Delta d_{(002)}$，自生的铵伊利石和伊利石的 002 衍射峰之差。铵伊利石和伊利石高角度 X 射线衍射峰（001）强度最大，但二者十分接近，几乎重合，而相对高角度的衍射峰（002）虽然强度较低，但二者容易区分，因此需采用 $\Delta d_{(002)}$ 作为指示成岩温度的参数。伊利石和铵伊利石属于不连续固溶体，二者之间存在一个不相混溶区，在成岩作用早期，温度较低，自生铵伊利石和伊利石分别单独形成，此时 $\Delta d_{(002)}$ 最大。随着成岩作用逐渐增强，温度逐渐升高，不相混溶区逐渐变小，铵伊利石和伊利石逐渐向连续固溶体发展，$\Delta d_{(002)}$ 逐渐变小。当成岩温度达 450℃（浅变质阶段），不混溶区完全消失，二者成为连续固溶体，$\Delta d_{(002)}=0$（图 11.4）。因此，$\Delta d_{(002)}$ 可作为成岩温度计，但此参数仅自生铵伊利石和伊利石共生条件下适用。

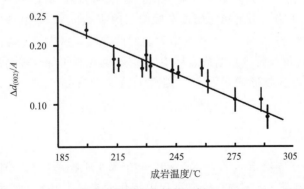

图 11.4　$\Delta d_{(002)}$ 随成岩温度变化规律（据 Juster *et al.*，1987）

（2）$S\%$，铵伊利石/蒙皂石间层比。在成岩作用过程中，NH_4^+ 可替代 K^+ 参与伊/蒙间层矿物的伊利石化作用，形成铵伊利石/蒙皂石并最终形成铵伊利石。随着成岩温度逐渐升高，$S\%$ 逐渐减小。但是，含铵黏土矿物多形成于富含有机质的地层中，成岩流体偏酸性，这会导致伊蒙间层矿物 $S\%$ 较其他条件明显偏低，而且含铵黏土矿物形成于成岩作用中-晚期，$S\%$ 一般低于 10%，这导致 $S\%$ 随成岩温度变化不甚明显。因此，利用铵伊利石/蒙皂石间层比作为成岩作用温度计存在一定的误差。

（3）KI，铵伊利石结晶度，用铵伊利石（001）峰的半峰宽 $KWHM_{(001)}$ 表示。随着成岩作用增强，温度逐渐升高，铵伊利石内部结构逐渐由相对无序向相对有序发展，对 X 射线衍射能力逐渐增强，（001）衍射峰逐渐增高，一般，成岩-近变质阶段，$KWHM_{(001)}$ $=0.42$；近变质-浅变质阶段，$KWHM_{(001)} = 0.24$。当自生铵伊利石和伊利石共生时，二者（001）衍射峰虽有微小差别，但几乎重合，很难分辨。因此，自生伊利石的存在会导致测量的铵伊利石的 $KWHM_{(001)}$ 宽化，导致成岩温度估算偏差。因此，该参数适用于仅有铵伊利石存在而无伊利石的情况。

（4）Al^{IV}/Si^{IV}，四次配位的 Al 与四次配位的 Si 的比值。随着成岩作用逐渐增强，温度逐渐升高，铵伊利石 $[(NH_4，K)(Al，Fe，Mg)_2(Si，Al)_4O_{10}(OH)_2]$ 逐渐向铵云母 $[(NH_4，K)Al_2(Si_3，Al)O_{10}(OH)_2]$ 转化。在此过程中，Al 不断进入四面体晶格中替代 Si，导致 Al^{IV}/Si^{IV} 随成岩温度逐渐升高，比值最终达到 3，进入浅变质阶段（铵云母 $Al^{IV}/Si^{IV}=3$）。因此，Al^{IV}/Si^{IV} 可作为成岩温度计。

（5）FI，$E_{Si-O-Al}/E_{OH}$，铵伊利石的 Si—O—Al 的红外吸收峰 $750cm^{-1}$ 与 OH 的红外吸收峰 $3630cm^{-1}$ 的比值。随着成岩作用逐渐增强，温度逐渐升高，Al 不断进入铵伊利石四面体晶格，Si—O—Al 的红外吸收峰逐渐增强，$E_{Si-O-Al}/E_{OH}$ 逐渐变大，当 $Al^{IV}/Si^{IV}=3$ 时，$E_{Si-O-Al}/E_{OH}=10$ 达最大，进入浅变质阶段。因此，$E_{Si-O-Al}/E_{OH}$ 可作为成岩温度计。

（6）$d_{(001)}$，NH_4^+ 比 K^+ 半径稍大，导致铵伊利石基面间距 $d_{(001)}$ 较伊利石稍大，但二者差值 $\Delta d_{(001)铵伊利石-伊利石}$ 并不和 $\Delta R_{NH_4^+ 直径-K^+ 直径}$ 相等，前者比后者稍小，这可能是 NH_4^+ 中的 H^+ 与四面体片中的 O^{2-} 之间产生氢键，以及 NH_4^+ 四面体在晶格中遭受挤压变形所致。铵伊利石 $d_{(001)}$ 随着其层间域中 NH_4^+ 含量 $[NH_4^+/(NH_4^++K^+)]$ 的升高而增大。在成岩过程中，随着温度逐渐升高，越来越多的 NH_4^+ 从有机质中释放出来，同时高岭石等黏土矿物变得不稳定而逐渐吸附、固定 NH_4^+，导致自生的铵伊利石层间域中 NH_4^+ 含量逐渐升高，$d_{(001)}$ 值逐渐增大。因此，$d_{(001)}$ 可作为成岩温度计，但在富含 K^+（如地层中富含正长石等）的成岩环境中，K^+ 的存在可导致较高温度下形成的铵伊利石 $d_{(001)}$ 偏小，甚至会形成伊利石，因此，该参数在富 NH_4^+ 贫 K^+ 的成岩环境下适用。

2）地球化学参数

（1）黏土矿物中固定铵的含量（Fixed-NH_4/黏土矿物总量）。铵伊利石主要由高岭石、伊/蒙间层矿物等黏土矿物在成岩过程中转化而来，但在转化过程中，整个黏土矿物总量保持不变。因此，随着成岩温度逐渐升高，铵伊利石不断生成，黏土矿物中固定铵的含量逐渐升高，与成岩温度存在一定的相关关系，可作为成岩温度计。

（2）固定铵氮同位素组成。虽然在黏土矿物吸附、固定 NH_4^+ 并转化为铵伊利石的过程中，氮同位素不发生分馏，但有机氮在热演化过程中，优先释放 $^{14}NH_4^+$，导致成

岩流体中 NH_4^+ 同位素组成随热演化温度升高而逐渐变重，相应的固定铵同位素组成也逐渐变重，因此，固定铵氮同位素组成与成岩温度存在一定的对应关系，也可作为地质温度计。

11.3.2　铵云母地质温度计

铵云母主要形成于成岩作用结束之后的浅变质作用阶段，由铵伊利石转化而来。随着变质作用的进行，铵云母变得不稳定而转化为其他矿物，NH_4^+ 则从晶格中释放出来，$^{14}NH_4^+$ 优先进入变质流体被带走，而 ^{15}N 则在新生成的陨氮钛矿、氧氮硅石等含氮矿物中赋存。由此可见，随着变质作用的进行，岩石中的氮含量具有逐渐降低的趋势，而氮同位素组成则逐渐变重，二者均可作为变质作用的温度计。

另外，水铵长石以及黑云母是岩浆岩中主要的含铵矿物，二者富含挥发分，均在岩浆结晶中晚期析出，温度在 $600℃$ 左右。与云母类矿物相比，NH_4^+ 在结晶过程中更趋向于赋存在长石类矿物中。

11.4　含铵黏土矿物作为煤层气示踪剂

煤系含铵矿物主要有两种类型：铵伊利石和铵伊利石/蒙皂石间层矿物，以铵伊利石最为常见，如我国的山西、河南地区以及美国的宾夕法尼亚北部地区的含煤地层中，均含有大量的铵伊利石，主要赋存在煤层夹矸及煤中，而在顶底板则较为少见。铵伊利石属于自生矿物，主要由自生或者碎屑高岭石在成岩作用过程中转化而来，镜下可见其具有高岭石蠕虫状假象，多形成于成岩作用中-晚期，即煤化作用的高变质烟煤-无烟煤阶段。铵伊利石起始的形成温度为 $150\sim200℃$，此温度与高岭石变得不稳定而逐渐分解的温度相一致。随着成岩温度/煤化程度逐渐升高，越来越多的高岭石发生分解而转化为铵伊利石，甚至可以形成较为纯净的铵伊利石黏土岩夹矸。铵伊利石中 NH_4^+ 主要来源于煤中有机氮的热氨化作用，在煤中有机氮以 NH_4^+ 并被高岭石吸附、固定形成铵伊利石的同时，煤分子结构逐渐向有序化发展，分子结构中的侧链（—CH_3、—CH_2 CH_3 等）以及含杂原子官能团（—OH，N-5、N-6，—SH 等）等不稳定结构逐渐以 CH_4、C_2H_6、CO_2、H_2O、NH_3、N_2 等小分子的形式释放出来，煤分子的芳香化程度逐渐升高。其中，释放出来的小分子以 CH_4 含量最高，是煤层气主要成分。由此可见，随着成岩作用/煤化作用程度逐渐升高，煤层夹矸及煤中铵伊利石含量［铵伊利石/（铵伊利石＋高岭石）］逐渐升高，同时作为煤分子去除不稳定结构的产物，CH_4 含量也逐渐升高，铵伊利石含量以及 CH_4 含量在高变质烟煤—无烟煤阶段存在一定的对应关系，即铵伊利石可作为煤层气含量的示踪剂，铵伊利石含量越高，煤层气含量越高，如我国山西、河南、河北地区（图 11.5、图 11.6）。另外，随着成岩程度/煤化程度逐渐升高，铵伊利石中 NH_4^+ 氮同位素组成具有明显变重的趋势，这是因为破坏 ^{14}N—C 所需能量比破坏 ^{15}N—C 低，有机氮在煤化作用过程中优先释放 $^{14}NH_4^+$ 并被铵伊利石吸附、固定，导致早期形成的铵伊利石较晚期的铵伊利石富 ^{14}N。因此，铵伊利石的 $\delta^{15}N_{NH_4^+}$ 与煤层气含量也存在一定对应关系，铵伊利石氮同位素组成越重，煤层气含量越高，如我国山西、河南、河北等地。

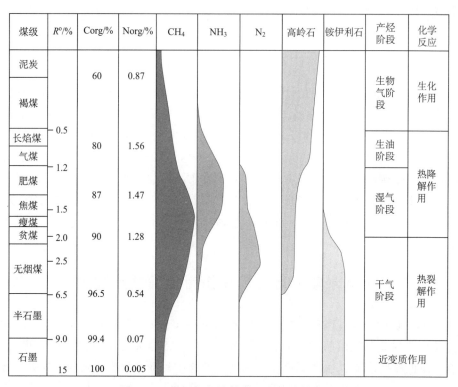

煤级	R^o/%	Corg/%	Norg/%	CH_4	NH_3	N_2	高岭石	铵伊利石	产烃阶段	化学反应
泥炭		60	0.87						生物气阶段	生化作用
褐煤										
长焰煤	0.5	80	1.56						生油阶段	
气煤	1.2									热降解作用
肥煤		87	1.47						湿气阶段	
焦煤	1.5									
瘦煤										
贫煤	2.0	90	1.28							
无烟煤	2.5								干气阶段	热裂解作用
	6.5	96.5	0.54							
半石墨	9.0	99.4	0.07							
石墨	15	100	0.005						近变质作用	

图 11.5　煤层气与铵伊利石含量对应关系

11.5　含铵矿物对成矿作用的示踪

众所周知,矿床是通过成矿元素的活化—运移—富集成矿而形成的具有经济意义的地质体。成矿元素的运移是矿床形成的重要环节,运移方式包括真溶液离子、胶体以及络合物形式。过渡金属盐类,尤其是金属硫化物,一般溶解度较低,真溶液不是其主要的运移方式,而是以溶解度相对较高的络合物形式运移。NH_3作为配位体,常与贵金属阳离子形成络离子,如$[Pt(NH_3)_2]^{2+}$,一般贵金属阳离子与NH_3形成的络离子溶解度明显比阳离子溶解度高$1\sim2$数量级,因此络合物是贵金属运移的主要方式。在适宜条件下,贵金属发生活化以阳离子的形式进入成矿流体,同时矿物中的固定铵也以NH_3形式进入流体中并与贵金属阳离子形成溶解度较大的络离子而发生迁移。在迁移过程中,由于外界物理化学条件的改变,络合物不稳定而发生分解,贵金属以硫化物、氧化物或者金属单质在某些部位,如裂隙、接触带等,发生沉淀而富集成矿,NH_3则进入流体中继续迁移(图 11.7)。因此,在贵金属富集成矿的地带,固定铵含量相对较低,矿石中贵金属的品位与固定铵含量明显呈负相关性。一般,黑色岩系中贵金属运移-富集成矿,与NH_3对贵金属的搬运密不可分。

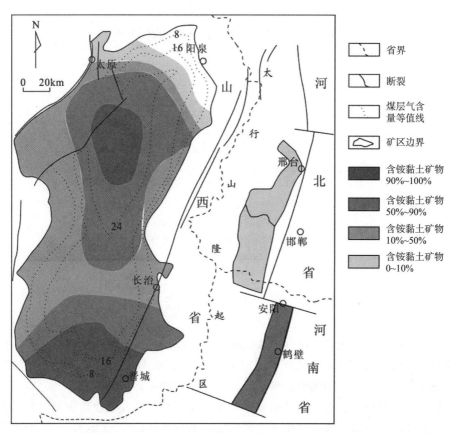

图 11.6　沁水煤田以及太行山东麓煤田煤层夹矸含铵黏土矿物与煤层气含量对应图

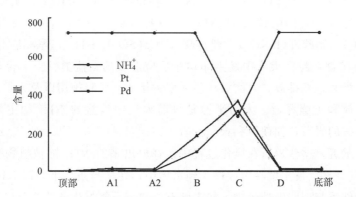

图 11.7　NH_4^+、Pt 以及 Pd 在湘黔下寒武统黑色岩系序列的分布（据高振敏等，1997）

NH_4^+ 含量单位为 10^{-6}，Pt 和 Pd 含量单位为 10^{-9}

固定铵的氮同位素组成对成矿环境也具有一定的指示作用。沉积矿床中富含有机质，氮同位素组成 $\delta^{15}N = -6.6‰ \sim 13‰$；岩浆矿床氮同位素变化范围较大，$\delta^{15}N = -5.3‰ \sim 16.6‰$，与岩浆原岩有关，一般壳源岩浆氮同位素组成偏重，而深部幔源岩浆氮同位素组成偏轻；变质矿床氮同位素组成偏重，$\delta^{15}N = 1.0\text{‰} \sim 17.3\text{‰}$；与地幔有关的矿床氮同位素组成偏轻，$\delta^{15}N = -6.5\text{‰} \sim 5.4\text{‰}$（图11.8）。

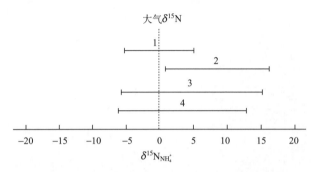

图 11.8　不同成因矿床中固定铵同位素组成

1. 与地幔有关的矿床；2. 变质矿床；3. 岩浆矿床；4. 沉积矿床

11.6　大气中的铵盐

近年来，随着我国华北地区部分地区城市空气质量严重恶化，大气悬浮颗粒物的矿物组成和化学组成的研究逐渐受到人们的重视。2012 年 12 月至 2013 年 2 月发生的连续严重的雾霾天气，更是引起全世界瞩目。大气颗粒物主要有晶体相（>50%）、非晶体燃煤飞灰、烟尘集合体、有机物等组成。其中，晶体相是大气颗粒物主要组分，主要包括来源于地壳的矿物以及在大气中发生二次反应形成的晶体（二次颗粒）。矿物主要由石英、高岭石、伊蒙间层矿物、方解石、白云石组成；二次颗粒主要由盐类组成，如铵石膏$[(NH_4)_2Ca(SO_4)_2 \cdot H_2O]$、铵镁矾$[(NH_4)_2Mg(SO_4)_2 \cdot 6H_2O]$、氯化铵（$NH_4Cl$）、硫酸铵$[(NH_4)_2SO_4]$、硝酸铵（$NH_4NO_3$）、石膏（$CaSO_4 \cdot 2H_2O$）、硬石膏（$CaSO_4$）、硫酸钾（$K_2SO_4$）、硝酸钾（$KNO_3$）、钾石膏$[K_2Ca(SO_4)_2 \cdot H_2O]$等，是由 SO_2、NO_x、NH_3 等气体与矿物颗粒在大气中发生非均相反应形成的。盐类颗粒中含有大量 NH_4^+，主要来源于人类和自然排放，人类活动包括畜禽排放、肥料施用以及人类粪便，自然排放包括海洋释放和土壤释放。人为来源是目前大气中铵盐的 NH_4^+ 的主要来源。事实上，富含固定铵的岩石，如铵伊利石黏土岩、铵云母片岩等，也是大气铵盐中 NH_4^+ 的一个重要的贡献者，这些岩石在风化过程中，释放出来的 NH_4^+ 除被植物吸收以及氧化为 NO_3^- 外，其余部分被土壤吸附或进入到水体中，在适当条件下，以 NH_3 释放到大气中，在适当条件下与一些碱性矿物，如方解石、白云石等发生非均相反应形成铵盐，因此，含铵矿物的风化也是大气铵盐中 NH_4^+ 的一个重要来源。

$$2NH_3 + SO_2 + H_2O \Longrightarrow (NH_4)_2SO_4 \tag{11.5}$$

$$2(NH_4)_2SO_4 + CaCO_3 + H_2O = (NH_4)_2Ca(SO_4)_2 2H_2O + 2NH_3 + CO_2 \tag{11.6}$$

　　方解石　　　　　　　　　铵石膏

$$4(NH_4)_2SO_4 + CaMg(CO_3)_2 + 6H_2O = (NH_4)_2Ca(SO_4)_2 2H_2O$$
　　　　白云石　　　　　　　　　铵石膏
$$+ Mg(NH_4)_2(SO_4)_2(H_2O)_6 + 4NH_3 + 2CO_2 \qquad (11.7)$$
　　铵镁矾

　　大气铵盐中，不同来源的 NH_4^+ 具有不同的同位素组成（图 11.9），一般来源于畜禽排放、有机化肥以及人类粪便同位素组成偏高，$\delta^{15}N = 8.8‰ \sim 22.0‰$；化学化肥中氮主要来源于 N_2 的工业固定，因此其同位素组成 $\delta^{15}N$ 接近于 $\pm 0.0‰$，在 $-4.0‰ \sim 4.0‰$；来源于海洋的氮同位素组成偏低，$\delta^{15}N = -8.0‰ \sim 2.0‰$，可能是海水在蒸发过程中分馏导致进入大气的 NH_3 富 ^{14}N；来源于土壤释放的 NH_4^+ 氮同位素组成较为宽泛，$\delta^{15}N$ 为 $-3.0‰ \sim 8.0‰$，表明土壤中的 NH_4^+ 具有多源性。目前，大气中来源于地壳含铵矿物的 NH_3 同位素组成研究相对较少，可能与土壤释放的 NH_4^+ 同位素组成相似。含铵矿物晶格破坏并释放 NH_4^+ 的同时，氮同位素并不发生分馏，因此，释放到大气中的 NH_3 的 $\delta^{15}N$ 主要受含铵矿物种类的影响，一般来源于变质岩以及原岩为变质岩的岩浆岩风化释放的 NH_3 同位素组成偏重，而来源于沉积岩以及原岩为沉积岩的岩浆岩风化产生的 NH_3 同位素组成偏轻。另外，大气中少量铵盐中的 NH_4^+ 来源于地幔脱氮作用，通过热液或火山活动进入大气中，这部分 NH_3 氮同位素组成偏轻。

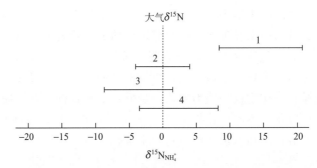

图 11.9　大气中不同来源铵盐氮同位素组成
1. 人畜粪便、农业化肥来源；2. 化学化肥来源；3. 海洋来源；4. 土壤来源

11.7　含铵矿物与土壤

　　富含固定铵的岩石，如含铵伊利石的煤矸石、富含固定铵的云母片岩等，在地表风化后，可形成氮含量较高的土壤。另外，一些富氮地下热水的活动，也可导致土壤中氮含量偏高。

　　含铵矿物在表生条件下不稳定，会向其他矿物转化，如水铵长石、铵伊利石、铵云母、黑云母等，在地表最终会水解为不含层间阳离子的高岭石，NH_4^+ 从晶格中释放出来，部分被植物或微生物吸收，部分以可交换态或吸附态赋存在土壤中，其余部分通过微生物硝化作用转化为 NO_3^-，在转化过程中，会有大量 H^+ 生成，导致风化环境呈酸性。生成的 NO_3^- 可被植物吸收，可残留在土壤中，可进入地表水或地下水体中，也可在厌氧条件下通过微生物反硝化作用转化为 N_2 释放到大气中。

$$4NH_4AlSi_3O_8 + 2H_2O + 4H^+ = 4NH_4^+ + Al_4(Si_4O_{10})OH_8 + 8SiO_2 \quad (11.8)$$
　　水铵长石　　　　　　　　　　　　高岭石

$$4NH_4Al_2(Si_3Al)O_{10}(OH)_2 + 6H_2O + 4H^+ = 4NH_4^+ + 3Al_4(Si_4O_{10})OH_8 \quad (11.9)$$
　　铵云母　　　　　　　　　　　　　　高岭石

$$NH_4^+ + 2O_2 = NO_3^- + H_2O + 2H^+ \quad (11.10)$$

$$4NO_3^- + 5CH_2O + 4H^+ = 2N_2 + 5CO_2 + 7H_2O \quad (11.11)$$

因此，由富含铵矿物的岩石风化而成的土壤氮含量偏高，甚至会使土壤生态系统达到氮饱和状态（土壤中可利用的氮元素总量明显高于该系统中植物的吸收能力）。在氮饱和情况下，过量的氮会从土壤流失到水体，一方面污染了水体，造成水体富营养化，另一方面还会加剧其他营养元素的流失和营养失衡。在氮饱和条件下，植物的生长反而受到限制，造成森林和草原的缩减，甚至发生物种的改变，即生物多样性的降低。另外，由于 NH_4^+ 氧化形成 NO_3^- 的过程中释放大量的 H^+，导致土壤呈酸性。我国山西、河南以及加拿大的不列颠哥伦比亚、美国的弗吉尼亚州的部分煤矿地区，由于受煤矸石淋滤污染，导致这些地区的土壤中 NO_3^- 以及 NH_4^+ 含量偏高，且土壤明显偏酸性。美国加利福尼亚北部的卡拉马斯山脉地区，富含固定铵的云母片岩基岩由于风化作用，导致土壤中硝态氮和铵态氮含量明显升高，土壤明显偏酸性，pH 甚至低于 3.5。土壤酸化带来的危害较多，包括：①导致土壤板结，植物根系伸展困难，吸收功能降低，对于耕地而言，土壤酸化导致农作物抗病能力差，产量低；②导致钾、钙、镁等营养物质逐渐被淋失，土壤变得贫瘠化，不利于植物生长，导致土壤斑秃化；③酸化使土壤中的镉、汞、铅等金属元素的活性增加，进而对植物产生毒害。

11.8　含铵黏土矿物与水污染

含铵矿物的淋滤作用，会导致相应水体中 NO_3^- 含量升高，甚至可达氮饱和。例如，加利福尼亚地区的 Mokelumne 河流域基岩富含大量的固定铵，导致该区河流水中 90% 以上的硝态氮来源于基岩淋滤作用。水体（主要包括地表水和地下水）中过量的硝酸盐被视为一种污染，饮用水中的硝酸盐，可引起婴儿高铁血红蛋白症，俗称氰紫症，硝酸盐在胃肠中可以还原为亚硝酸盐，而亚硝酸盐可以形成致癌物质亚硝胺危害人畜的生命健康。因此，水体中的硝酸盐引起人们广泛关注。目前，水体中硝酸盐的来源以人为来源为主，包括：粪便、化肥、生活污水、工业污水以及生活垃圾，自然来源的硝酸盐包括：大气氮化合物沉降、土壤中的有机质以及含铵矿物淋滤作用。目前，国内对含铵矿物淋滤作用来源的硝酸盐污染研究程度相对较低，事实上，这种来源的硝酸盐不可忽视，有些富含铵矿物地区，地壳岩石风化形成的 NO_3^- 甚至是土壤和水中氮污染的主要来源之一。但是，含铵矿物风化淋失释放 NO_3^- 的速率受季节影响比较明显，一般，在雨季，淋滤作用较强，加之微生物较为活跃，含铵矿物淋失 NH_4^+ 的速率较快，并在微生物的作用下迅速氧化为 NO_3^- 进入相关的水体中，导致 NO_3^- 浓度迅速升高；而在降水匮乏的冬和春季，淋滤作用较弱，微生物活动能力较弱，导致水体中 NO_3^- 浓度偏低。

　　水体中不同来源的 NO_3^- 具有不同的同位素组成（图 11.10）。岩石中含铵矿物的氮同位素组成 $\delta^{15}N=10‰$，而含铵矿物淋滤释放的 NO_3^- 氮同位素组成 $\delta^{15}N=2.8‰\sim$ $5.7‰$。在含铵矿物晶格破坏、NH_4^+ 释放出来的过程中不发生同位素分馏，而在 NH_4^+ 被氧化转化为 NO_3^- 的过程中，^{14}N 比 ^{15}N 容易失去电子而优先被氧化，导致生成的 NO_3^- 同位素组成相对偏轻。其他来源 NO_3^- 与含铵矿物淋滤来源的 NO_3^- 氮同位素组成差别较大，如粪便来源，氮同位素组成明显偏重，$\delta^{15}N=8‰\sim22‰$；化肥来源，氮同位素组成较轻，$\delta^{15}N=-4‰\sim4‰$；生活污水一般成分复杂，其中的 NO_3^- 氮同位素组成范围较为宽泛，$\delta^{15}N=2‰\sim22‰$；工业污水来源的 NO_3^- 氮同位素组成较轻，与化肥相近；生活垃圾来源，$\delta^{15}N=3.8‰\sim10.2‰$；来源于土壤有机质的 NO_3^- 氮同位素组成较轻，$\delta^{15}N=2‰\sim8‰$；大气沉降的 NO_3^- 氮同位素组成明显偏轻，$\delta^{15}N=-12‰$。与人为来源相比，自然来源的 NO_3^- 氮同位素组成偏轻。

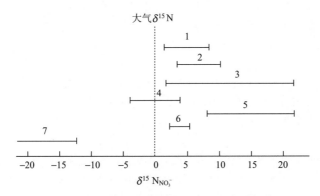

图 11.10　水中不同来源 NO_3^- 氮同位素组成

1. 来源于土壤；2. 来源于生活垃圾；3. 来源于生活污水；4. 来源于化肥或者工业污水；
5. 来源于粪便；6. 来源于含铵矿物风化淋滤；7. 来源于大气沉降

参 考 文 献

白建峰，崔龙鹏，黄文辉等.2004.煤矸石释放重金属环境效应研究.煤田地质与勘探，32（4）：7～9

陈传平，梅博文.2001.中国不同沉积环境的氮同位素特征.石油与天然气地质，22（3）：207～209

陈传平，梅博文，朱翠山.2001.塔里木天然气氮同位素组成与分布.地质地球化学，29（4）：46～49

陈文敏.1988.我国煤中氮的分布规律及其计算.煤炭科学技术，4：20～26

陈亚飞，姜英，陈文敏等.2008.中国煤中氮含量的分布研究.煤质技术，5：71～74

迟清华，鄢明才.2007.应用地球化学元素丰度数据手册.北京，地质出版社

代世峰.2002.煤中伴生元素的地质地球化学习性与富集模式.北京：中国矿业大学

代世峰，任德贻，唐跃刚.2005.煤中常量元素的赋存特征与研究意义.煤田地质与勘探，33（2）：1～5

戴金星.1992.各类天然气的成因鉴别.中国海上油气（地质），6（1）：11～19

党志，Fowler M，Watts S等.1998.煤矸石自然风化过程中微量重金属元素的地球化学行为.自然科学
进展，8（3）：314～318

邓寅生，李有为，李毓琼等1997.煤炭固体废物资源化利用.北京：煤炭工业出版社

杜建国，刘文汇，邵波等.1996.天然气中氮的地球化学特征.沉积学报，14（1）：143～148

付晓泰，王振平，夏国朝.1998.天然气组分的水合常数.水合热及理论溶解度.石油学报，19（1）：
79～84

高振敏，罗泰义.1994.氨（铵）及其氮的化合物的地球化学.地质地球化学，1：57～61

高振敏，罗泰义.1995.岩石中固定铵的矿床地球化学.地球科学进展，10（2）：183～187

高振敏，罗泰义，李胜荣.1997.黑色岩系中贵金属富集层的成因：来自固定铵的佐证.地质地球化学，
1：18～23

国家环境保护总局.2002.水和废水监测分析方法（第四版）.北京：中国环境科学出版社

郝石生，张振英.1993.天然气在地层水中的溶解度变化特征及地质意义.石油学报，14（2）：12～22

胡斌，任玉芬，方元元等.2004.焦作朱村矿矸石山周围土壤重金属污染特征分析.能源环境保护，
18（3）：53～56

胡国艺，刘顺生，李景明等.2001.沁水盆地晋城地区煤层气成因.石油与天然气地质，22（4）：
319～321

黄思静，黄可可，冯文立等.2009.成岩过程中长石、高岭石、伊利石之间的物质交换与次生孔隙的形
成：来自鄂尔多斯盆地上古生界和川西凹陷三叠系须家河组的研究.地球化学，38（5）：498～506

黄学，蒙启安，张民志.2010.海拉尔盆地碳钠铝石-柯绿泥石-钠板石三元共生特征及其油气地质意义.
石油学报，（3）：259～263

贾亚会，鹿爱莉，田会礼等.2012.山西沁水盆地煤层气有利开采区块研究.中国矿业，21（3）：38～41

江涛，刘源骏.1989.累托石.武汉：湖北科学技术出版社

李冰，杨红霞.2005.电感耦合等离子体质谱原理和应用.北京：地质出版社

李贵红，张泓.2013.鄂尔多斯盆地东缘煤层气成因机制.中国科学（D辑）：地球科学，43（8）：
1359～1364

李建军，白培康，毛虎平等.2014.郑庄-胡底煤层气地球化学特征及成因探讨.煤炭学报，39（9）：
1802～1811

李进龙，陈东敬.2003.古盐度定量研究方法综述.油气地质与采收率，10（5）：1～4

李勇，汤达祯，许浩等. 2014. 柳林矿区煤层含气量主控因素研究. 煤炭科学技术，42（5）：95～102

梁绍暹，刘钦甫，于常亮等. 2005. 华北石炭二叠纪聚煤区西部含铵伊利石——黏土岩夹矸的研究. 河北建筑科技学院学报，22（4）：59～65

梁绍暹，王水利，任大伟等. 1996. 华北石炭二叠纪煤层含铵云母黏土岩夹矸研究. 煤田地质勘探，24（3）：11～18

梁绍暹，王水利，姚改焕等. 1995. 华北石炭二叠纪煤系中 I/S 间层扩物的研究. 煤田地质与勘探，23：12～19

刘嘉陵，王福民. 1988. 钠云母的地质特征及工业利用. 采矿技术，18：61～65

刘钦甫. 1990. 湖南侧水组黏土矿物组合及其环境意义. 煤田地质勘探，1：14～17

刘钦甫，张鹏飞. 1997. 华北晚古生代煤系高岭岩物质组成和成矿机理研究. 北京：海洋出版社

刘钦甫，张鹏飞，丁树理等. 1996. 华北石炭二叠纪含煤地层中的按伊利石. 科学通报，41（8）：717～719

刘钦甫，郑丽华，沈少川等. 2009. 铵伊利石热稳定性研究. 矿物学报，29（3）：277～282

刘全有，戴金星，刘文汇等. 2007. 塔里木盆地天然气中氮地球化学特征与成因. 石油与天然气地质，28（1）：12～17

刘新文，汤鸿霄. 2001. 不同地域天然伊利石的多光谱表征与比较. 矿物基础与工程学学报，9（2-3）：165～172

刘艳华，车得福，李荫堂等. 2001. X 射线光电子能谱确定铜川煤及其焦中氮的形态. 西安交通大学学报，35（7）：661～665

刘英俊，曹励明，李兆麟等. 1984. 元素地球化学. 北京：科学出版社

罗泰义，高振敏. 1994. 固定铵的矿物学研究. 矿物学报，14（4）：404～407

罗泰义，高振敏. 1995. 岩矿中固定按的岩石地球化学研究. 矿物学报，15（3）：328～331

罗泰义，高振敏. 1996. 成矿流体中按（氨）的地球化学意义. 地质地球化学，2：98～102

马行陟，宋岩，柳少波等. 2011. 鄂尔多斯盆地东缘韩城地区煤层气地球化学特征及其成因. 天然气工业，31（4）：17～20

孟召平，张纪星，刘贺等. 2014. 煤层甲烷碳同位素与含气性关系. 煤炭学报，39（8）：1683～1690

苗雪娜. 2006. 煤中氮的稳定性同位素测定及其应用. 北京：中国矿业大学（北京）

秦胜飞，唐修义，宋岩等. 2006. 煤层甲烷碳同位素分布特征及分馏机理. 中国科学（D辑）：地球科学，36（12）：1092～1097

宋天佑，程鹏，王杏桥等. 2009. 无机化学. 北京：高等教育出版社

宋岩，柳少波，洪峰等. 2012. 中国煤层气地球化学特征及成因. 石油学报，33（S1）：99～106

孙中诚，王徽枢. 1996. 煤地区求化学. 北京：煤炭工业出版社

唐书恒. 1991. 广西红茂煤田寺门煤系泥岩的黏土矿物组合及环境意义. 中国煤田地质，3（3）：33～35

陶明信，王万春，解光新等. 2005. 中国部分煤田发现的次生生物成因煤层气. 科学通报，50：14～18

田文广，汤达祯，王志丽等. 2012. 鄂尔多斯盆地东北缘保德地区煤层气成因. 高校地质学报，18（3）：479～484

佟莉，琚宜文，杨梅等. 2013. 淮北煤田芦岭矿区次生生物气地球化学证据及其生成途径. 煤炭学报，38（2）：288～293

王红岩. 2005. 山西沁水盆地高煤阶煤层气成藏特征及构造控制作用. 北京：中国地质大学（北京）

王益友，郭文莹，张国栋. 1979. 几种地化标志在金湖凹陷阜宁群沉积环境中的应用. 同济大学学报，7（2）：51～60

王雨春，万国江，尹澄清等. 2002. 红枫湖、百花湖沉积物全氮、可交换性氮和固定氮的赋存特征研究.

湖泊科学，14（4）：301～309

吴代赦，郑宝山，唐修义等. 2006. 中国煤中氮的含量及其分布. 地球与环境，34（1）：1～6

谢建成，杨晓勇. 2007. 铵（氮）在岩石和矿物中地球化学行为研究进展. 地质找矿论丛，22（1）：1～6

闫永辉，冯贤平，施芸城等. 2004. 碳氮薄膜的制备及拉曼光谱研究. 物理实验，24（9）：16～19

姚明宇，刘艳华，车得福. 2003. 宜宾煤中氮的形态及其变迁规律研究. 西安交通大学学报，37（7）：759～763

虞继舜. 2000. 煤化学. 北京：冶金工业出版社

张慧. 2002. 煤系地层中高岭石的形态-成因类型. 矿物学报，12（1）：53～57

张小军，陶明信，王万春等. 2008. 淮南潘集、张集煤矿次生生物气地球化学特征. 天然气工业，28（7）：34～38

赵杏媛. 2003. 塔里木盆地高岭石亚族形成条件. 新疆石油地质，24（5）：419～423

赵杏媛，张有瑜. 1990. 黏土矿物与黏土矿物分析. 北京：海洋出版社

赵杏媛，王行信，张有瑜等. 1995. 中国含油气盆地黏土矿物. 武汉：中国地质大学出版社

周强. 2008. 中国煤中硫氮的赋存状态研究. 洁净煤技术，14（1）：73～77

周义平，戴恒贵. 1989. 煤系黏土岩夹矸译文集. 北京：地质出版社

朱岳年. 1994. 天然气中非烃组分地球化学研究进展. 天然气地球科学，1：1～29

朱岳年. 1999. 天然气中 N_2 的成因与富集. 天然气工业，03：23～28

朱岳年，史卜庆. 1998. 天然气中 N_2 来源及其地球化学特征分析. 地质地球化学，26（4）：51～57

Ader M，Boudou J P，Javoy M，et al. 1998. Isotope study on organic nitrogen of Westphalian anthracites from the Western Middle field of Pennsylvania（U. S. A.）and from the Bramsche Massif（Germany）. Organic Geochemistry，29（1-3）：315～323

Ader M，Boudou J P，Roux J，et al. 2000. Nitrogen isotopic composition of fixed ammonium in rocks：Evidence for a possible ammonia stability in fluids. Goldschmidt，5（2）：117

Ader M，Cartigny P，Boudou J P，et al. 2006. Nitrogen isotopic evolution of carbonaceous matter during metamorphism：Methodology and preliminary results. Chemical Geology，323：152～169

Amijaya H，Littke R. 2006. Properties of thermally metamorphosed coal from Tanjung Enim Area，South Sumatra Basin，Indonesia with special reference to the coalification path of macerals. International Journal of Coal Geology，（66）：271～295

Baxby M，Patience R L，Battle K D. 1994. The origin and diagenesis of sedimentary organic nitrogen. Journal of Petroleum Geology，17（2）：211～230

Bobos I，Ghergari L. 1999. Conversion of smectite to ammonium illite in the hydrothermal system of Harghita Bai，Romania：SEM and TEM investigations. Geologica Carpathica，50（5）：379～387

Bobos I，Sucha V，Soboleva S. 1995. Mixed-layer ammonium illite-smectite and ammonium illite from hydrothermal system Hargita Bai，The East Carpathians（Romania）. Leuven，95：384

Boigk H，Hagemann H W，Stahl W，et al. 1976. Isotopenphy sikalische Untersuchungen zur Herkunft und Migration des Stickstoffs nordwestdeutscher Erdgase aus Oberkarbon und Rotliegend. Erd?. I und Kohle-Erdgas-Petrochemie，29：103～112

Boudou J P，Espitalie J. 1995. Molecular nitrogen from coal pyrolysis：kinetic modeling. Chemical Geology，126：319～333

Boudou J P，Mariotti A，Oudin J L. 1984. Unexpected enrichment of nitrogen during the diagenetic evolution of sedimentary organic matter. Fuel，63：1508～1510

Boudou J P，Schimmelmann A，Ader M，et al. 2008. Organic nitrogen chemistry during low-grade metamorphism. Geochimica et Cosmochimica Acta，72：1199~1221

Bouska V，Pesek J，Sykorova I. 2000. Probable modes of occurrence of chemical elements in coal. Acta Montana Ser B. Fuel，Carbon，Mineral Process. Praha，10（117）：53~90

Burchill P，Welch L S. 1989. Variation of nitrogen content and functionality with rank for some UK bituminous coals. Fuel，68：100~104

Clayton J L. 1998. Geochemistry of coalbed gas-A review. International Journal of Coal Geology，35：159~173

Compton J S，Williams L B，Ferrell R E. 1992. Mineralization of organogenic ammonium in the Monterey Formation，Santa Maria and San Joaquin basins，California，USA. Geochemical et Cosmochmica Acta，56：1979~1991

Cooper J E，Abedin K Z. 1981. The relationship between fixed ammonium-nitrogen and potassium in clays from a deep well on the Texas Gulf Coast. Texas Journal of Science，33：103~111

Cooper J E，Evans W S. 1983. Ammonium-nitrogen in Green River formation oil shale. Science，219：492~493

Cooper，J E，Raabe B A. 1982. The effect of thermal gradient on the distribution of nitrogen in a shale. Texas Journal of Science，34：175~182

Cottinet D，Couderc P，Saint Romain J L，et al. 1988. Raman microprobe study of heat-treated pitches. Carbon，26（3）：339~344

Couch E L. 1971. Calculation of paleosalinitesfromboron and claymineral data. AAPG Bulletin，55：1829~1839

Dai S，Jiang Y，Ward C R，et al. 2012a. Mineralogical and geochemical compositions of the coal in the Guanbanwusu Mine，Inner Mongolia，China：Further evidence for the existence of an Al（Ga and REE）ore deposit in the Jungar Coalfield. International Journal of Coal Geology，98：10~40

Dai S，Ren D，Chou C L，et al. 2006. Mineralogy and geochemistry of the No. 6 Coal（Pennsylvanian）in the Junger Coalfield，Ordos Basin，China. International Journal of Coal Geology，66：253~270

Dai S，Wang X，Chen W. 2010a. A high-pyrite semianthracite of Late Permian age in the Songzao Coalfield，southwestern China：Mineralogical and geochemical relations with underlying mafic tuffs. International Journal of Coal Geology，83：430~445

Dai S，Wang X，Seredin V V，et al. 2012c. Petrology，mineralogy，and geochemistry of the Ge-rich coal from the Wulantuga Ge ore deposit，Inner Mongolia，China：New data and genetic implications. International Journal of Coal Geology，90-91：72~99

Dai S，Zhou Y，Zhang M. 2010b. A new type of Nb（Ta）-Zr（Hf）-REE-Ga polymetallic deposit in the late Permian coal-bearing strata，eastern Yunnan，southwestern China：Possible economic significance and genetic implications. International Journal of Coal Geology，83：55~63

Dai S，Zou J，Jiang Y，et al. 2012b. Mineralogical and geochemical compositions of the Pennsylvanian coal in the Adaohai Mine，Daqingshan Coalfield，Inner Mongolia，China：Modes of occurrence and origin of diaspore，gorceixite，and ammonian illite. International Journal of Coal Geology，94：250~270

Daniels E，Altaner S. 1990. Clay mineral authigenesis in coal and shale from the anthracite region，Pennsylvania. American Mineralogist，75：825~839

Daniels E，Altaner S. 1993. Inorganic nitrogen in anthracite from eastern Pennsylvania，USA. International Journal of Coal Geology，22（1）：21~35

Daniels E, Aronson J, Altaner S, et al. 1994. Late Permian age of NH_4-bearing illite in anthracite from eastern Pennsylvania: temporal limits on coalification in the central Appalachians. Geological Society of America Bulletin, 106 (6): 760~766

Erd R C, White D E, Fahey J J, et al. 1964. Buddingtonite, an ammonium feldspar with zeolitic water. American Mineralogist, 49: 831~850

Eslinger E V, Savin S M. 1976. Mineralogy and $^{18}O/^{16}O$ ratios of the fine-grained quartz and clay from site 323. In: Worstell P (ed). Initial Reports on the Deep Sea Project, 35: 489~496

Everlien G. 1990. The behavior of the nitrogen contained in minerals during the diagenesis and metamorphism of sediments. Braunschweig: Technical University of Braunschweig, Ph D Thesis

Gearing J N. 1988. The use of stable isotope ratios for tracing the nearshore - offshore exchange of organic matter. In: Jansson B O (ed). Lecture Notes on Coastal and Estuarine Studies. Berlin: Springer. 69~101

Golding S D, Boreham C J, Esterle J S. 2013. Stable isotope geochemistry of coal bed and shale gas and related production waters: A review. International Journal of Coal Geology, 120: 24~40

Goodarzi F, Swaine D J. 1994a. The influence of geological factors on the concentration of boron in Australian and Canadian coals. Chemical Geology, 118: 301~318

Goodarzi F, Swaine D J. 1994b. Paleoenvironmental and environmental implications of the boron content of coals. Geological Survet of Canada Bulletin, 471: 1~46

Haendel D, Muhle K, Nitzsche H M, et al. 1986. Isotopic variations of the fixed nitrogen in metamorphic rocks. Geochemical et Cosmochmica Acta, 50: 749~758

Hallam M, Eugster H P. 1976. Ammonium silicate stability relations. Contributions to Mineralogy and Petrology, 57: 227~244

Herczeg A L, Smith A K, Dighton J C. 2001. A 120 year record of changes in nitrogen and carbon cycling in Lake Alexandrina, South Australia: C: N, $\delta^{15}N$ and $\delta^{13}C$ in sediments. Applied Geochemistry, 16 (1): 73~84

Higashi S. 1982. Tobelite, a new ammonium dioctahedral mica. Mineralogical Journal, 11: 138~146

Higashi S. 2000. Ammonium-bearing mica and micarsmectite of several pottery stone and pyrophyllite deposits in Japan: their mineralogical properties and utilization. Applied Clay Science, 16: 171~184

Hoering T C, Moore H E. 1985. The isotopic composition of the nitrogen in natural gases and associated crude oils. Geochemical et Cosmochmica Acta, 13: 225~232

Hoffman J, Hower J. 1979. Clay mineral assemblages as low-grade metamorphic geothermometers, application to the thrust faulted disturbed belt of Montana, U. S. A. In: Scholle P A, Schluger P R (eds). Aspects of diagenesis. Soc Econ Paleontol Mineral Spec Publ, 26: 55~79

Holloway J M, Dahlgren R A. 1999. Geologic nitrogen in terrestrial biogeochemical cycling. Geology, 27 (6): 567~570

Holloway J M, Dahlgren R A. 2002. Nitrogen in rock: Occurrences and biogeochemical implications. Global Biogeochemical Cycles, 16 (4): 1118~1135

Hong H, Mi J. 2006. Characteristics of halloysite associated with rectorite from Hubei, China. Mineralogical Magazine, 70 (3): 257~264

Hong H, Zhang X, Wan M, et al. 2008. Morphological characteristics of (K, Na) -rectorite from Zhongxiang rectorite dposit, Hubei, Central China. Journal of China University of Geosciences, 19 (1): 38~46

Juster T C, Brown P E. 1984. Fluids in pelitic rocks during very low-grade metamorphism. Geological Society of America Abstracts with Programs, 16: 553

Juster T C, Brown N P E, Bailey S W. 1987. NH₄-bearing illite in very low grade metamorphic rocks assoiated with coal, northeastern Pennsylvania. American Mineralogist, 72 (5-6): 555~565

Keeney D R, Nelson D W. 1982. Nitrogen-inorganic forms. In Methods of Soil Analysis, Part 2, Chemical and Microbiological Properties, 2nd edition. Madision: Amer Sot Agronomy. 643~698

Kelemen S R, Afeworki M, Gorbaty M L, et al. 2006. Thermal transformations of nitrogen and sulfur forms in peat related to coalification. Energy and Fuels, 20: 635~652

Kelemen S R, Afeworki M, Gorbaty M L. 2007. Direct characterization of kerogen by X-ray and solid-state ^{13}C nuclear magnetic resonance methods. Energy and Fuels, 21: 1548~1561

Kelemen S R, Freund H, Gorbaty M L, et al. 1999. Thermal chemistry of nitrogen in kerogen and low-rank coal. Energy and Fuels, 13: 529~538

Kelemen S R, Gorbaty M L, Kwiatek P J. 1994. Quantification of nitrogen forms in Argonne Premium coals. Energy and Fuels, 8: 896~906

Kettel D. 1983. The east Gronitrogen Massif, Detection of an intrusive body by means of coalification. Geo Mijnbouw, 62: 204~210

Krooss B M, Jurisch A, Plessen B. 2006. Investigation of the fate of nitrogen in Palaeozoic shales of the Central European Basin. Journal of Geochemical Exploration, 89: 191~194

Krooss B M, Littke R, Muller B, et al. 1995. Generation of nitrogen and methane from sedimentary organic matter: Implication on the dynamics of natural gas accumulation. Chemical Geology, 126: 291~318

Law B D, Rice D D. 1993. Hydrocarbons from coal. AAPG Studies in Geology 38 Oklahoma, 159~184

Littke R, Kroose B, Frielingsdorf J, et al. 1995. Molecular nitrogen in natural gas accumulations: Generation from sedimentary organic matter at high temperatures. AAPG Bulletin, 79 (3): 410~430

Long D A. 1973. Plenary Leeture, Colloquium Speetroscopicum Interationeele. London: Hilger

Mitra-Kirtley S, Mullins O C, Branthaver J F, et al. 1993. Nitrogen chemistry of kerogens and bitumens from X-ray absorption near-edge structure spectroscopy. Energy and Fuels, 7: 1128~1134

Muller A, Voss M. 1999. The paleoenvironments of coastal lagoons in the southern Baltic Sea, II. δ^{13}C and δ^{15}N ratios of organic matter-sources and sediments. Palaeogeography Palaeoclimatology Palaeoecology, 145: 17~32

Nakamizo M, Kammereck R, Walker P L. 1974. Laser raman studies on carbons. Carbon, 12 (3): 259~267

Oh M S, Taylor R W, Coburn T T, et al. 1988. Ammonia evolution during oil shale pyrolysis. Energy Fuels, 2: 100~105

Owens N J P. 1987. Natural variations in ^{15}N in the marine environment. Advances in Marine Biology. Academic Press, 24, 389~451

Peters K E. 1986. Guidelines for evaluating petroleum source rock using programmed pyrolysis. AAPG Bulletin, 70: 318~329

Peters K E, Rohrback B G, Kaplan L R. 1981. Geochemistry of artificially heated humic and sapropelic sediments I: Protokerogen. AAPG Bulletin, 65, 2137~2146

Peters K E, Sweeney R E, Kaplan L R. 1978. Correlation of carbon and nitrogen stable isotope ratios in sedimentary organic matter. Limnology and Oceanography, 23: 598~604

Pevear D R, Williams V E, Mustoe G E. 1980. Kaolinite, smectite and K-rectorite in bentonite: relation to coal rank at Tulameen, British Columbia. Clays and Clay Minerals, 28 (4): 241~245

Petit S, Righi D, Madejorá J. 2006. Infrcoed spectroscopy of Mf_4^+-bearing and saturated day minerals: a review of the study of layer cherrge. Applied Clay Scienee, 34: 22~30

Pitcairn I K, Teagle D A H, Kerrich R, *et al*. 2005. The behavior of nitrogen and nitrogen isotopes during metamorphism and mineralization: evidence from the Otago and Alpine Schists, New Zealand. Earth and Planet Science Letters, 233: 229~246

Prasolov E M, Subbotin E S, Tikhomirov V V. 1990. Isotopic composition of molecular nitrogen in natural gases of USSR. Geokhimiya, 7: 926~937

Rau G H, Arthur M A, Dean W E. 1987. $^{15}N/^{14}N$ variations in Cretaceous Atlantic sedimentary sequences: implication for past changes in marine nitrogen biogeochemistry. Earth and Planetary Science Letters, 82: 269~279

Rigby D, Batts B D. 1986. The isotopic composition of nitrogen in Austrilian coal and oil shales. Chemical Geology, 58: 273~282

Schimmelmann A, Lis G P. 2010. Nitrogen isotopic exchange during maturation of organic matter. Organic Geochemistry, 41: 63~70

Scholten S O. 1991. The distribution of nitrogen isotopes in sediments. Utrecht: University of Utrecht Ph D Thesis

Scott A R. 1993. Composition and origin of coalbed gases from seleted basins in the United States, Proceedings of the 1993. International Coalbed Methane Symposium. Birmingham, Alabama, 207~212

Seredin V V. 2012. From coal science to metal production and environmental protection: a new story of success. International Journal of Coal Geology, 90~91: 1~3

Seredin V V, Dai S. 2012. Coal deposits as a potential alternative source for lanthanides and yttrium. International Journal of Coal Geology, 94: 67~93

Seredin V V, Finkelman R B. 2008. Metalliferous coals: a review of the main genetic and geochemical types. International Journal of Coal Geology, 76: 253~289

Shigorova T A, Kotov N V K, Ye N, *et al*. 1981. Synthesis, diffractometry, and IR spectroscopy of micas in the series from muscovite to the ammonium analog. Geochemistry International, 18: 76~82

Silva J A, Bremner J M. 1966. Determination and isotope-ratio anulysis of different forms of nitrogen in soil. 5. Fixed ammonium. Soil Science Society of American Journal, 30: 587~594.

Stahl W J. 1977. Carbon and nitrogen isotopes in hydrocarbon research and exploration. Chemical Geology, 20: 121~149

Steiner A. 1968. Clay minerals in hydrothermally altered rocks at Waireki. Clays and Clay Minerals, 16, 193~213

Stiehl G, Lehmann M. 1980. Isotopenvariationen des stickstoffs humoser und bituminoser naturlicher organischer substanze. Geochimica et Cosmochimica Acta, 44: 1737~1746

Sucha V, Siranova V. 1991. Potassium and ammonium fixation insmectites by wetting and drying. Clays and Clay Minerals, 39: 556~559

Sucha V, Elsass F, Eberl D D, *et al*. 1998. Hydrothermal synthesis of ammonium illite. American Mineralogist, 83: 58~67

Sucha V, Kraus I, Madejova J. 1994. Ammonium illite from anchimetamorphic shales associated with anthracite in the zemplinicum of the western Carpathians. Clay Minerals, 29: 369~377

Sucha V, Uhlik P, Madjova J. 2007. Particle properties of hydrothermal ammonium-bearing illite-semctite. Clays and Clay Minerals, 55 (1): 36~44

Susilawati R, Ward C R. 2006. Metamorphism of mineral matter in coal from the Bukit Asam deposit, south Sumatra, Indonesia. International Journal of Coal Geology, 68: 171~195

Sweeney R E, Kaplan I R. 1980. Natural abundances of ^{15}N as a source indicator for near-shore marine sedimentary and dissolved nitrogen. Marine Chemistry, 9: 81~94

Sweeney R E, Liu K K, Kaplan I R. 1978. Oceanic nitrogen isotopes and their uses in determining the source of sedimentary nitrogen. N Z Dep Sci Ind Res Bull, 220: 9~26

Teichmuller R U A. 1970. Das Kohlenstoff-Lsotopen-Verhaltnis im Methan Von Grubengas und Flozgas und Seino Abhangigkeit Von Grubengas und Flozgas und Seine Abhangigkeit Von don den Geologischen Verhaltnissen, 9th Geology Mitteilungen, 9: 181~206

Thomas K M. 1997. The release of nitrogen oxides during char combustion. Fuel, 76: 457~473

Tissot B P, Welte D H. 1984. Petroleum Formation and Occurrence, 2nd ed. Berlin: Springer-Verlag.

Valentim B, Guedes A, Rodrigues S, et al. 2011. Case study of igneous intrusion effects on coal nitrogen functionalities. International Journal of Coal Geology, 86: 291~294

Wada E, Kadonaga T, Matsuo S. 1975. ^{15}N abundance in nitrogen of naturally occurring substances and global assessment of denitrification from isotopic view point. Geochemical Journal (Japan), 9: 139~148

Ward C R, Spears D A, Booth C A, et al. 1999. Mineral matter and trace elements in coals of the Gunnedah Basin, New South Wales, Australia. International Journal of Coal Geology, 40: 281~308

Whelan J K, Solomon P R, Desphande G V, et al. 1988. Thermogravimetric fourier transform infrared spectroscopy (TG-FTIR) of petroleum source rocks-Initial results. Engergy Fuels, 2: 65~73

Whiticar M J. 1996. Stable isotope geochemistry of coals, humic kerogen and related natural gases. International Journal of Coal Geology, 32: 191~215

Whiticar M J. 1999. Carbon and hydrogen isotope systematic of microbial formation and oxidation of methane. Chemical Geology, 161: 291~314

Whiticar M J, Faber E, Schoell M. 1986. Biogenic methane production in marine and freshwater environments: CO_2 reduction vs. acetate fermentation-isotope evidence. Geochimica et Cosmochimica Acta, 50: 693~709

Williams L B, Ferrell R E. 1991. Ammonium substitution in illite during maturation of organic matter. Clays and Clay Minerals, 39: 400~408

Williams L B, Ferrell R E, Chinn E W, et al. 1989. Fixed-ammonium in clays associated with crude oils. Applied Geochemisry, 4: 605~616

Williams L B, Ferrell R E, Hutcheon I, et al. 1995. Nitrogen isotope geochemistry of organic matter and minerals during diagenesis and hydrocarbon migration. Geochimica et Cosmochimica Acta, 59 (4): 765~779

Williams L B, Zantop H, Reynolds R C. 1987. Ammonium silicates associated with sedimentary exhalative ore deposits: a geochemical exploration tool. Journal of Geochemical Exploration, 27: 125~141

Wilson P N, Parry W T. Nash W P. 1992. Characterization of hydrothermal tobelitic veins from black shale, Oquirrh Mountains, Utah. Clays and Clay Minerals, 40 (4): 405~420

Wójtowicz M A, Pels J R, Moulijn J A, et al. 1995. The fate of nitrogen functionalities in coal during pyrolysis and combustion. Fuel，74：507～516

Xiao H，Liu C. 2011. The elemental and isotopic composition of sulfur and nitrogen in Chinese coals. Organic Geochemistry，42：84～93

Yamamoto T. 1967. Mineralogic studies of sericites associated with Roseki ores in the western part of Japan. Mineralogical Journal，5：77～91

Zhu Y，Shi B，Fang C. 2000. The isotopic compositions of molecular nitrogen：implications on their origins in natural gas accumulations. Chemical Geology，164（3-4）：321～330

图 版

图版说明

1. 基质高岭石部分铵伊利石化，铵伊利石化部位干涉色偏黄。山西晋城凤凰山矿15♯煤夹矸（FHS-15-g），正交偏光，×125

2. 基质及团块全部铵伊利石化，正交光下基本全部呈黄色干涉色。山西阳泉新井矿15♯煤夹矸（XJ-15-lv），正交偏光，×125

3. 隐晶高岭石基质，一级灰干涉色，上部沿裂隙发生局部铵伊利石化（黄色斑点部分）。山西晋城王台铺矿15♯煤夹矸（WTP-15-g1），正交偏光，×125

4. 长石假象型高岭石和隐晶质高岭石基质全部铵伊利石化，正交光下全部呈黄色干涉色。裂隙充填硬水铝石。阳泉二矿15♯煤层夹矸（YQ2-15-g3），正交偏光，×125

5. 裂隙充填硬水铝石，基质为铵伊利石，隐晶质。阳泉二矿15♯煤层夹矸（YQ2-15-g3），正交偏光，×125

6. 黑云母假象型高岭石，保留云母片状假象，黑云母蚀变时膨胀形成扇状或束状边缘。官地矿6♯煤层夹矸，正交偏光，×125

7. 自生蠕虫状高岭石发生铵伊利石化，铵伊利石化部分呈黄色干涉色，未蚀变部分呈一级暗灰色干涉色。山西阳泉国阳二矿15♯煤夹矸（YQ2-15-g3），正交偏光，×125

8. 长石假象型高岭石发生铵伊利石化。山西晋城古书院矿15♯煤夹矸（GSY-15-g2），正交偏光，×125

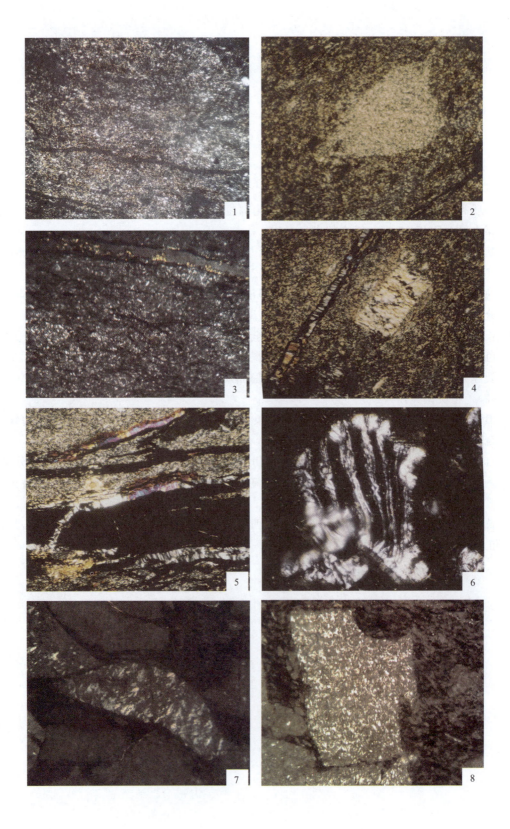